人体通信の最新動向と応用展開

The Latest Trends and Applications of Human Body Communication

《普及版／Popular Edition》

監修　根日屋英之

シーエムシー出版

刊行にあたって

人体を伝送媒体として通信を行う人体通信に注目が集まっています。人体通信は個人認証や情報通信のみならず，ウェアラブル・コンピューティング，センサ・ネットワーク，医療，ヘルスケアなど，広い分野での応用が期待されています。

人体通信は明確な定義がありません。本書では人体の体表で通信が行われる電界方式，電流方式，超音波方式，および，人を中心として3m程度をカバーする無線通信のUHF帯電磁波方式，WBAN（wireless body area network）を総称して人体通信と定義します。

本書は第１編「人体通信の基礎」と第２編「人体通信のアプリケーション」から構成されています。

第１編「人体通信の基礎」では，人体通信の概要，市場動向，規格動向，人体通信の種類，要素技術，模擬人体（ファントム），セキュリティ，人体に対する安全性について解説します。

第２編「人体通信のアプリケーション」では，人体通信技術をすでに導入されている，または，今後，導入の検討を行っている大学，企業，行政の方々にその概要をご紹介いただきます。

本書は，現在，人体通信技術の第一線でご活躍されております，大学，企業，行政，学識経験者の方々にご執筆いただきました。人体通信に関心をもたれる技術者，また，人体通信技術を用いたこれからの活用を検討されている業界の方々のご参考になれば幸いです。

本書を執筆するにあたり御指導を賜りました，本書執筆者のみなさま，アルプス電気株式会社HM&I事業本部のみなさま，阿高松男氏，安保秀雄氏，板生清氏，伊藤洋一氏，植野彰規氏，禹鍾明氏，大下淳一氏，大島まり氏，岡部和夫氏，岡部雅子氏，小蒲哲夫氏，小野稔氏，角屋丘美子氏，筧貴行氏，金田欣亮氏，川手啓一氏，木皿直規氏，木村博幸氏，許俊鋭氏，久木基至氏，工藤克己氏，久保田吹雪氏，黒田正博氏，桑田碩志氏，桑原宗春氏，五條理志氏，小堀嘉宏氏，三枝健二氏，坂口浩一氏，Siegfried Hari氏，品川満氏，杉本早紀氏，杉山博氏，鈴木順子氏，高岩美香氏，高野忠氏，高橋理氏，竹越正次氏，田中敏之氏，田村航氏，塚本信夫氏，月尾嘉男氏，土肥健純氏，戸辺義人氏，中井暁彦氏，長澤幸二氏，永田紳一氏，中坪豊春氏，西村隆氏，西村逸人氏，新田隆夫氏，根日屋順子氏，能登尚彦氏，橋口恵理加氏，長谷部望氏，浜口清氏，原田芙有子氏，藤田伸輔氏，Bernhard Thiem氏，前田和男氏，正宗賢氏，増崎寿一氏，Michelle Yamamoto氏，水戸野克治氏，宮本浩二郎氏，村木能也氏，甕昭男氏，元田光一氏，百瀬啓氏，森山一郎氏，堀込孝繁氏，山田賢治氏，山田剛良氏，横山一亮氏，吉富広三氏，吉川美恵子氏，吉清麻希子氏，吉田昌史氏，吉田勝氏，蓬田宏樹氏，李還幇氏，渡瀬藺子氏，渡辺克也氏に感謝いたします。

2011年５月

根日屋 英之

㈱アンプレット　代表取締役
東京電機大学　工学部　電気電子工学科　非常勤講師
東京大学　医学部　22世紀医療センター　特任研究員
工学博士

普及版の刊行にあたって

本書は2011年6月に『人体通信の最新動向と応用展開』として刊行されました。普及版の刊行にあたり，内容は当時のままであり加筆･訂正などの手は加えておりませんので，ご了承ください。

2017年9月

シーエムシー出版　編集部

執筆者一覧（執筆順）

根日屋　英　之	㈱アンプレット　本社　代表取締役
加　納　　　唯	拓殖大学　工学部　電子情報工学専攻
前　山　利　幸	拓殖大学　工学部　電子システム工学科　准教授
二　木　祥　一	エヌ・ティ・ティ・コミュニケーションズ㈱　第二法人営業本部　u-Japan 推進部　担当課長
田　中　稔　泰	マイクロウェーブ ファクトリー㈱　代表取締役
大　木　哲　史	早稲田大学　理工学研究所　次席研究員
松　木　英　敏	東北大学大学院　医工学研究科　医工学専攻　教授
横　尾　兼　一	アルプス電気㈱　HM&I 事業本部　第 2 商品開発部　第 1 グループ　グループマネージャー
柏　　　公　一	東京大学医学部附属病院　医療機器管理部　臨床工学技士　人工心肺担当主任
中　嶋　信　生	電気通信大学　総合情報学専攻　教授
川　島　　　信	中部大学　工学部　情報工学科　教授
佐　生　誠　司	旭化成イーマテリアルズ㈱
可　部　明　克	早稲田大学　人間科学学術院　教授
木　下　泰　三	㈱日立製作所　情報・通信システム社　ワイヤレスインフォ統括本部　統括本部長
曽　根　廣　尚	㈱オネスト　事業企画部　フェロー
外　村　孝　史	早稲田大学　理工学術院　総合研究所　客員研究員
上　原　康　滋	㈶横須賀市産業振興財団　横須賀市産学官コーディネーター
畠　山　信　一	アドソル日進㈱　エンベデッド・ソリューション事業部
安　田　昭　一	マイクロテック㈱　開発部　部長

執筆者の所属表記は，2011 年当時のものを使用しております。

目　次

【第1編　人体通信の基礎】

第1章　概要　根日屋英之

1　人体通信とは……………………………1
2　市場動向……………………………7
　2.1　国内企業の取り組みの歴史……7
　2.2　人体通信を情報通信端末として用いる市場……………………………8
　2.3　人体通信の医療，ヘルスケアへの応用……………………………9
　2.4　人体通信用部品の市場予測……13
　2.5　人体通信の今後の動向…………14
3　規格動向……………………………16
　3.1　電界方式人体通信………………16
　3.2　電流方式……………………………17
　3.3　超音波方式…………………………17
　3.4　WBANとしての人体通信（電磁波方式）……………………………18

第2章　人体近傍の人体通信

1　電界方式………………根日屋英之…22
　1.1　はじめに……………………………22
　1.2　電界方式人体通信の動作…………22
　1.3　電極と人体や大地との容量結合……………………………25
　1.4　人体近傍の電界……………………26
　1.5　低消費電力の技術…………………29
　1.6　米粒サイズの試作人体通信送信モジュール……………………………30
2　電流方式………………加納　唯…32
　2.1　電流方式とは………………………32
　2.2　電流方式の利点……………………33
　2.3　電流方式の課題……………………33
　2.4　電流方式の具現化例………………33
　2.5　電流方式の今後……………………36
3　超音波方式……………前山利幸…37
　3.1　はじめに……………………………37
　3.2　弾性波方式…………………………37
　3.3　伝送システム………………………37
　3.4　まとめと今後の流れ………………40

第3章　WBANとしての人体通信（電磁波方式）　二木祥一

1　WBAN（Wireless Body Area Networks）……………………………42
2　Bluetooth……………………………42
3　ZigBee……………………………46
4　IEEE802.15.6（BAN）……………………48
5　その他の近距離無線通信……………48
　5.1　ANT……………………………48
　5.2　Sensium……………………………49

第４章　要素技術　根日屋英之

1　変調方式 ……52
1.1　アナログ変調とディジタル変調 …52
1.2　搬送波を変調する ……54
1.3　ディジタル情報を一度に複数送る多値変調 ……57
2　双方向通信 ……61
2.1　単信と複信 ……61
3　雑音対策 ……62
3.1　雑音に強い広帯域通信 ……62
3.2　スペクトラム拡散方式 ……64
3.3　スペクトラム拡散方式の特徴のまとめ ……69
4　多元接続技術 ……71
4.1　FDMA（周波数分割多元接続）方式 ……71
4.2　TDMA（時分割多元接続）方式 …72
4.3　CDMA（符号分割多元接続）方式 ……72
4.4　OFDMA（直交周波数分割多元接続）方式 ……74
5　電極とアンテナの設計 ……75
5.1　アンテナから電磁波が放射されるメカニズムと電波伝搬 ……75
5.2　電界方式人体通信の電極 ……79
5.3　電界方式人体通信受信機の電極最適化 ……82
5.4　電流方式人体通信の電極設計 ……85
5.5　超音波方式人体通信の電極設計 ……85
5.6　UHF 帯電磁波方式人体通信のアンテナ設計 ……85
6　測定技術 ……88
6.1　人体通信送信機の発射電波の質 ……89
6.2　人体通信受信機不要輻射の測定 ……89
6.3　アナログ人体通信受信機の評価 ……90
6.4　人体通信受信機の雑音指数 ……90
6.5　ディジタル人体通信の評価 ……92
6.6　人体通信を行うときの人体の周波数特性 ……94
6.7　人体に流れる電流の測定 ……98

第５章　人体通信用ファントム　田中稔泰

1　ファントムの概要 ……103
2　人体通信用ファントム ……103
3　ファントムの種類 ……103
3.1　リキッドタイプ ……104
3.2　ジェル（ゲル）タイプ ……105
3.3　セミハードタイプ ……106
3.4　ウレタンタイプ ……107
3.5　ソリッドタイプ ……107

第６章　人体通信のセキュリティ　　大木哲史

1　はじめに ………………………… 109
2　人体通信の通信モデル ………………… 109
3　人体通信におけるセキュリティ上の脅威 ………………… 109
3.1　盗聴 ………………………… 110
3.2　データの改ざん ………………… 110
3.3　データの挿入 ………………… 110
3.4　中間者攻撃 ………………… 110
3.5　データの漏えい ………………… 111
4　脅威に対する対策 ………………… 111
4.1　盗聴 ………………………… 111
4.2　データの改ざん ………………… 112
4.3　データの挿入 ………………… 112
4.4　中間者攻撃 ………………… 112
4.5　データの漏洩 ………………… 112
5　人体通信における本人認証技術 …… 113
5.1　可搬型カード認証 ………………… 113
5.2　多要素認証による安全な人体通信 ………………… 113
5.3　パスワード認証との組み合わせ ………………… 113
5.4　生体認証との組み合わせ ……… 114
5.5　生体認証におけるテンプレートの保護 ………………… 115
5.6　クライアント・サーバの認証モデル ………………… 116

第７章　人体に対する安全性　　松木英敏

1　はじめに ………………………… 118
2　生体影響の考え方 ………………… 118
3　ICNIRP ガイドライン ………………… 119
3.1　100kHz までの低周波電磁界 … 119
3.2　100kHz を超える高周波電磁界 ………………… 122
3.3　静磁界に対するガイドライン … 123

【第２編　人体通信のアプリケーション】

第８章　電界式人体通信モジュールの開発―伝える　新・技術「人体通信」―　　横尾兼一

1　概要 ………………………… 127
2　電界通信の位置付け ………………… 127
3　開発の背景 ………………… 128
4　通信方式とモジュール開発 ………… 129
4.1　通信方式 ………………… 129
4.2　モジュール開発の遷移 ………… 129
4.3　モジュールの構成（ブロック図） ………………… 131
4.4　モジュールに実装されているソフトウェア ………………… 132
5　電界通信に関する取り組み ………… 133
5.1　評価キット及び評価サンプル … 133
5.2　電界のシミュレーション ……… 133
5.3　微弱無線設備性能証明 ………… 134
6　今後の取り組み ………………… 135

第9章　医療分野への応用―植込み型補助人工心臓装着患者の在宅遠隔モニタリングの必要性と人体通信技術を用いたモニタリングシステムの構想について―　柏　公一

1　はじめに……136
2　VAD治療とは？……137
3　VAD装着患者の在宅療養における問題点……139
4　人体通信技術を用いたモニタリング装置……141
5　おわりに……142

第10章　人体通信とナビゲーション　中嶋信生……144

第11章　同軸マルチコアPOFを用いた光回転リンクジョイント　川島　信，佐生誠司

1　はじめに……150
2　外部条件……150
2.1　光RLJに対するニーズ……150
2.2　基本機能条件……151
2.3　要求性能……152
3　光回転リンクジョイントの構成法…152
3.1　光RLJの基本構造……152
3.2　同軸マルチコアPOFの概要……153
3.3　同軸マルチコアPOFを用いた光回転リンクジョイントの構成……154
4　同軸マルチコアPOFによる双方向デジタル伝送系の諸特性……156
4.1　同軸マルチコアPOFの幾何学的相対位置と伝送特性の関係……156
4.2　幾何学的相対位置と層間干渉特性……157
4.3　デジタル伝送特性……158
5　同軸マルチコアPOFによる光伝送系設計法に関わる理論的考察……159
5.1　突合せ構造POFの伝送損失の理論的導出……159
5.2　同軸マルチコアPOFの突合せ間隙距離……161
6　光RLJの試作と高精細カメラを結合した監視モニタシステムの構築……163
7　今後の検討課題……164
8　おわりに……165

第12章　人体通信の介護ロボットへの応用　可部明克

1　ヒューマンサービスロボットとの親和性……166
2　介護・福祉ロボットと人体通信の融合による市場拡大の可能性……166
2.1　経済情勢と新たな産業モデルの創造……166
2.2　ヒューマンサービスロボットの役割―20世紀型のオートメーションから21世紀型のオートメーションへ―……167

2.3　介護・福祉ロボットの多様なニーズと専用アプリケーション候補例 ……… 168
3　ロボットへの応用検討と試作事例 … 170
3.1「赤ちゃん型ロボット：herby」……… 170
3.2　パンダ型ロボット ……… 174
3.3　応用分野の広がり ……… 175

第 13 章　ヘルスケアとの融合　木下泰三

1　はじめに ……… 177
2　無線センサネットのヘルスケア応用 ……… 177
2.1　ヘルスケアと無線センサネット ……… 177
2.2　ネットヘルスケア応用市場 …… 177
2.3　医療，ヘルスケア用無線システム ……… 178
2.4　ZigBee 無線システム ……… 179
3　リストバンド型ヘルスケアセンサ … 180
3.1　第 1 世代腕時計型センサ ……… 180
3.2　第 2 世代腕時計型センサ ……… 181
4　万歩計型センサ ……… 182
4.1　メタボレンジャー ……… 182
4.2　健康管理アプリケーション …… 184
5　将来期待できるアプリケーション … 185
5.1　作業員の安全 ……… 185
5.2　自動車居眠り運転 ……… 185
5.3　電子トリアージ ……… 186
5.4　カプセル内視鏡，心電計，イヤリングセンサ ……… 187

第 14 章　植物（農業）と人体通信　曽根廣尚

1　植物（人体）通信の定義 ……… 189
2　植物の情報交換システム ……… 190
3　植物・樹木の生体電位計測による地震の観測 ……… 191
4　根の接地抵抗 ……… 192
5　Voltree Power 社の樹木を利用したバイオエネルギー電池 ……… 193
6　茎内流量測定による蒸散速度の計測 ……… 194
7　未来の植物通信アプリケーション … 195

第 15 章　産学連携―人体通信の医療福祉分野からモノづくりへの応用　外村孝史

1　人体通信を用いた高齢者向け健康支援システム ……… 197
1.1　高齢者向け健康支援システムの概要 ……… 197
1.2　超高齢化社会と健康都市 ……… 197
1.3　人体通信と音声認識／合成技術で高齢者の認知症の発症を防ぐ …… 198
1.4　人体通信機能がセンサーとしての役割 ……… 198
1.5　高齢者向けコミュニケーションツールの開発 ……… 199
2　人体通信のモノづくりへの応用 …… 200

2.1　ロボットでの人体通信の応用 … 200
2.2　航空機での人体通信の応用 …… 201

第16章　人体通信の産学連携における私的考察　上原康滋

1　横須賀市産学官連携推進事業について ……… 203
2　人体通信技術への全般的な期待 …… 206
3　人体通信技術への横須賀市からの期待 ……… 206

第17章　電界通信『タッチタグ®』システム　畠山信一

1　はじめに ……… 208
2　電界通信『タッチタグ®』とは？ …. 208
3　『タッチタグ®』の特長 ……… 209
3.1　タッチパネル型電極 ……… 209
3.2　床マット型電極 ……… 210
3.3　ドアノブ型電極 ……… 210
3.4　椅子型電極 ……… 210
4　タッチタグ®導入事例 ……… 211
4.1　人体通信エントランスシステム／TH ……… 211
4.2　エコオフィスへの適用事例 …… 212
4.3　MRI 検査室安全管理システム … 212
4.4　動物管理棟入退管理システム … 213
5　おわりに ……… 214

第18章　カスタムメイド人体通信　安田昭一……215

【第1編　人体通信の基礎】

第1章　概要

根日屋英之*

1　人体通信とは

人体と機器が近接することで通信を行う人体通信に注目が集まっている。人体通信はセキュリティ性が高く，送信電力が少ないことが特徴である。手で触れるだけでその人を特定し，入退室管理や自動車のエンジンをスタートさせせることができる。また，電子チケット，電子マネー，ウェアラブル・コンピューティングの世界などへの応用も考えられている。

人体通信が利用されるシーンを考えると，図1に示すような，「人一人を介して情報が伝送される人体通信」，「人と機械の間で通信を行う人体通信」，バーチャル・キーボード，サングラス型ディスプレイ，CPUユニット間を，人体上をワイヤレスで結ぶ「ウェアラブル・コンピューティングを意識した同一人間上の人体通信」などが考えられる。法政大学の品川満氏（元NTTマイクロシステムインテグレーション研究所）は，人の左右の足を介して情報を伝達するブリッジ接続や，モノとモノ間の人体通信の利用シーンも挙げている[1)]。

現在，人体通信は認証や低速伝送（音楽情報など）を行う数百kbpsまでの製品がいくつか発

人-人　を介した通信

ウェアラブル・コンピューティング通信
（同一人間上の通信）

人-機械　間通信

図1　利用シーンによる人体通信の分類

* Hideyuki Nebiya　㈱アンプレット　本社　代表取締役

表されている。また，数十 Mbps の高速人体通信の研究や開発も行われているが，これは主にインターネットに接続できるウェアラブル・コンピューティングで使うことを想定している。消費電力とのトレードオフを考え，実用的な通信速度である 500kbps から数 Mbps の高速伝送人体通信機器の製品化が検討されている[2~4]。図 2 に送信電力と通信速度の予測を示す。

人体通信は，かつて，軍事技術として研究されていたが，1996 年に米国 IBM の Thomas G. Zimmerman 氏が，人体通信に関する論文「Personal Area Networks：Near-field Intrabody Communication」[5] を発表し，産業界から注目を浴びるようになった。日本では，2000 年にソニーCSL が WISS 2000 にて「Wearable Key（触ることで個人化されるユビキタスコンピュータ環境）」を発表した[6]。

人体通信の明確な定義はされていないが，本書では以下の四つの方式に分類する。

① **電界方式**

図 3 に示すように人体近傍の電界に変化を与え通信を行う方式を「電界方式」と呼ぶ[7~9]。人体と電極は非接触で通信が可能で，日本[10, 11] や韓国[12~14] では搬送波周波数として 50MHz 以下を用いた研究が盛んである。電界方式人体通信では，その伝播路は，体内伝搬，人体の表面伝搬，空間伝搬の三つが考えられる[15]。

搬送波が数百 kHz から数十 MHz の周波数帯では，図 4 に示すように人体に比べてその搬送波の波長は非常に長い。図の左側に示すように，例えば 3MHz の 1 波長は 100m であるが，その上に人体の 1.7m の身長を重ねてみるとその長さは非常に短い。これは人体の頭の先から足の先までほぼ同電圧となり，人体から外部への電磁波の放射がほとんど起こらない。一方，図の右側に示す 3GHz の 1 波長は 0.1m であり，この周波数帯の電磁波は，身

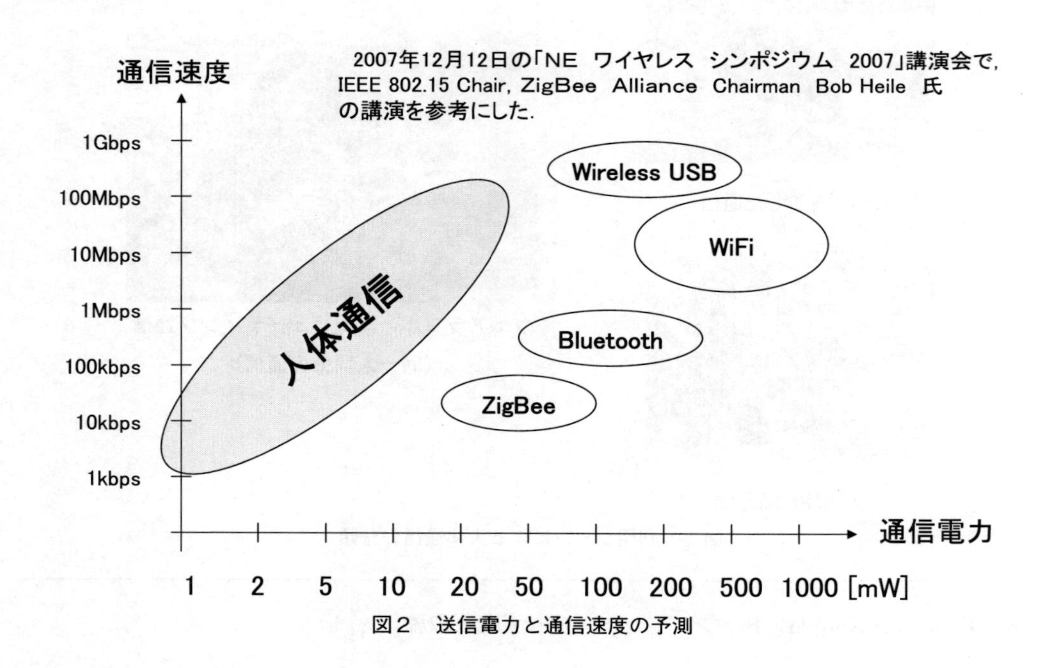

図２　送信電力と通信速度の予測

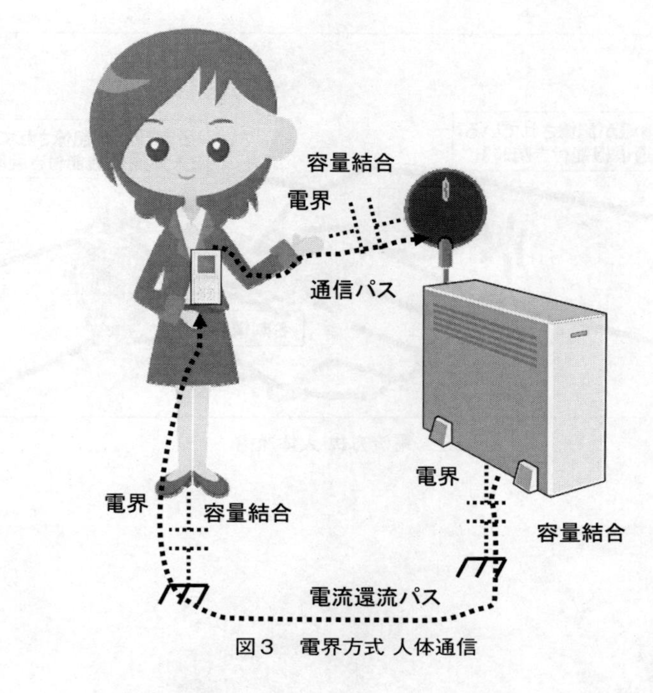

図３　電界方式 人体通信

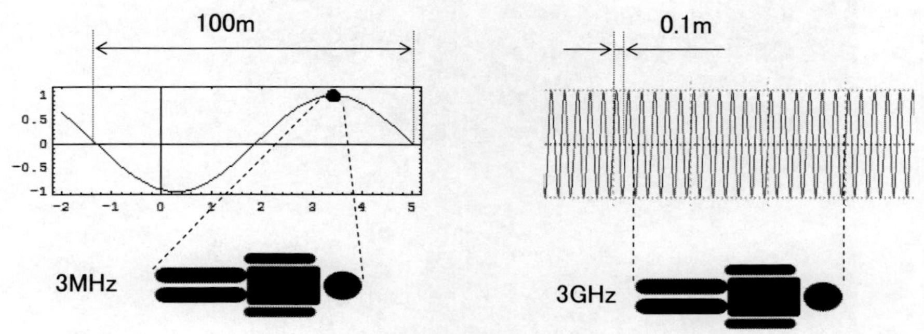

図４　波長と人体の関係

長 1.7m の人体の各部で電圧が変化している。そのため人体がアンテナ化し，外部への放射を起こす。電界方式人体通信では，このように波長が長い周波数の搬送波を用いることにより，通信範囲は人体近傍にとどまっていると考えられる[16)]。

②　電流方式

人体そのものを情報の伝送路とし，図５に示すように人体に非常に微弱な電流を流して通信を行う方式を「電流方式」と呼ぶ。電極は人体と接することが前提であるが，このため通信は電界方式よりも安定している。5MHz 以下の周波数の搬送波を用いた製品が発表されている[17)]。

③　弾性波方式（超音波方式）

拓殖大学の前山利幸氏のグループは電磁波を使わない新たな取り組みとして超音波を用い

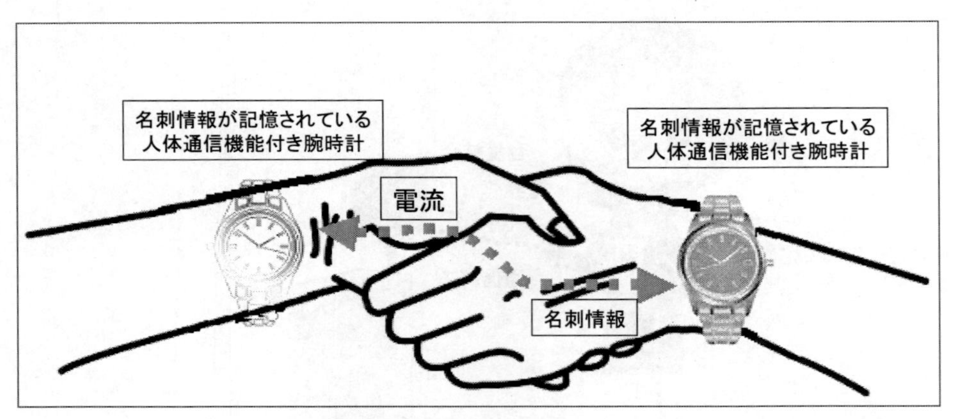

図5　電流方式 人体通信

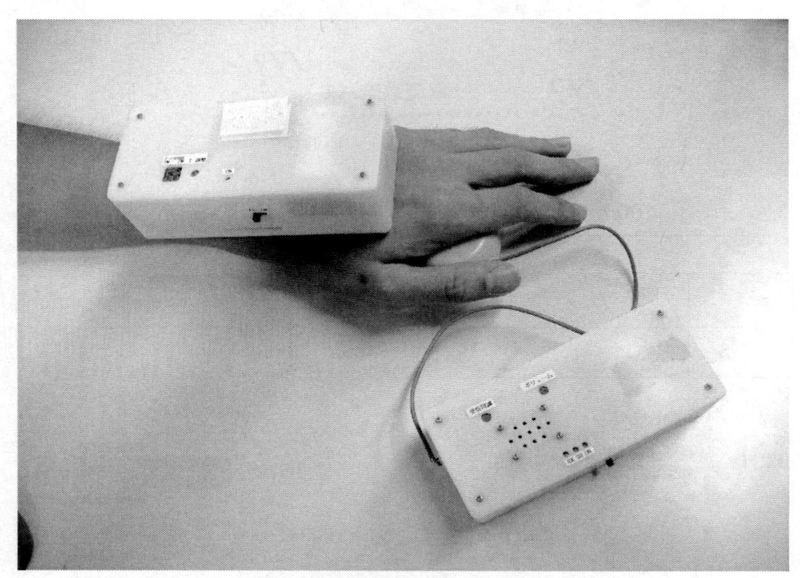

写真1　弾性波（超音波）方式 人体通信の試作機
（写真提供：拓殖大学　前山利幸氏）

た弾性波人体通信「弾性波方式（超音波方式）」の研究を行っている[18, 19]。電極には「圧電素子」を用いる。写真1に示すような試作機で，その動作の確認を行った。この方式は水中でも通信できる。

④　UHF 帯電磁波方式

400MHz 以上の周波数の電磁波を用いた人体通信を「電磁波方式」と呼ぶ。高い周波数では，2.45GHz や UWB 帯の研究も報告されている[20, 21]。電磁波方式の人体通信は，図6に示すように人体の表面伝搬の通信を行う。送信機と受信機の各々に低姿勢（高さが低い）の側面放射型アンテナを接続し，それらを互いに対向させて通信を行う。

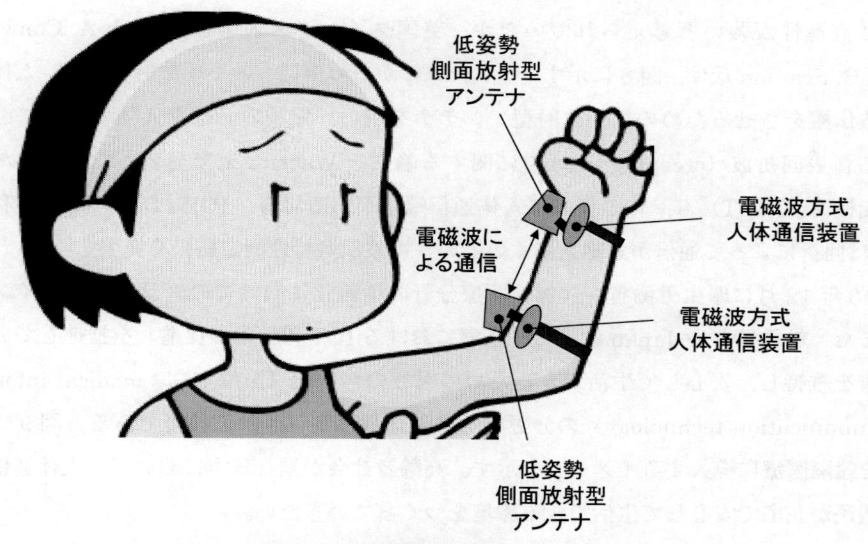

図6　UHF帯 電磁波方式 人体通信

図7　UHF帯 電磁波方式 WBAN 人体通信

また，近年，図7に示すようなWBAN（wireless body area network）として，人体から3m程度の距離までの無線伝送を行う通信も注目されている。本書ではWBANも人体通信に含める。WBANでは，無線LAN（WiFi），ZigBee，Bluetooth，特定小電力無線，微弱無線設備などや，各々を改良したものが検討されている。ウェアラブルに用いることを想定してプロトコルを簡素化することにより，無線端末の低消費電力化を図る[22, 23]。

UHF帯電磁波方式の人体通信で興味深い研究が行われている。従来，波長が短いUHF帯の電波は直進性が強いと考えられていたが，英国クイーンズ大学のGareth A. Conway氏とWilliam G. Scanlon氏は，図8に示すように，人体からの空間への不要放射を抑え，人体に沿った表面波伝搬をさせるための側面放射型アンテナを用い，電波の一部を人体の表面に沿って伝搬させる体表回折波（creeping wave）に関する論文をWebsite上で発表した[24]。また，情報通信研究機構（NICT）も，体の裏表に人体通信端末がある場合，1GHz以下の電波を利用したWBANは回折によって通信が途絶えにくいという電波伝搬特性測定結果を発表した[25]。

平成13年12月に厚生労働省が「保健医療分野の情報化に向けてのグランドデザイン」を策定し，また，総務省もu-Japan政策で「医療におけるICT利活用の促進」を推進している。国民が健康を維持し，安心して生活できるための医療の情報化（医療ICT：medical information and communication technology）の分野でも人体通信は注目される技術である。図9に人体通信技術を遠隔医療に導入するイメージを示す。高齢者社会が進む日本において，人体通信技術を用いて国民が在宅で安心して生活できる環境をつくっていきたい。

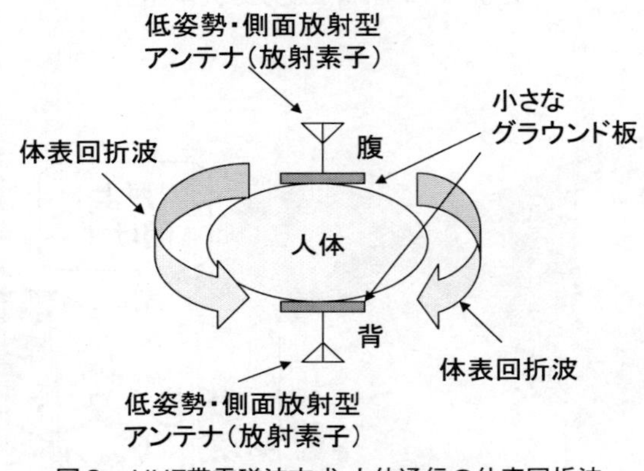

図8　UHF帯電磁波方式 人体通信の体表回折波

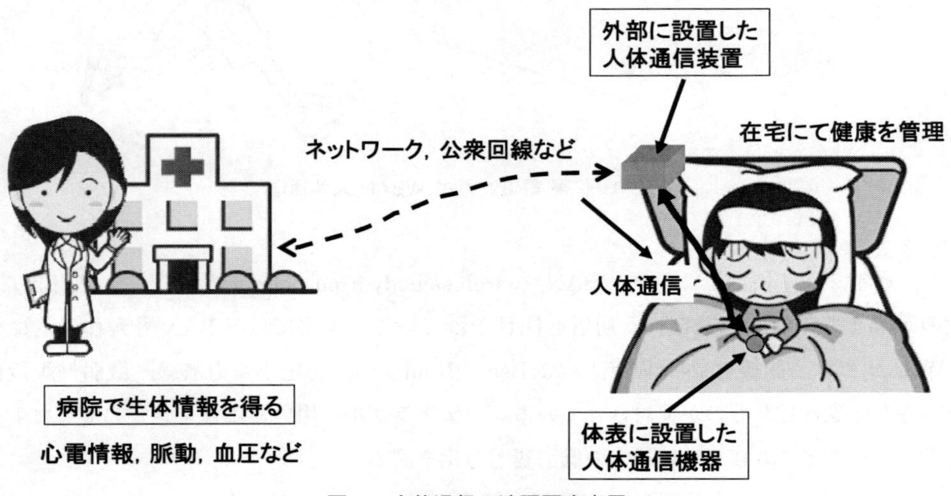

図9　人体通信の遠隔医療応用

2　市場動向

人体通信の市場は，電界方式，電流方式，WBAN，UHF 帯電磁波方式が立ち上がり始めている。

2.1　国内企業の取り組みの歴史

2000 年にソニーCSL が WISS2000 にて「Wearable Key（触ることで個人化されるユビキタスコンピュータ環境）」を発表した。CEATEC JAPAN 2004 で，NTT は人体通信に関する初めての展示を行った。

その後，新聞，雑誌，ラジオ，テレビなどで人体通信が大きく扱われたのは，CEATEC JAPAN 2007 の展示である。NTT ドコモは，人体通信モジュールを内蔵した携帯電話端末を用いてワイヤレスでヘッドセットから音楽を聞かせたり，床に埋め込んだ同モジュールからの文字情報を人体を介して携帯電話端末へ送りディスプレイに表示するなどの展示を行った。アルプス電気のブースでは，MP3 プレーヤに接続した送信モジュールとスピーカに接続された受信モジュールのそれぞれの電極上に見学者が手をかざすと，人体を介して通信が行われ音楽が聞けるコーナーを設け，そこで多くの人が人体通信を体験した。CEATEC JAPAN 2007 の翌週には，東京大学名誉教授の月尾嘉男氏がラジオ番組で，「映画『E.T.』でエリオット少年と E.T. が指と指を触れ合って会話をするシーンが現実に可能になってきた。」という説明で，CEATEC JAPAN 2007 で注目された人体通信を紹介した。その後，テレビでもいくつかの人体通信特集番組が放映されている。

NTT ドコモは 2008 年に，電界方式による人体通信機能を有する携帯電話端末をポケットに入れたまま，戸の施錠，スクーターのエンジンスタート，駅の自動改札の通過，自動販売機での支払いを行う生活シーンを描いたテレビコマーシャルを放映した。

CEATEC JAPAN 2009 では，アルプス電気が写真２に示す大きさが 11mm × 11mm × 2mm の電界（人体）通信モジュールを展示した。

2011 年３月に開催された SECURITY SHOW 2011 と IC CARD WORLD 2011 でも人体通信技術を用いた展示が行われた。

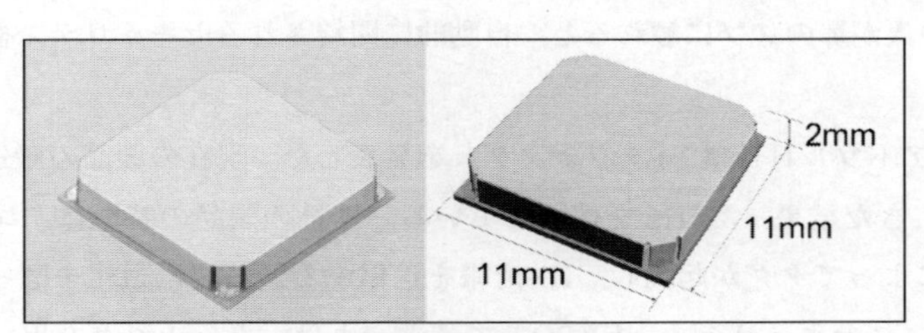

写真２　アルプス電気の電界通信モジュール
（写真提供：アルプス電気）

SECURITY SHOW 2011では，アドソル日進が同社の製品である電界方式の人体通信「タッチタグ」を用い，カードをかざさず「踏んで」個人認証を行う入退室管理システムを展示した。他に同社のタッチタグを用いた入退室システムは，近計システムとエスアイエスのブースでも展示された。また，日本信号は既存のICカードと人体通信技術を組み合わせ入退室やゲートの出入りを可能にする「ハンズフリーカード」を発表した。

IC CARD WORLD 2011では，日本コンラックスは，自販機のディスプレイで商品選択をした後，人体通信ユニットを携帯し，手のひらでの決済やNFCカードをかざして決済を行うデモンストレーションを行った。大日本印刷ブースでは，同社とコニカミノルタビジネステクノロジーズが共同開発した，人体がモノに触れるだけでMFP（多機能周辺装置：multifunction peripheral）利用時の認証を行う「人体通信によるカード認証MFPシステム」を展示した。

人体通信は情報通信を行うものがほとんどであるが，電界方式人体通信の受信機技術を用いて人体の周りの電界変化を捉えて生体情報のセンシングを行うこともできるので，人体通信は医療応用への分野でも注目され始めている。

2.2　人体通信を情報通信端末として用いる市場

2.2.1　電界方式

NTTは2005年2月に，通信速度が10Mbpsに達する人体通信技術「RedTacton」を発表した。信号検出部には電界の変化により光学的特性が変わる電気光学結晶の変化をレーザ光で読み取る，フォトニック電界センサを採用していた。2008年4月にNTTエレクトロニクスは，NTTのRedTactonの技術を基盤にした7mm厚のカード型ID送信機と，電界を検知するセンサ電極を備えた受信機から構成される「Firmo」を発表した。4.915MHzの搬送波を用いて，230kbpsの速度で通信を行う。送信機，人体，受信機とも大地と容量結合しているが，その浮遊容量の変動が大きいという問題点を，電極の給電点に電子的にインピーダンスを整合する回路を設けることで回避した。

アルプス電気は，CEATEC JAPAN 2007に引き続きCEATEC JAPAN 2008でも電界通信（人体通信）双方向通信モジュールを展示した。この通信モジュールには，CPU，ベースバンド回路，高周波回路をワンチップに入れ込んだASICを搭載している。2008年7月の「オフィスセキュリティー EXPO」で岡村製作所は，アルプス電気とカイザーテクノロジーが開発した人体通信タグを持つ人が扉のノブに触れると，自動的に開錠されるセキュリティ機能付きロッカーを展示した。

2008年5月にアドソル日進は，「タッチタグ」を発表した。現在の製品の搬送波周波数は今まで同社が検討してきた結果，3MHzを採用している。同社の製品の特徴は，ユーザーが電極に手をかざすことによってタグが起動し，ID情報を送信する低消費電力化を図ったことである。2008年の「オフィスセキュリティーEXPO」でイトーキは，タッチタグを用いた入退場管理システム「システマゲート」を展示した。

2009年3月に日立製作所，NTTコミュニケーションズ，美和ロックの3社は，RedTactonを活用した入退室管理システムを共同開発したと発表した。本システムは，カードキーを携帯した利用者が，ドアノブを握る，廊下を歩くなどの人の行動中の意識しない接触により，個人の識別，認証を行い電気錠の施錠・開錠を行う。また，建物内の主要動線上に電極を組み込んだ認証ポイントを配置することにより，利用者が入室するたびにICカードをリーダ部にかざすことなく，入退室管理，在室者管理，行動足跡管理などの入退室一括管理を可能にした。

2.2.2　電流方式

電流方式は人体に直接電流を流すので，電界方式に比べると外来雑音に強い利点があるが，通信を行うときに人が電極に直接触れる必要があるため，利用面で制約がある。2004年にパナソニック電工が「タッチ通信システム」を発表し，寺岡精工が精肉や惣菜などの対面販売用計量器として導入した。553kHzの搬送波に情報を乗せた微弱電流を人体に流すことにより，3.7kbpsの通信を行った。

高速通信の事例として，KDDI研究所がブロードバンドの映像通信を目的としたシステムを開発し，2006年12月に，「人体を伝送路とする高速通信方式」を発表した。3MHzを中心としたOFDM（orthogonal frequency division multiplexing）方式を採用し，17Mbpsの通信を実現している。2本の電極棒を人が両手で握るとディスプレイに動画の映像が写るというデモンストレーションがテレビ番組でも紹介された。

2.2.3　弾性波方式（超音波方式）

弾性波方式人体通信は，拓殖大学の前山利幸氏のグループが研究・開発に取り組んでいる。現時点では製品の発表はないが，この方式は水中でも利用できるので，今後，新たな市場が創出できる可能性がある。

2.2.4　WBANとしての人体通信（UHF帯電磁波方式）

主に400MHz以上の搬送波を用いる無線LAN（WiFi），ZigBee，Bluetooth，UWB（ultra wide band），特定小電力無線，微弱無線設備などの近距離無線によるWBAN用製品が発表されている。この周波数帯は安価な部品も多く市販されているので，欧州ではすでに製品が販売されている。日本でも特定小電力無線や微弱無線設備の小型通信モジュールを搭載した製品がある。

近年，ウェアラブル機器として用いることを想定した低消費電力の無線モジュールも発表されている。また，グリーンエネルギー（再生可能なエネルギー）ディバイスを併用したバッテリーレスのウェアラブル端末の研究も行われている。

2.3　人体通信の医療，ヘルスケアへの応用

人体通信は人体を媒体とした通信であるので，生体情報センサと人体通信モジュールを組み合わせた医療応用への注目度が高い。ベッドに寝ている患者に貼り付けられた生体情報センサと情報収集装置とがワイヤーで繋がれていると，患者は自由に身動きができない。そこに図10に示すような人体通信技術を導入すると，生体情報センサと情報収集装置間がワイヤレスとなり，

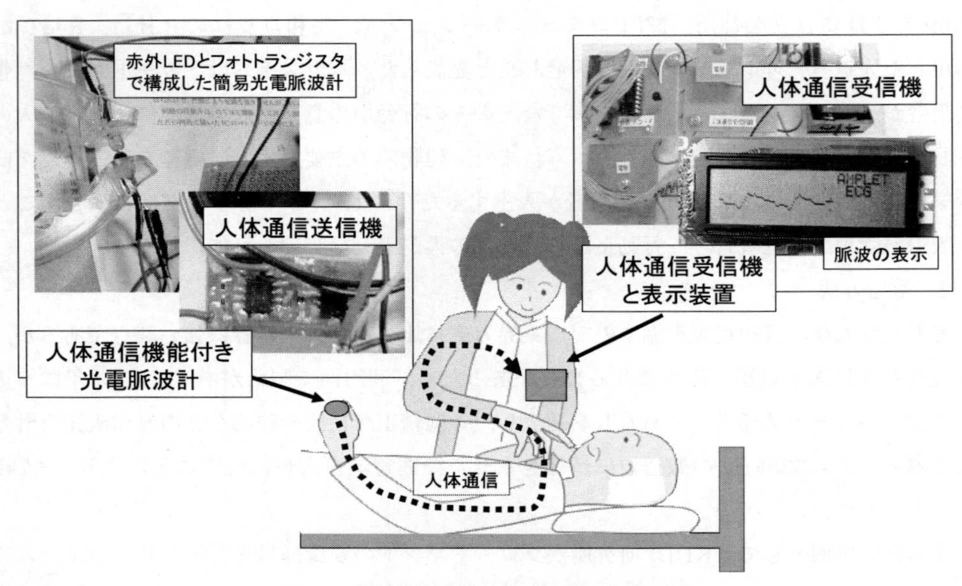

図10　脈波情報を伝送する人体通信試作機

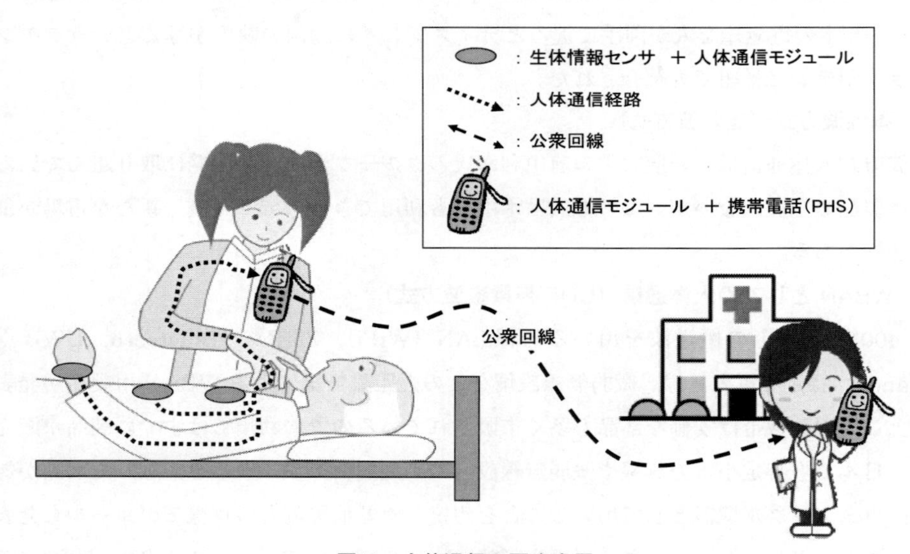

図11　人体通信の医療応用

ベッドに寝ている患者は自由に寝返りもうてるし，病院内も自由に歩くことができる。人に取り付けた温度センサや加速度センサの情報を人体通信でデータ・ロガーに取り込み，歩行時のふらつきや体温も管理できる。

高齢化社会を迎えている日本において，生体情報センサを身に付け，在宅で生活する一人暮らしの高齢者も増えてくる。図 11 に示すように，その生体情報センサの電源電圧情報や生体情報を，人体通信機能を有する携帯電話やインターネットに接続できる情報端末を用いて定期的に遠隔地にある病院に生体情報を送ることにより，高齢者が在宅で安心して生活を送ることもできるようになる。

また，電界方式人体通信の受信機と生体情報センシング機器は回路構成が似ていることから，人体通信機器を流用した生体情報の取得の実験も行われている。図12に10MHzの人体通信受信機の一例を示す。この図に示すように受信機の電極では，搬送波が10MHzの人体通信信号と共に生体情報も受信している。電極の給電点に，本来の人体通信を行うための中心周波数が10MHzのバンドパスフィルタと，低い周波数に分布する生体情報を通過させる遮断周波数が500Hz程度のローパスフィルタから構成される信号分配器（デュープレクサ）を設ければ，電極から混在して入力される10MHzの通信信号と低周波領域の生体情報を分離でき，図13に示すような生体情報測定機能付き人体通信受信機を作ることができる。また，図14に示すように，電極から得られる生体情報を，人体通信送信機内で本来の送信する情報に重畳して送出すると，人体通信を行いながら生体情報も同時に人体通信の相手側受信機に送ることができる。この技術を用いた遠隔医療やヘルスケアへの応用が期待されている。

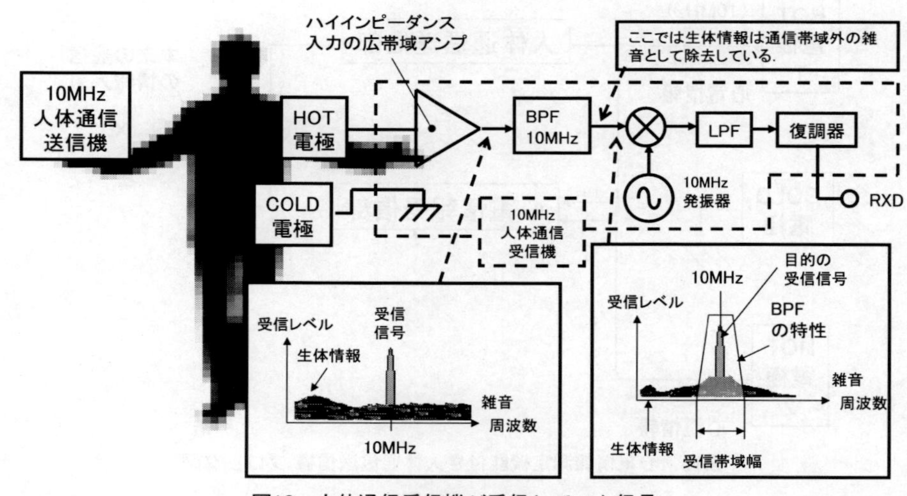

図12　人体通信受信機が受信していた信号

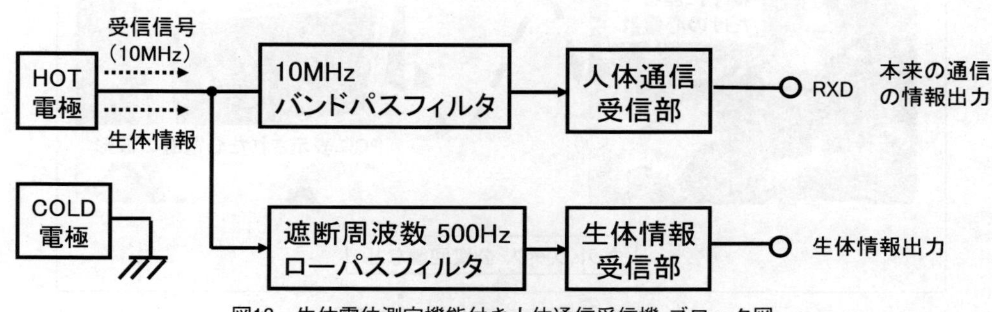

図13　生体電位測定機能付き人体通信受信機 ブロック図

図15に簡易的な心電情報測定機能付き人体通信送信機のブロック図，写真3に筆者らの試作機を用いた実験風景を示す。人が椅子に座るときに，電極を埋め込んだ肘あてに手をのせると，そこで取り出された心電図を人体通信送信機により送出し，離れた場所にあるディスプレイに個人識別情報（ID）と心電図波形を同時に表示するシステムである。すでにワイヤレス心電計や

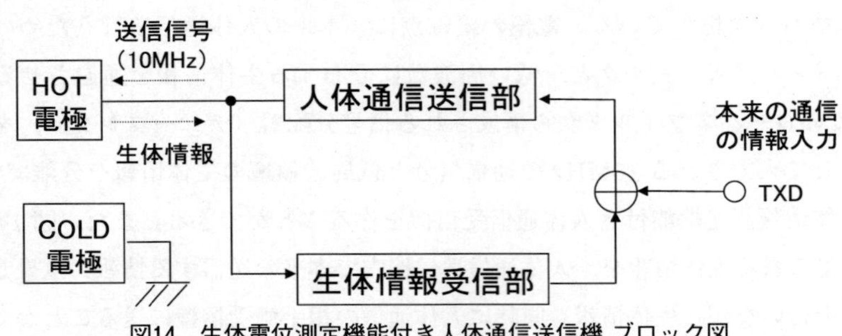

図14　生体電位測定機能付き人体通信送信機 ブロック図

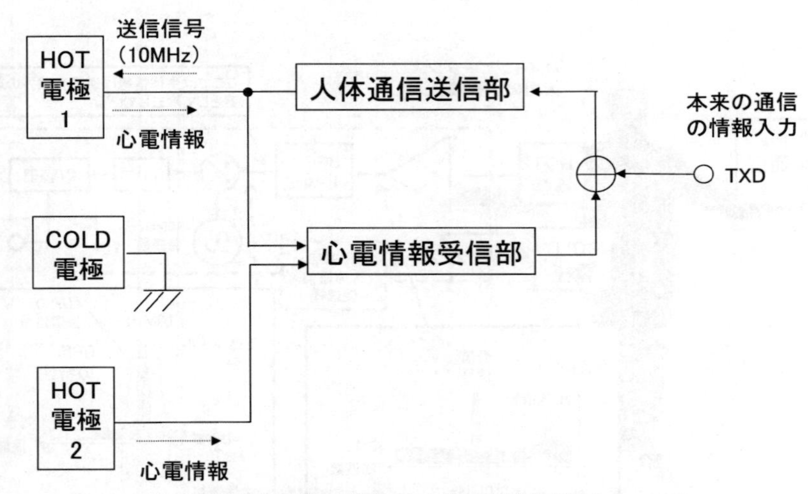

図15　心電情報測定機能付き人体通信送信機 ブロック図

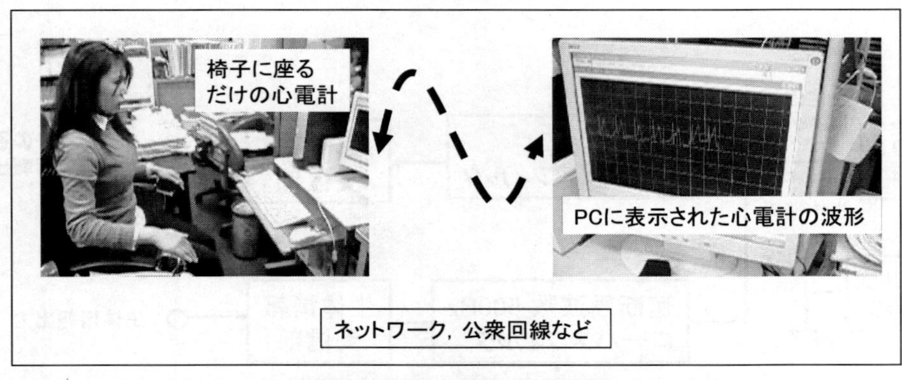

写真3　遠隔心電計の試作装置

ワイヤレス脈波計などが製品化されているが，それらのほとんどは生体情報センシング回路と，微弱無線用回路や2.45GHzの近距離無線通信用回路を組み合わせた構成になっている。この近距離無線通信用回路を人体通信用回路に置き換えると，人体通信用回路の多くの部分が生体情報センシング回路として流用でき，加えて，無線通信のアンテナに相当する人体通信の電極を生体情報センサの電極としても共用できるので，非常にシンプルな構成の装置ができる。また，病院などで使用するときに留意しなければならない他の無線通信システムや医療機器との干渉も，電界方式人体通信を用いると少なくできる。

電磁波方式人体通信では米国において2011年1月，ヘルスケア企業と航空業界は，FCC（federal communications commission）が2010年に提案した米国全国規模の計画であるモバイル人体近傍通信（MBAN：mobile body area network）の認可を早急に行うようにFCCに対して要求した。MBANは2.36～2.4，2.3～2.305，2.395～2.4，2.4～2.4835GHz，そして，5.15～5.25GHzの周波数帯を利用する予定である。この周波数帯は，アマチュア無線，航空業界，連邦などの団体で使われていたが，当初，反対をしていた航空業界が，無線の方式で干渉を防止することを条件に前向きな検討を始めた。米国では96%の病院は，航空業界で使っている遠隔監視装置の影響を受けない地域に位置しているので，FCCは，導入当初はMBANの使用を病院に限る提案をしている。在宅で安心して生活するための健康モニターデバイスの価格が下がってくれば，一般家庭でも普及するであろう。

2.4　人体通信用部品の市場予測

電界方式，電流方式は，共に搬送波周波数が数十MHzより低い，送信出力が微弱な無線モジュールと考えることができる。これはセンサネットワーク，医療ICT，ウェアラブル端末市場が期待されているので，通信速度はそれほど高速ではないが，安価で低消費電力の人体通信用ICへのニーズが高まる。一方，通信品質重視の市場では，人体が受ける雑音や他の無線システムからの干渉対策としてスペクトル拡散技術を導入した人体通信用モジュールや，数十Mbpsの高速通信を目的としたOFDM方式を採用した人体通信用モジュールが新たな市場を作っていくであろう。図16に電界方式，電流方式の人体通信部品市場投入予測を示す。この図は技術開発の観点からの予測のため，縦軸の値は具体的な数値は入れていない。

超音波方式は，人体という伝送路を考えたときにインプラント（人体への埋め込み）機器との通信や水の中でも通信ができるので，医療分野，船舶，漁業，スポーツ関連での市場が期待できる。人体と超音波方式人体通信装置との音響インピーダンスの整合をとるインターフェース素材の開発が進めば，マイクロフォン，スピーカ，超音波振動素子などと組み合わせ，今までにない人体通信の市場を創り出せる。

UHF帯電磁波方式の人体通信では，現状，すでに安価に市場に出回っている既存の小電力無線ディバイス（ZigBee，Bluetooth，無線LAN，特定小電力無線，微弱無線）を用いて製品化ができるので，日本での市場の立ち上がりは早いと思われる。また，今後はウェアラブル端末を

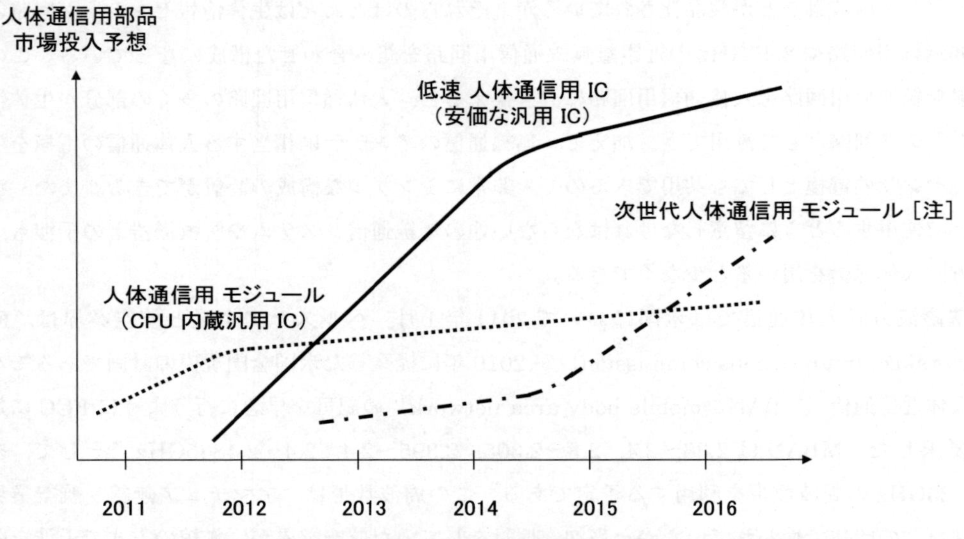

［注］：対雑音性に優れたスペクトラム拡散技術を導入した人体通信用モジュール
や高速通信を追求するOFDM方式の人体通信用モジュールなど

図16　電界方式，電流方式の人体通信部品市場投入予測

意識した，さらなる低消費電力化を行ったWBAN（IEEE802.15.6）対応部品が出てくると，身の回りのいろいろなものに無線ディバイスが内蔵されるようになるであろう。

2.5　人体通信の今後の動向

人体通信の市場はこれから立ち上がるため，各社で開発している人体通信機器は企業機密が高く，本書執筆時点ではあまり公開されていない。そこで，筆者らが近未来の人体通信導入シーンを想定した試作品を以下に紹介する。

写真４に示すのは，販売単価が数十円を目指したROM内蔵の電界方式人体通信送信モジュールである。モノに内蔵し，手をかざすだけでそのモノが何か知ることができる人体通信IDタグとして試作した。内部回路が非常にシンプルで消費電力が少ないので，現在，数十文字のキャラクタ情報を１秒間に１度程度送信する動作で，CR 2032電池を用いて数カ月の動作が可能である。

写真５に示すのは，自動車の安全運転をするためハンドルを握ることで心電図を得て，人体通信を用いて自動車にその情報を知らせる。医師に伺ったところ，このようなシステムで，WPW症候群，血栓，不整脈，狭心症，心拍数，ストレス，運動能力，飲酒，居眠り，突然の意識消失発作などの検出ができる可能性がある。

写真６に示すのは，椅子に座った人に対して情報を送るためのデモ機である。電界方式人体通信を利用すると，個々の椅子に座った人に個別の情報を送ることができる。これは，国際会議場で，座席に座る人ごとに母国語での通訳をワイヤレスイヤホンで行うシーンなどを想定した。

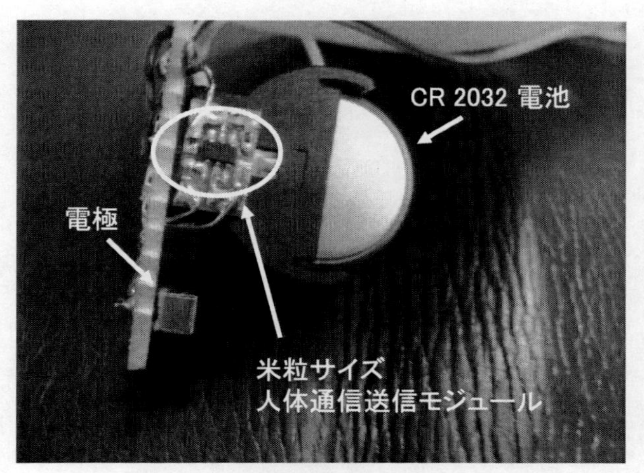

写真４　米粒人体通信送信モジュール

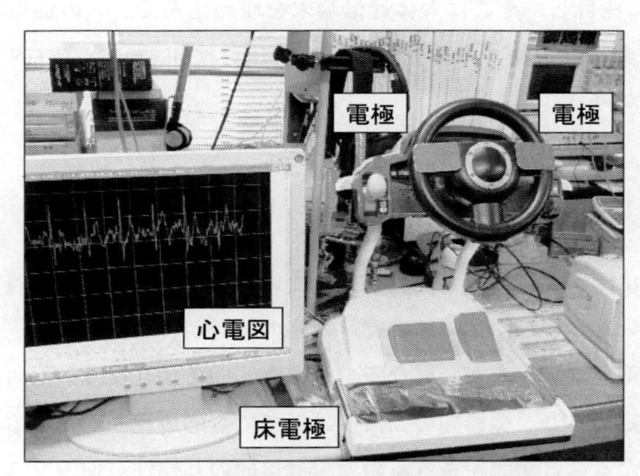

写真５　人体通信技術を用いた自動車の安全運転

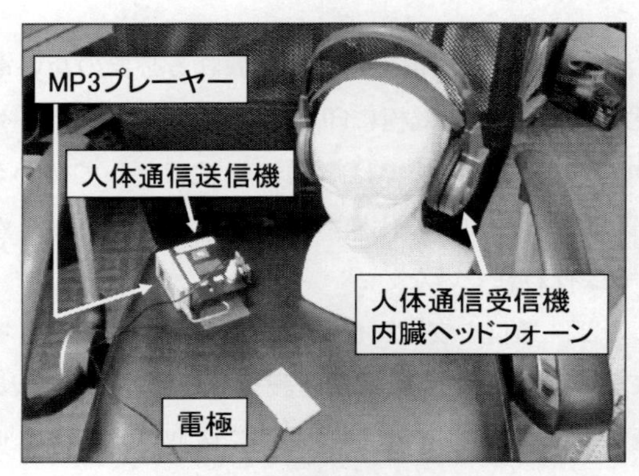

写真６　人体に音楽を通す

写真7　座るだけで心電図

筆者が出演したテレビ番組（http://www.nhk.or.jp./zero/contents/dsp.301.html）で，日常の「座る」ということに注目し，そこに人体通信端末を埋め込んで，人の健康管理をすることを提案した。写真7は，非接触電極で人体近傍の電界変化を検知する心電計内蔵の椅子で，座る人の服の上から心電図が得られる。

3　規格動向

人体通信は，すでに実用化に向けた開発が進んでいるが，規格策定も平行して進めなければならない。国内外でのいくつかの団体や組織で，規格の検討が行われている。一般に規格を緩やかにすると，その応用範囲は広がるが，異なる企業の機器間での互換性が保ちにくくなる。逆に，規格をあまり厳しく定めると，機器間の互換性は保てても応用範囲が狭まる。人体通信は，その応用範囲が多岐にわたることが想定されるので，機器間の互換性，他のシステムとの整合性なども配慮しながら規格を策定することが必要である。

3.1　電界方式人体通信

数十MHz以下の搬送波を用い，人が電極に直接，触れる必要のない電界方式人体通信では，人と電極の距離が1cm程度のときに，電極に印加する電圧が数Vオーダーで通信が行えることが確認されている。これは日本の電波法では微弱無線設備として扱われる。物理層（PHY），MAC層とも，日本の企業は各々，独自の仕様で製品化を行っているため，企業間の業界標準の協議も2011年春の時点では行われていない。

人と電極の距離が離れると，通信を安定に保つために電極に印加する電圧も高くする。このときの電界が人体に対して安全であるために電磁防護指針を考慮しなければならない[26, 27]。人体が電波にさらされる環境で単位質量の組織に単位時間に吸収されるエネルギー量の指標として比吸収率（SAR：specific absorption rate）があるが，詳しくは第7章（人体に対する安全性）を参照していただきたい。

WBANの標準化を進めている米国のIEEE（The Institute of Electrical and Electronics Engineers, Inc.）P802.15 Working Group for Wireless Personal Area Networks（WPAN）に対し，韓国のETRI（Electronics and Telecommunications Research Institute）とサムスン電子がEFC（electric field communication）とHBC（human body communication）の提案書（Samsung-ETRI's EFC Proposal for HBC PHY, 2010年1月）を提出している[28]。概要は以下の通りである。

- HBC周波数：10～50MHz
- 伝送方式：FSDT（frequency selective digital transmission）
- データレート：125kbps～2Mbps
- プリアンブルやパケット構成などはIEEE 802.15.6 PHY（physical layer）に準ずること
- 輻射電力は他のIEEE 802.15.6規格の物理層に干渉しないこと
- 医療機器に干渉しないこと
- 安全基準や周波数の法制度に抵触しないこと
- HBCとFEC関連のバンドプランを明確にすること
- トポロジの基本モードはスターとし，マルチホップ対応が可能
- ビーコンを基本とするタイムスロットを用いたチャネル制御を用いる
- チャネルアクセスは，CAP（contention access period）とCFP（contention free period）
- CCA（clear channel assessment, 狭帯域PHY）とSlotted ALOHA（UWB：ultra wide band PHY）
- 緊急データ優先アクセス制御として専用タイムスロットや併用タイムスロットを用いる

3.2　電流方式

電流方式の人体通信装置は既に玩具などで安価な製品が市販されているが，情報通信端末としては試作レベルで数社が発表している。この方式も物理層，MAC層とも，日本の企業は各々，独自の仕様で試作を行っているため，企業間の業界標準の協議も2011年春の時点では行われていない。電流方式人体通信は，通信時に人体に流す電流値を数百μA程度以下に抑えている。これは人体に微弱電流を流し，電気抵抗（インピーダンス）を測る体脂肪計と同程度，またはそれ以下の電流としている。

3.3　超音波方式

超音波方式人体通信は，拓殖大学の前山利幸氏が先行的に研究を行っているが，物理層，MAC層の規格標準化はこれから検討が始まるであろう。超音波方式人体通信の人体への安全性に関しては，その技術に近い超音波診断装置の安全性に関する規格が参考になる。日本超音波医

学会 機器及び安全に関する委員会編纂「超音波診断装置の安全性に関する資料」[29] によると，同学会の安全委員会は，「周波数が数 MHz の領域において照射時間が 10 秒～1 時間半の間で再現性のある確かな文献の検討から得られた生体作用を示す最小超音波強度の値は，連続超音波照射の場合，1W/cm^2，パルス超音波照射の場合，SPTA 240mW/cm^2」であることを 1984 年に発表した。また，米国超音波医学会は 1974 年に，「これまで SPTA 100mW/cm^2 未満の超音波を照射された哺乳動物組織に優位な生体作用が生じたという報告はない」と発表している。ここで，SPTA（spatial peak temporal average）とは，超音波の測定を水中で行い，その測定結果に人体の減衰 0.3dB/(cm・MHz) の補正を行った値であることを示している。

3.4 WBAN としての人体通信（電磁波方式）

WBAN（wireless body area network）の近距離無線は，ウェアラブル（身に着ける）機器を中心とする考えと，インプラント（人体内埋め込み）機器までも含めた接続を考える二つの考え方があり，後者は 1 ネットワーク当たり最大 100 台の機器を接続することまで想定している。

2009 年 5 月に横浜で開催されたワイヤレス・テクノロジー・パーク 2009 で，情報通信研究機構（NICT）の浜口清氏は，人体上および体内に配置する端末によって構築される高信頼かつセキュリティに強い無線ネットワークについて，医療 ICT（information and communication technology）の観点から講演した[30]。その中で言及された IEEE 802.15.TG6 に対する Body Area Network（BAN）への要求条件は以下の内容であった。

・ 規格提案は異なる周波数バンドに基づいた，異なる物理層（PHY）であってもよい。
・ 一つの PHY はすべての技術要件を満たす必要はなく，一部の技術要件を満たす部分的な提案であってもよい。
・ BAN の制御，および BAN と BAN の接続をサポートするため，MAC 層は同じものとすべきである。
・ 安全面では各国の法制度に従い SAR（比吸収率，生体への電磁波による熱的影響）を考慮する。（IEEE 802 でこの種の記述は初めてとのこと）

近距離無線は利用目的によって仕様も異なり，機能も選択されていくため，今後も複数の規格が存在するであろう。

WBAN の規格は現時点では流動的なので，最新動向は以下のサイトを参照いただきたい。

https://mentor.ieee.org/802.15/documents

また，人体通信は医療分野への応用が期待されている。電波の医療機器等への影響に関する調査報告は以下のサイトが参考になる。

http://www.tele.soumu.go.jp/j/sys/ele/medical/cyousa/index.htm

文　献

1)　品川満，「体表面の誘起電界を利用した人体近傍通信技術」，電子情報通信学会誌（電子情報通信学会），**92**（3），p.234～p.238（2009）
2)　根日屋英之，「人体通信の概要と将来展望」，CIAJ Journal 2009年3月号（情報通信ネットワーク産業協会），p.22～p.27
3)　根日屋英之，「人体通信の最新技術動向」，CHOFU Network Vol. 21-2（電気通信大学同窓会 目黒会），p.8～p.10（2009）
4)　横尾兼一，「電界通信モジュールの開発『伝える新・時代，『電界通信』』，ネイチャーインタフェイス43号，2009年9月（ウェアラブル環境情報ネット推進機構），p.12～p.13
5)　T. G. Zimmerman，“Personal Area Networks: Near-field intrabody communication”，IBM SYSTEMS JOURNAL，Vol 35，Nos 3&4，p.609～p.617（1996）
6)　Nobuyuki Matsushita，Shigeru Tajima，Yuji Ayatsuka，Jun Rekimoto，“Wearable Key: Device for Personalizing nearby Environment”, Proceedings of the Fourth International Symposium on Wearable Computers（ISWC'00），p.119～p.126（2000）
7)　根日屋英之，「今，話題の人体通信とは」，ネイチャーインタフェイス41号，2009年3月（ウェアラブル環境情報ネット推進機構），p.28～p.29
8)　根日屋英之，「進化している『人体通信』」，ネイチャーインタフェイス43号，2009年9月（ウェアラブル環境情報ネット推進機構），p.8～p.9
9)　品川満，「人体を信号経路とする利点を活かしたヒューマンエリア・ネットワーク技術」，ネイチャーインタフェイス43号，2009年9月（ウェアラブル環境情報ネット推進機構），p.10～p.11
10)　根日屋英之，「人体通信技術」，月刊機能材料，2010年1月号（シーエムシー出版），p.30～p.37
11)　根日屋英之，「人体通信の技術と応用」，MWE2009，WS03-02，(2009)
12)　Seong Jun Song，Namjun Cho，Hoi-Jun Yoo，“A 0.2-mW 2-Mb/s Digital Transceiver Based on Wideband Signaling for Human Body Communications”, *IEEE JOURNAL OF SOLID-STATE CIRCUITS*, VOL. 42, NO. 9（2007）
13)　Y. M. Yoon，Summary of TG6 WBAN Activities in IEEE 802.15 Meeting，http://edu.tta.or.kr/upload/27/sub/1-1_IEEE.802.15%200.pdf（2008）
14)　Jahng Sun Park, Hyun Kuk Choi, Seok Yong Lee, Sang Yun Hwang, Seong Jun Song, Jong Rim Lee, Chul Jin Kim, Eun Tae Won, Jung Hwan Hwang, Hyung Il Park, Tae Young Kang, Sung Weon Kang, “Samsung-ETRI's EFC Proposal for HBC PHY”, IEEE P802. 15-10-0049-01-0006（2010）
15)　Peter Hall, Yang Hao，“Antennas and Propagation for Body-Centric Wireless Communications”（Artech House）
16)　根日屋英之，「人体通信の最新技術」，電波技術協会報 FORN，No. 272，（電波技術協会報），p.24～p.27（2010）
17)　前山利幸，高崎和之，唐沢好男，「人体を伝送路とする高速通信方式」，通学技報A-P 2006-105（電子情報通信学会），p.53～p.58（2006）
18)　前山利幸，「電流方式と弾性波方式の人体通信」，MWE2009，WS03-04（2009）

19) 前山利幸,「弾性波（超音波）方式による人体通信技術」, 技術情報センターセミナー資料（2010）
20) 望月英希, 河嵜誠, 長嶺駿, 田井和成, 原田浩樹, 河野隆二, “ウェアラブルボディエリアネットワークに適したUWB通信方式の研究,” 電子情報通信学会 第1回MICT研究会, 横須賀リサーチパーク（2008）
21) 黒田正博,「ボディエリアネットワーク（BAN）標準化への取組と医療・健康分野への応用」, 情報通信研究機構, http://www.cic-infonet.jp/denpa_bukai/110126/002NiCT.pdf（2011）
22) 根日屋英之, 小川真紀 共著,「ユビキタス無線ディバイス」,（東京電機大学出版局）, ISBN 4-501-32450-3
23) 根日屋英之,「ワイヤレス通信の最新技術」, 国際技術情報誌 M&E 2009年12月号（工業調査会）, p.86～p.90
24) http://www.ecit.qub.ac.uk/News/14052008InnovativeantennasfromQueenssignalnewwaveinhealthcareprovision/
25) http://www.nict.go.jp/publication/NICT-News/0908/05.html
26) 多氣昌生ほか,「電界カップリングによる人体通信機器に関する暴露評価」, 通学技報 EMCJ 2007-47（電子情報通信学会）, p.25～p.30（2007）
27) 松木英敏,「埋め込み型医療機器とワイヤレス技術」, 電子ジャーナルセミナー資料（2009）
28) Jahng Sun Park, Hyun Kuk Choi, Seok Yong Lee, Sang Yun Hwang, Seong Jun Song, Jong Rim Lee, Chul Jin Kim, Eun Tae Won, Jung Hwan Hwang, Hyung Il Park, Tae Young Kang, Sung Weon Kang,「Samsung-ETRI's EFC Proposal for HBC PHY」, IEEE P802. 15-10-0049-01-0006（2010）
29) 超音波診断装置の安全性に関する資料, 社団法人日本超音波医学会, 機器及び安全に関する委員会編纂, www.jsum.or.jp/committee/uesc/pdf/safty.pdf（2011）
30) 浜口清,「医療・ヘルスケア機器への無線ボディエリアネットワークの利活用とIEEE802.15.TG6 標準化動向」, WTP2009 講演会資料（2009）

人体通信市場動向に関する参考文献やウェブサイト

・ T. G. Zimmerman, “Personal Area Networks: Near-field intrabody communication”, *IBM SYSTEMS JOURNAL*, Vol 35, Nos 3&4, p.609～p.617（1996）
・ Nobuyuki Matsushita, Shigeru Tajima, Yuji Ayatsuka, Jun Rekimoto, “Wearable Key: Device for Personalizing nearby Environment”, Proceedings of the Fourth International Symposium on Wearable Computers（ISWC'00）, p.119～p.126（2000）
・ 根日屋英之,「人体通信の概要と将来展望」, CIAJ Journal 2009年3月号（情報通信ネットワーク産業協会）, p.22～p.27
・ 品川満,「体表面の誘起電界を利用した人体近傍通信技術」, 電子情報通信学会誌（電子情報通信学会）, **92**（3）, p.234～p.238（2009）
・ 根日屋英之,「今, 話題の人体通信とは」, ネイチャーインタフェイス 41号, 2009年3月（ウェアラブル環境情報ネット推進機構）, p.28～p.29
・ 根日屋英之,「進化している『人体通信』」, ネイチャーインタフェイス 43号, 2009年9月（ウェアラブル環境情報ネット推進機構）, p.8～p.9
・ 品川満,「人体を信号経路とする利点を活かしたヒューマンエリア・ネットワーク技術」,

ネイチャーインタフェイス 43 号，2009 年 9 月（ウェアラブル環境情報ネット推進機構），p.10～p.11
・ 横尾 兼一，「電界通信モジュールの開発『伝える新・時代，『電界通信』』，ネイチャーインタフェイス 43 号，2009 年 9 月（ウェアラブル環境情報ネット推進機構），p.12～p.13
・ Yano E plus 2009 年 11 月，「無線通信特集」（矢野経済研究所）
・ 根日屋英之，「人体通信の最新技術動向」，CHOFU Network, Vol. 21-2（電気通信大学同窓会 目黒会），p.8～p.10（2009）
・ 根日屋英之，「ワイヤレス通信の最新技術」，国際技術情報誌 M&E，2009 年 12 月号，（工業調査会），p.86～p.90
・ 根日屋英之，「人体通信の最新技術」，電波技術協会報 FORN, No. 272（電波技術協会報），p.2.4～p.27（2010）
・ 根日屋英之，「人体通信技術」，月刊機能材料，2010 年 1 月号（シーエムシー出版），p.30～p.37
・ 根日屋英之，「人体通信技術と新たな市場創出」，JASVA マガジン，第 40 号（日本半導体ベンチャー協会）（2011）
・ 日経 BP 社 ホームページ，http://techon.nikkeibp.co.jp/english/NEWS_EN/20090312/167105/
・ 日経 BP 社 ホームページ，http://techon.nikkeibp.co.jp/article/NEWS/20090309/166942/
・ 日経 BP 社 ホームページ，http://techon.nikkeibp.co.jp/english/NEWS_EN/20090331/168044/
・ 日経 BP 社 ホームページ，http://techon.nikkeibp.co.jp/article/NEWS/20090330/167989/
・ 日経 BP 社 ホームページ，http://techon.nikkeibp.co.jp/article/TOPCOL/20090402/168227/
・ 日経 BP 社 ホームページ，http://techon.nikkeibp.co.jp/article/NEWS/20090413/168711/
・ 日経 BP 社 ホームページ，http://techon.nikkeibp.co.jp/article/NEWS/20090617/171877/
・ 日経 BP 社 ホームページ，http://techon.nikkeibp.co.jp/article/NEWS/20090917/175417/
・ 日経 BP 社 ホームページ，http://techon.nikkeibp.co.jp/article/TOPCOL/20090930/175880/
・ 日経 BP 社 ホームページ，http://techon.nikkeibp.co.jp/article/NEWS/20090917/175417/
・ 「人体通信」，日経エレクトロニクス 記事，2008 年 5 月 19 日
・ 「医療からウェアラブルまで 活用が期待される人体通信」，電子ジャーナル，2008 年 7 月号
・ 「カードなしでも識別可能か，アンプレットが人体通信による個人認識を研究」，日経エレクトロニクス 記事，2009 年 4 月 13 日
・ 「人体通信の未来（上）」，日経産業新聞 記事 2009 年 4 月 15 日
・ 「人体通信の未来（下）」，日経産業新聞 記事 2009 年 4 月 17 日
・ 「体を『通信ケーブル化』」，読売新聞 記事 2009 年 5 月 31 日（17 面）
・ 「医療やヘルスケア用途が有望―期待高まる人体通信のアプリケーション」，日経エレクトロニクス 記事（2009）
・ 「電波利用で新産業創出―長野で講演会」，電波新聞 記事，2009 年 7 月 3 日（6 面）
・ 「人体通信の医療応用」，電波新聞 記事，2009 年 7 月 24 日（6 面）

第2章　人体近傍の人体通信

1　電界方式

根日屋英之*

1.1　はじめに

機器と人体が接触，または近接すると，人体を伝送媒体として通信を行う人体通信に注目が集まっている。人体通信は，1996年に米国IBMのThomas G. Zimmerman氏が，人体近傍の電界の変化を利用した電界方式人体通信に関する論文[1]（T. G. Zimmerman, IBM SYSTEMS JOURNAL, VOL 35, NOS 3&4, p.609〜p.617, 1996）を発表し，産業界が注目するようになった。電界方式の人体通信は，主に数MHzから数十MHzの搬送波を用いて通信を行う。この周波数範囲では，人体は導体として考えてよい。

1.2　電界方式人体通信の動作

電界方式人体通信の動作について説明する。図1に示すように無線通信の送信機と受信機のホット電極端子に，各々金属の平板を接続する。このとき，送信機と受信機の回路のグラウンド（コールド電極端子）は，各々，理想的な大地に接地して電流還流ループ（リターンパス）を構成し，双方の回路の基準電位を一致させる。その金属平板を対向させると，その2枚の平板は電子部品でいうコンデンサを形成するので，送信機から出力される高周波信号（交流）はコンデンサを通過して受信機に入力される。この高周波信号に情報を載せれば送信機から受信機に対して通信パスが確立する。

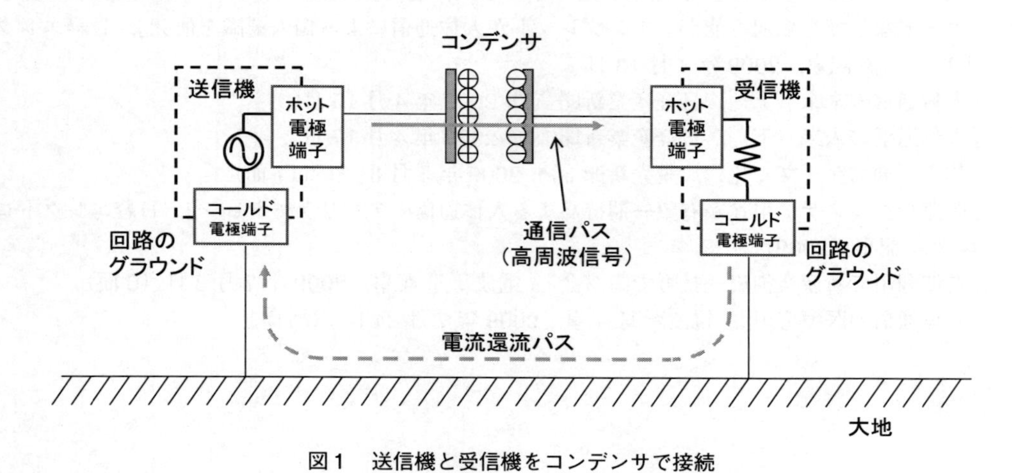

図1　送信機と受信機をコンデンサで接続

* Hideyuki Nebiya　㈱アンプレット　本社　代表取締役

今，図２に示すようにこの対向する平板間の距離を離し，その間に人体を介在させる。送信機から高周波信号（交流）を送信側の平板に給電する。平板に挟まれた人体は導体と考えることができるので，送信側の平板に印加した電荷の極性と反対の極性の誘導電荷が，送信機の平板に対向した人体表面に発生する。このとき，人体の反対側の人体表面には，送信機の平板に印加された電荷と同じ極性の電荷が生じる。そこに受信機側の平板を対向させると，そこには送信機の平板に印加された電荷と逆の極性の電荷が生じる。その結果，送信機と受信機に接続された平板は，図１と同じように高周波信号が送信機から受信機に伝わる。

実際の電界方式の人体通信は，図３に示すように，送信機と受信機の回路の基準電位（回路

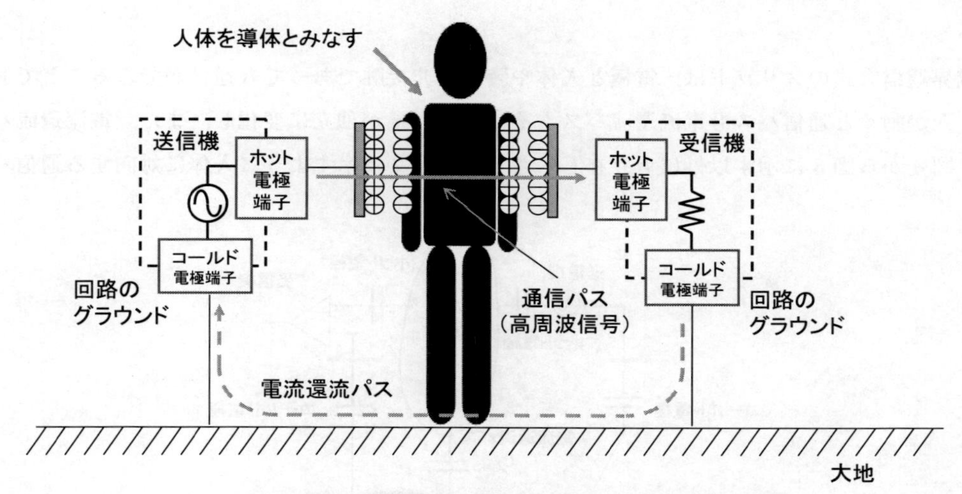

図２　送信機と受信機を，人体を挟んだコンデンサで接続

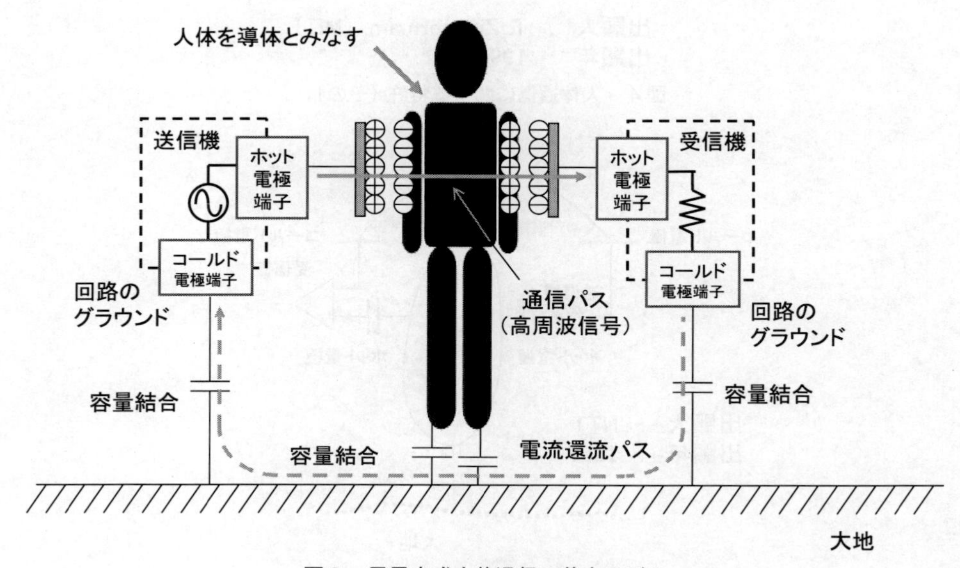

図３　電界方式人体通信の基本モデル

のグラウンド）と人体も平板により大地と容量結合される。人は動くと，大地との静電容量が変化し，また，現実の大地は理想的なものとは限らないため，電流還流パスは安定ではなく送信機と受信機の各々の回路基準電位が不安定になる。これは，人体通信の安定性にも影響する。

今まで述べた平板は，無線通信のアンテナに相当する。本書では，この平板が，通信する搬送波周波数の波長に比べはるかに小さい寸法であること，そして，人体や大地，その他のモノと容量結合する電子部品でいうコンデンサの平板と同じ振る舞いをするので，アンテナと区別して「電極」と呼ぶことにする。以下，本章では，人体に対向する電極をホット電極，電流還流パスを作る電極をコールド電極と呼ぶ。

通信パスと電流還流パスに関しては，図4から図6に示すようにいくつかの特許が出願されている[2~4]。

電界通信方式のメリットは，電極と人体や装置が非接触であっても通信ができることであるが，人が動くと通信パスも電流還流パスもその静電容量が独立に変化し，また，電流還流パスは，図4から図6に示す以外にも存在し，さらに，図7に示すように人体に対向する通信パス

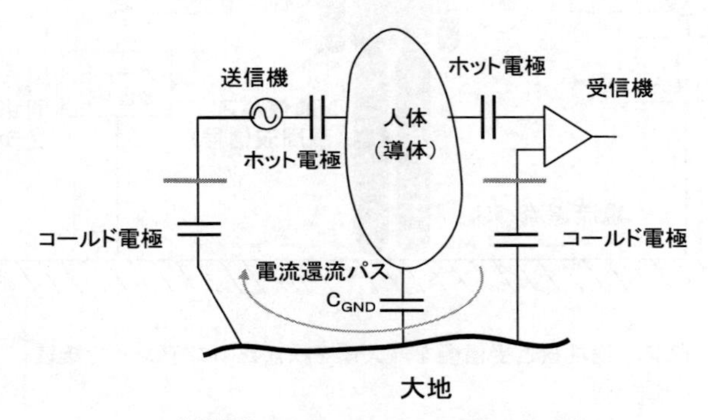

図4　人体通信に関する特許（その1）

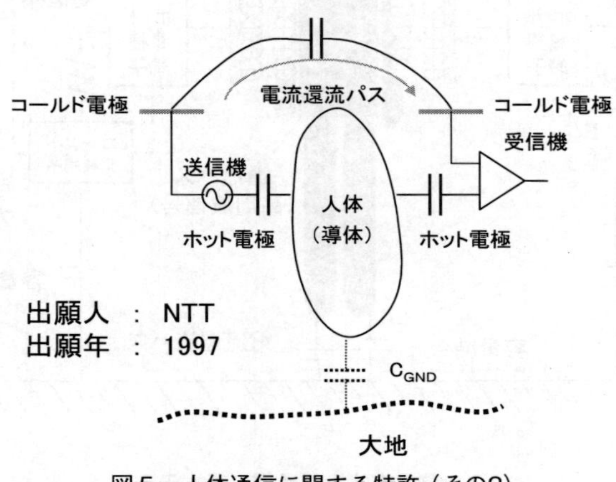

図5　人体通信に関する特許（その2）

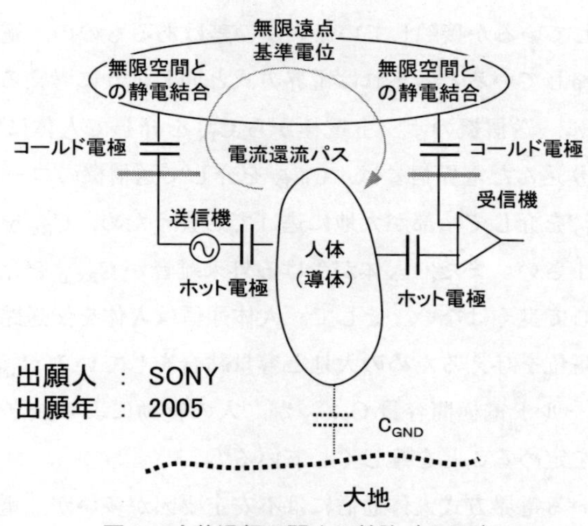

図６　人体通信に関する特許（その3）

のホット電極と，電流還流パスのコールド電極の間も容量結合しているので，通信のメカニズムが非常に複雑である[5)]。実際の使用環境では図７に示す以外にも多くの容量結合が存在する。

1.3　電極と人体や大地との容量結合

ここで図７に示す電界方式人体通信の電極の容量結合について説明する。図に示すように，各々の電極は，対人体（C_{TX}，C_{RX}，C_{B_TX}，C_{RX_B}），対大地（C_{B_GND}，C_{GND_TX}，C_{RX_GND}），電極間（C_{RX_TX}）で容量結合している。人体通信の電界方式と電流方式において，人体に対向させるホッ

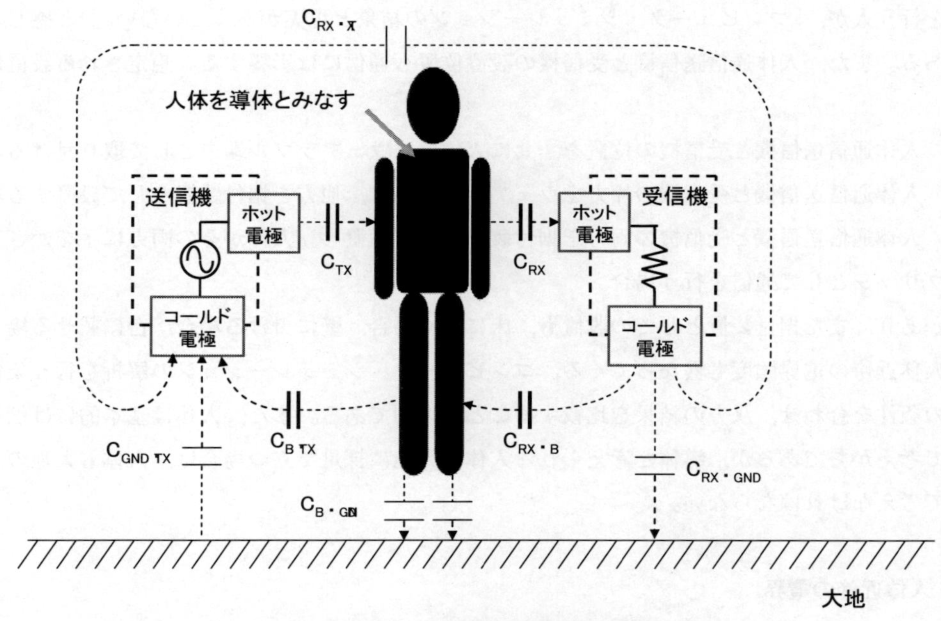

図７　人体通信における電極の容量結合

ト電極が，人体と接触しているか接触していないかの差はあるものの，電極の考え方は，電流方式では C_{TX} と C_{RX} が短絡していると考えれば電界方式と同じように考えることができる。

人体通信を行うために，送信機のホット電極から C_{TX} を介して人体に電界を誘起させる。しかし，ここで人体に送り込んだ電界信号は，C_{B_TX} を介して送信機のコールド電極に一部が戻ってしまい，また，C_{B_GND} を介して一部が大地に逃げてしまうため，C_{RX} を介して受信機に入力される電界信号は非常に小さい。また，人体が受ける外来雑音が C_{RX_B} を介して受信機に加わるので通信回線の品質は決して良くはない。そして，人体通信は人体を伝送路として通信を行う上で送信機と受信機に基準電位を与えるための大地と容量結合をしている C_{GND_TX}，C_{RX_GND} と，送信機と受信機の各々のコールド電極間容量 C_{RX_TX} が，人の行動により独立に変化するため，送信機と受信機の基準電位を定めることを難しくしている[5)]。

このように電極を用いる電界方式人体通信には不安定要因が多いが，電極は人体通信の品質を左右するので，電極設計と電極の位置の決め方が要素技術になっている。

電界方式の人体通信は，人体近傍の電界がどのようになっているかを知りたいというニーズがあり，コンピュータ・シミュレーションによる人体近傍の電界の解析結果も報告されている。しかし，実際に電界方式の人体通信実験を行ってみると，コンピュータ・シミュレーションの結果と現実があっていないという話をよく耳にする。電界方式の人体通信は，人体に設置した発振器からの放射（エネルギーの放射）のみを解析するだけでは不十分で，あくまでも「通信」を実現するためには，通信パスと電流還流パスの双方の電界の振る舞いを理解する必要があるが，現実には，そのパスが複数存在することから解析は非常に難しい。コンピュータ・シミュレーションの結果では，この通信パスのみを解析したものがほとんどで，このことが，実際に装置を用いて実験を行う人が，「コンピュータ・シミュレーションの結果と現実があっていない。」と感じる理由である。また，人体通信送信機と受信機の設置位置も通信には影響する。想定される設置位置は，

① 人体通信送信機と受信機の位置を，共に人体上にウェアラブル端末として取り付ける場合
② 人体通信送信機と受信機の片方をウェアラブル端末，他方を据付装置として設置する場合
③ 人体通信送信機と受信機の両方を据付装置として設置し，人体がその両方に手をかざしてブリッジとして通信を行う場合

などがあり，また据付装置としての設置も，床に置く場合，壁に掛ける場合，台に載せる場合などで人体近傍の電界強度も異なってくる。コンピュータ・シミュレーションの解析を行う条件と実験の条件を合わせ，双方の結果を比較することが大切である。また，人体は基本的には伝送路として考えがちであるが，導体と考えられる人体が大地に裸足で立つ場合は，人体も大地の一部として考えなければならない。

1.4 人体近傍の電界

筆者らは図8に示す実験を行った。これは，病院で患者の胸部に取り付けた人体通信機能（搬

送波周波数は 10MHz）を有する心電計からの情報を，看護師が，患者の額，腕，足先を手で触れることにより電界方式人体通信を用いて心電情報を取得するシーンを想定し，患者に見立てた被験者がベッドに寝ているときと，ベッドの横に立っているときに，看護師に見立てた測定者が手を置く患者の各部の電界強度測定を測定した。被験者は，パジャマを着用した（手先，頭部，足先は素肌が露出）50 代男性と 40 代女性である。測定装置は，図９に示す 10MHz の微弱な信号を発する送信機（無変調）と図 10 に示す小型電界強度計を用いた。電界方式人体通信送信機を被験者のパジャマの上から，ホット電極は人体に対向させ，コールド電極は人体と鉛直方向の空間に向けて胸部に取り付けた。各部の電界強度は，小型電界強度計を用い，測定者が，被験者の人体に対向させるホット電極を体表から 1cm の距離に保持し，そして，コールド電極は，被験者が寝ているときは床に，立っているときは壁に向けて測定を行った。送信機と小型電界強度計は，共に電池で動作する。測定結果を，図 11～図 14 に示す。

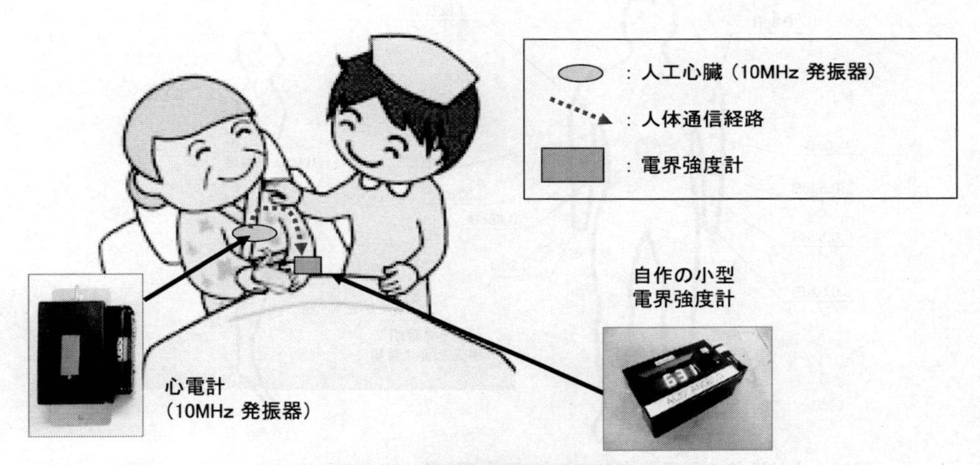

図８　人体近傍の電界強度の実測
患者に装着した人体通信機能を有した心電計からの信号を「患者 →（人体通信）→ 看護師の手」で受信することを想定したときの，人体上（頭部，腕，足先）の電界強度を測定する。

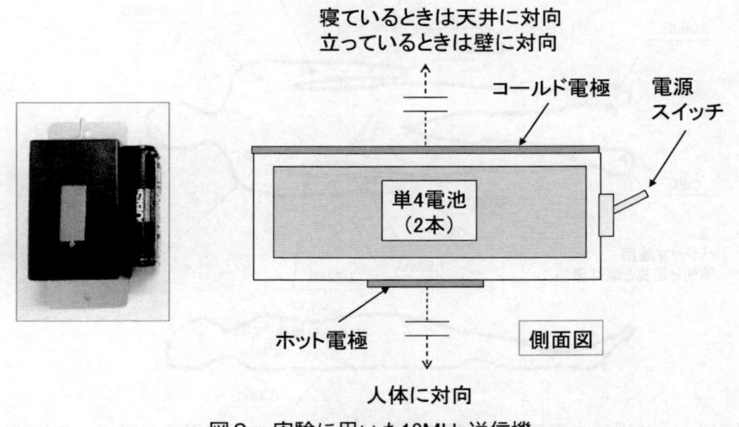

図９　実験に用いた10MHz送信機

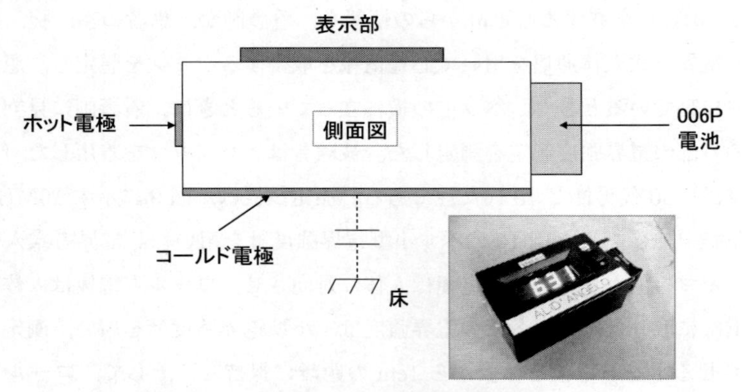

図10　実験に用いた10MHz電界強度計

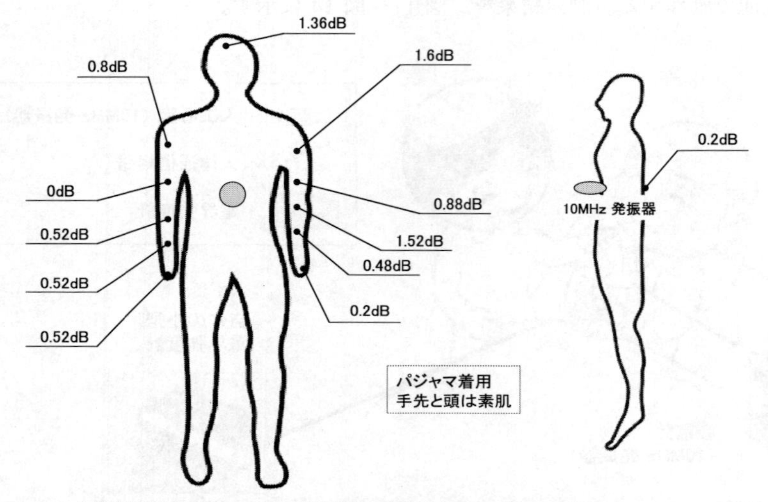

図11　人体近傍の電界強度の実測結果（被験者は50代の男性で立っている状態）

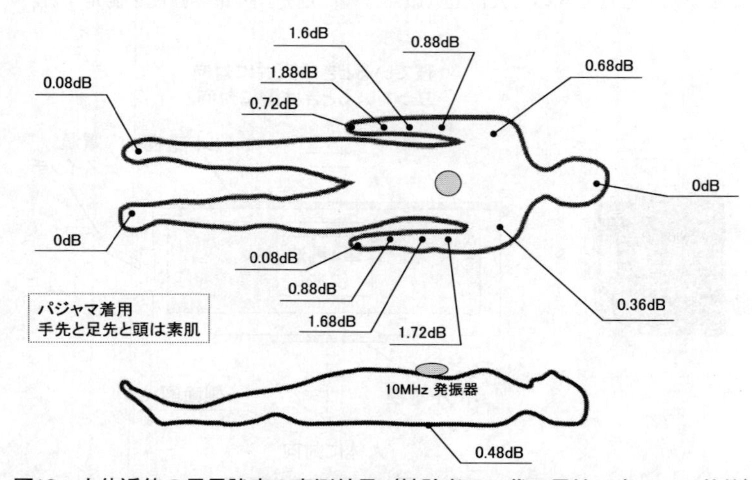

図12　人体近傍の電界強度の実測結果（被験者は50代の男性で寝ている状態）

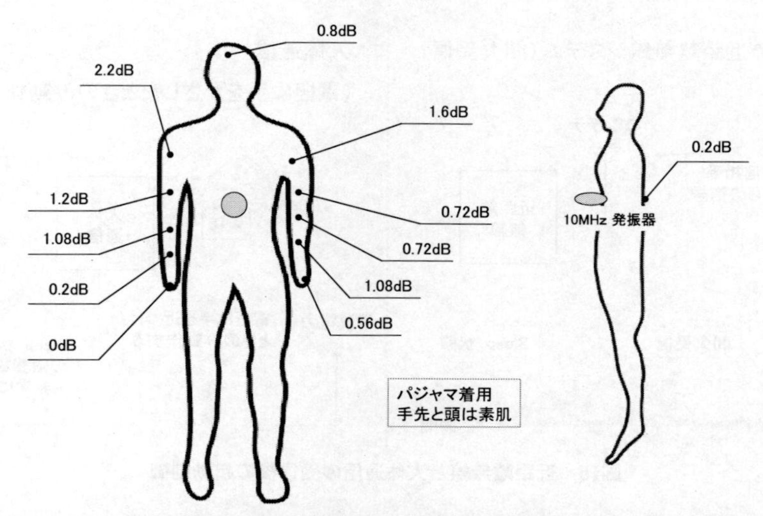

図13　人体近傍の電界強度の実測結果（被験者は40代の女性で立っている状態）

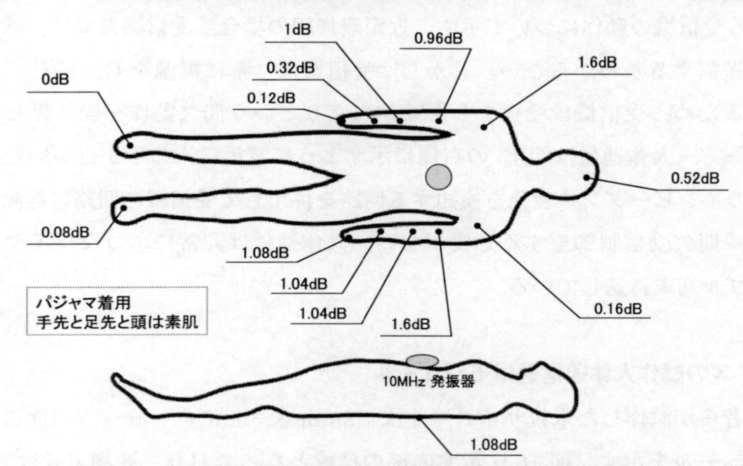

図14　人体近傍の電界強度の実測結果（被験者は40代の女性で寝ている状態）

図中の電界強度偏差（dB）は，測定部位の中から電界強度が最も低いところを基準点（0dB）とし，各部の電界がその基準点に比べてどれくらい強いかの相対値をデシベルで示した。測定は５回行い，その平均値を示している。被験者が立っているとき，被験者の体の額，腕，足先の電界強度のばらつきは，± 1.1dB 以内であり，被験者がベッドに寝ているときの電界強度のばらつきは，± 0.94dB 以内であった。この結果から，電界方式人体通信で 10MHz の搬送波を用いる場合，人体全体にほぼ同じレベルの電界強度が分布していることがわかる。

1.5　低消費電力の技術

電界方式の人体通信は，他の近距離無線よりも端末の消費電力が少ない。その理由は，人体の伝播損失が少ないこともあるが，手を「かざす」と「離す」という人の動作で，電界方式や電流方式の人体通信受信機の電源の ON／OFF が可能だからである。図 15 の左側に既存の近距離無

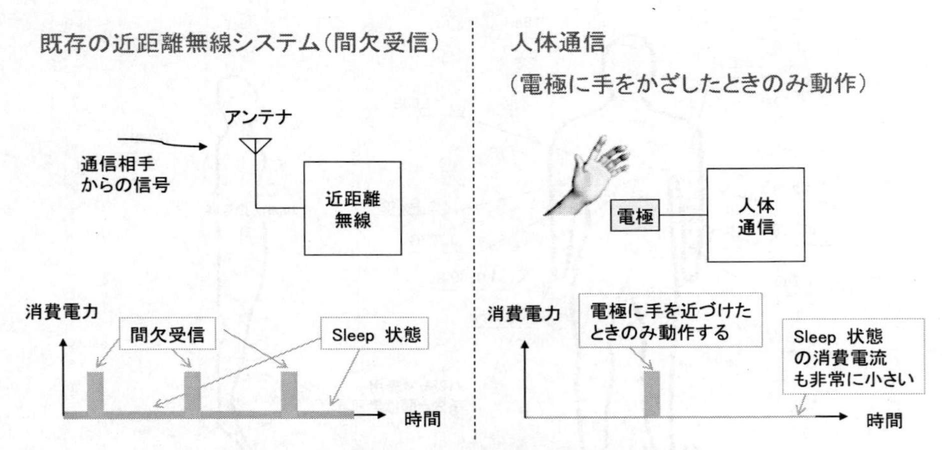

図15　近距離無線と人体通信の受信機の起動制御

線端末における受信機の動作について示す。近距離無線の場合，受信機側では，通信相手（送信機側）がいつ送信するかわからない。しかし，受信機は，常に電源をONにしていると消費電力が大きくなるため，受信機は受信をしたり休んだりという間欠動作を繰り返して消費電力を抑えている。一方，人体通信は図15の右側に示すように電極に人の手が近づいたときに静電スイッチや電極のインピーダンス変化を検知する回路を併用して受信機の回路に起動をかけることができるので，間欠受信制御をする必要がない。人体通信は非常にエコなワイヤレス端末であり，ウェアラブル端末に適している。

1.6　米粒サイズの試作人体通信送信モジュール

写真1に筆者らが試作した米粒サイズ（寸法：2mm × 3mm × 1mm）のID送出を行う人体通信送信モジュールを示す。図16に示す内部の構成となっており，変調方式はASKで，市販の安価なAMラジオを受信機として使えるように搬送波周波数を約1MHzに決めた。人体通信送信モジュール内部には電界通信送信回路の他にID情報を記憶するメモリ，間欠送信制御回路

写真1　米粒サイズの電界通信送信機

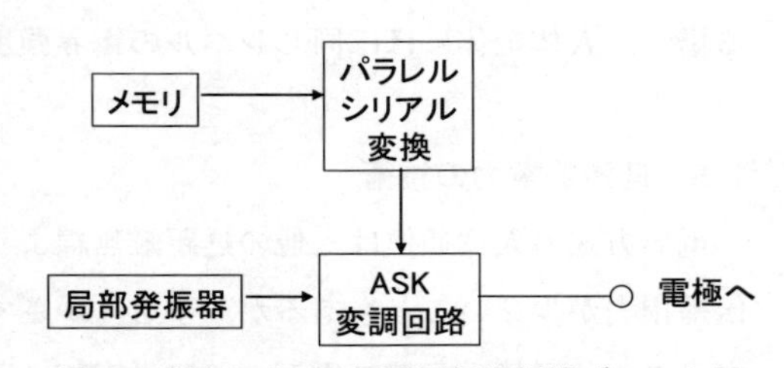

図16　米粒サイズの電界通信送信機ブロック図

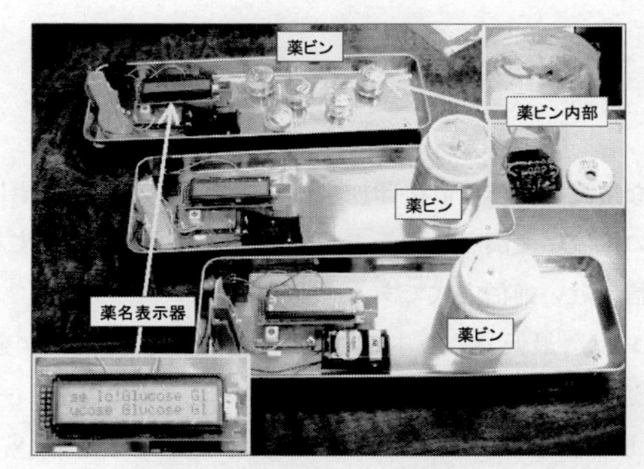

写真２　人体通信機能で薬ビンの中の薬情報を送出する薬ビン

などを有し，3V 電池で動作する。

写真２に示す装置は，病院での利用シーンを想定し，ふたにこの小さな人体通信送信モジュールを内蔵した薬ビンを試作した。看護師が，薬ビンのふたに手をかざすと，看護師が身につけている薬名表示器に，薬ビンの中に入っている薬の名称が表示される。このシステムを利用すると投薬ミスを防ぐことができる。

文　　献

1)　T. G. Zimmerman, "Personal Area Networks: Near-field intrabody communication", IBM SYSTEMS JOURNAL, Vol 35, Nos 3&4, p.609～p.617（1996）
2)　ガーシェンフェルド・ニール，ジィマーマン・トーマス，マサチューセッツ・インスティテュート・テクノロジー，「信号伝送媒体として人体を用いた非接触検知及び信号システム」，公開特許公報（A），特表平 11-509380，1999 年 8 月 17 日
3)　橋本雅朗，外村佳伸，日本電信電話株式会社，「人体経由情報伝達装置」，公開特許公報（A），特開平 10-229357，1998 年 8 月 25 日
4)　久保野文夫，日下部進，石橋義人，ソニー株式会社，「通信システム，送信装置，受信装置，並びに送受信装置」，公開特許公報（A），特開 2006-324775（P2006-324775A），2009 年 7 月 24 日
5)　品川満，「体表面の誘起電界を利用した人体近傍通信技術」，電子情報通信学会誌（電子情報通信学会），**92**（3），p.234～p.238（2009）

2 電流方式

加納　唯*

2.1 電流方式とは

電流方式とは，微弱な電流を人体に直接印加する方式である。人が電極に触れることで人体に微弱な電流が流れ，その電流に変調を加えることで情報やデータを伝達する。つまり，人体を伝送線と考えると有線通信に近い通信方式である。

有線通信を行うためには，最低でも２本の導線が必要である。データを送受信するための信号線と，基準電位を伝達するための基準線もしくはグランド線である。一方，人体は１つの導体なので１本の導線としか利用できず，基準線を確保することは難しい。そのため図１に示すように，信号線としてのみ人体を利用する方式が提案された。

図１（a）の場合，人体側通信機と機器側通信機はそれぞれ基準電極をもち，床などの基準電位面との間に静電結合を発生させ基準線を実現している。図１（b）の場合，機器がもつそれぞれの基準電極間が直接的に静電結合することで，基準線を実現している。

ここで静電結合とは，基準電極ならびに基準電位面の間に仮想的なコンデンサが形成されている状態を意味し，実際の線は存在しないが交流信号に対しては導線としての役割を果たしてい

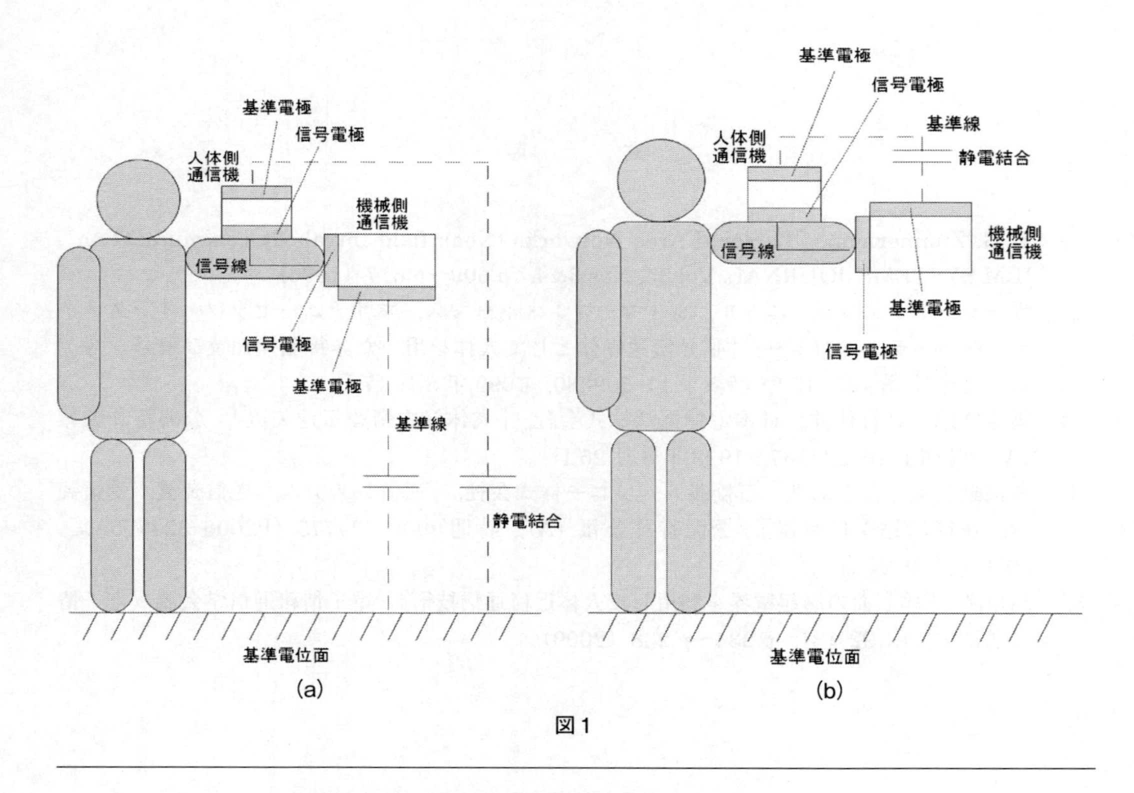

図１

＊ Yui Kano　拓殖大学　工学部　電子情報工学専攻

る。電流方式の人体通信において，安定した通信を確保するためには，この静電結合による基準線が強く結合し，安定していることが重要である。

2.2　電流方式の利点

電流方式を用いた人体通信の利点として，安定性と高速伝送が挙げられる。電流方式の人体通信は，送受信機器間で閉回路を構成する。その構成方法により，什器などの周辺環境の影響を受けずに安定性が確保されると共に，人体に直接微弱な電流を印加するためS/Nが他方式に比べ有利になり高速伝送が実現できる。また，回路構成が比較的簡易であり，小型化が容易である。セキュリティを考えると，通信する人が送受信機器の電極に直接触れることで伝送路を構成するので，誤動作や情報の漏洩が起こりにくいメリットがある。

2.3　電流方式の課題

電流方式はその構成上，必ず電極に触れる必要がある。そのため，使用方法や機器の構成方法が限られている。例えば，基準面の安定性を得られるような利用環境を設定する必要があるので，機器側通信機は商用電源によるグランドの確保がある。一方，人体側通信機には，電極の構造から直接肌に触れる状態で携帯する必要があり，腕時計，指輪やブレスレットに準じた機器構成が求められる。このように，具現化のためには十分な考慮が必要である。

図１（a）の構成による静電結合の強度は，基準電位面の導電性の有無と，通信機の基準電極と基準電位面までの距離によって大きく変動する。対する図１（b）の構成では，比較的小さな基準電極面積間で静電結合を発生させるため，その結合強度が弱く電極の向きや距離の影響を受けやすい。このように，基準線の構成方法は非常に困難であるが，パナソニック電工とKDDI／電通大において，それぞれ解決策を考案し電流方式の人体通信を具現化させた。

2.4　電流方式の具現化例

電流方式の人体通信を実現した例としてパナソニック電工とKDDI／電通大の取り組みについて紹介する。

2.4.1　パナソニック電工[1)]

パナソニック電工（旧松下電工）は，「タッチ通信システム」という名称で人体通信を実用化した。このシステムの大きな特徴は，安定した基準線を得るため，人体を信号線としてだけでなく基準線としても利用する点である。その概念を図２に示す。人体側通信機における人体に接触する面に，二つの電極が構成されている。胴体側に基準電極，指先側に信号電極を設けると共に，両電極の距離を一定としている。この理由は，人体のインピーダンスは金属導体に比べ十分に大きい。そのため，基準電極と信号電極の距離を一定以上離すことにより，人体側通信機の信号電極から指先までの人体部分と，機器側通信機の基準電極から足元の人体部分を静電結合により基準面に結合することで，結果的に人体を電気的に分離して２本の導線として機能させることが可能となった。このとき，人体側通信機の基準電極から足元までの人体部分と基準電位面との間に静電結合が発生し，基準線が形成されている。特に，足元までの人体は広い面積をもつため，静電結合の強度は図１（b）の場合に比べて十分に安定していると考えられる。

一方，人体のインピーダンスは個体差があると考えられている。体脂肪計などは，そのインピーダンスの差を応用している。そのため，基準線と信号線の分離のためには，人体のインピーダンスに適合した電流を印加するよう調整が必要である。インピーダンスを考慮せずに電流を印加すると，２つの電極間だけで閉回路を構成してしまい，通信が実現できない恐れがある。タッチ通信システムでは，インピーダンス適合のためのセルフキャリブレーション機能を具備することで実現している。その構成を図２に示す。

タッチ通信システムの具体的な使用例として，計量器メーカーである㈱寺岡精工との連携による対面販売計量システムがある。これは，販売員がリストバンド型の人体通信装置を着けた側の指で商品タグを触った後，計量プリンタのリーダに触れることで商品情報である商品名，重さそしてグラム単価を瞬時に呼び出し，購入金額を集計したラベルをプリントアウトするシステムである。扱う商品の種類が多い状況では，販売員のオペレーションを大幅に削減することができ，販売効率の改善に大きく寄与できるシステムである。

2.4.2 KDDI／電通大[2, 3)]

KDDIと電通大では，高速・広帯域伝送を実現する人体通信システムを実現した。

人体通信の研究開発の初期段階では，方式にかかわらず伝送速度が数十kbps程度であった。これは，人体通信の適用先として，IDコードの送出など低速度なアプリケーションのイメージ

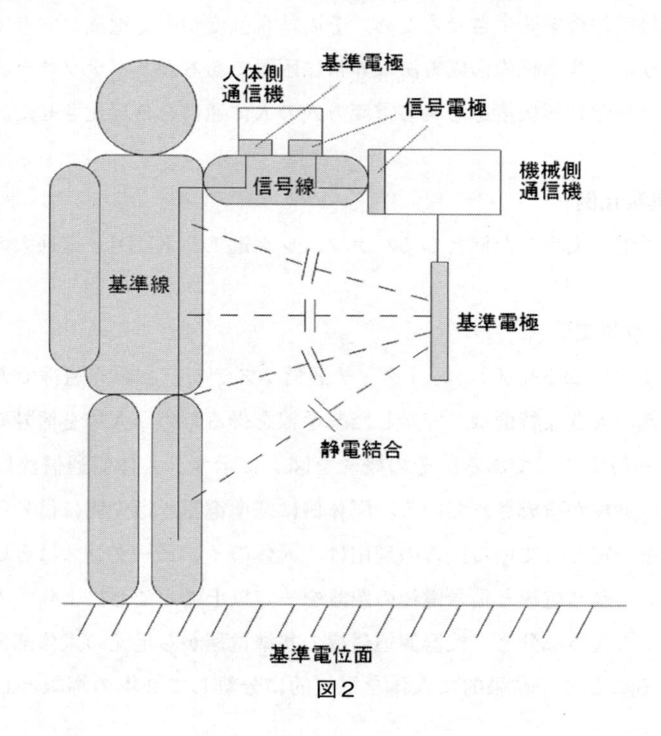

図２

を先行させていた。そこで，KDDI／電通大では，地上波デジタル放送程度の高画質な映像の伝送にチャレンジした。

高速・広帯域伝送を実現したアプローチについて説明する。人体通信は，人体を伝送路として利用する。そこで，伝送路となる人体の周波数特性を測定した。測定の結果，30MHz以下の周波数では，空間伝送に比較し20dB以上もの損失改善できることが判明した。また，周波数特性については，数MHzから30MHzの範囲では，帯域内偏差がほとんど見られないことがわかった。さらに，周波数特性の人の個体差を測定したところ，変動幅はおおよそ5dB程度であることもわかった。しかしながら，人と電極の関係や，人の姿勢など伝送路の変化に対しては未知な領域が残っているが，人体の伝送路特性を把握できたと考える。

次に伝送方式の検討である。一般に，伝送帯域の変動に対して耐性の高い変復調方式としてCDMAとOFDMがある。それぞれの詳細は専門書に委ねるが，OFDMは複数のサブキャリアをFFT/IFFTで演算することで，帯域内偏差をサブキャリア単位で処理することができる。その結果，帯域内偏差は，サブキャリア毎のレベル変化として現れ，適切なS/Nの範囲であれば総合的な伝送品質の劣化が非常に少ない。そのため，人体通信の高速・広帯域伝送を実現するために，OFDMが採用された。

機器構成の例を図3に示す。送信機と受信機にそれぞれ一つの電極をもつ単極方式であり，

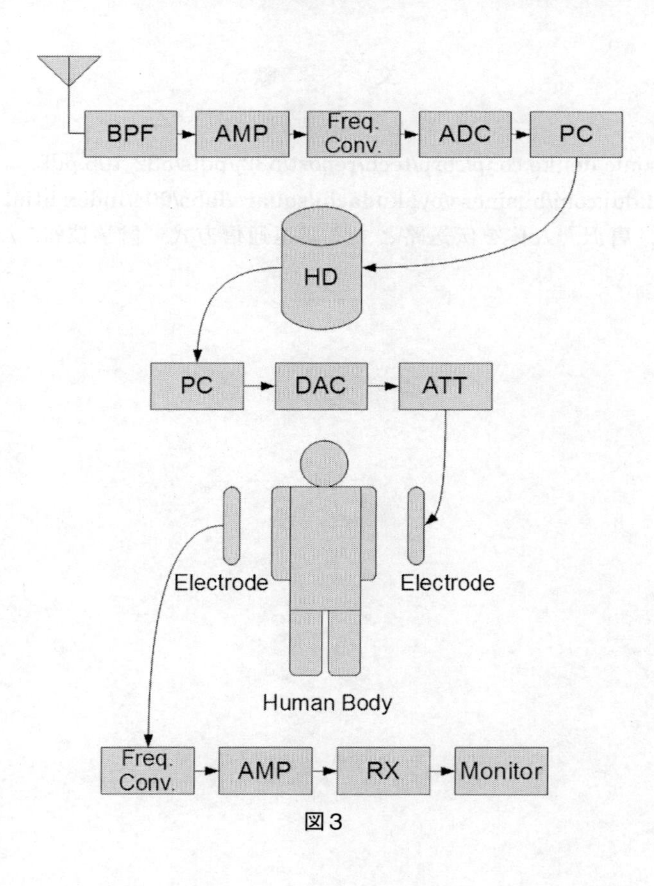

図3

送信機から人体に印加された電流は，人体を通り受信機に伝送される。一方，基準線は，送受信機器間を容量性結合により実現している。この容量性結合の基準線は不安定な伝送路となると想定されるが，今回の機器構成ではそれぞれの機器の筐体が大きいため，安定的な基準線が確保できている。

この結果，伝送速度は情報伝送でおよそ17Mbps，変調速度でおよそ24Mbpsを実現し，地上波デジタル放送に準じたハイビジョン映像の伝送を実現した。この装置は，KDDI本社にある展示ルームならびにKDDIデザイニングスタジオに体験型の装置として，期間を限定して公開された。

2.5 電流方式の今後

電流方式は方式の都合上，人が直接電極に触れる必要があるためアプリケーションが限定されると考えられている。電極を直接触れるアプリケーションとして代表的なものに体脂肪計がある。体脂肪計は人体のインピーダンスを測定するために，人が電極に触れる必然性がある。この体脂肪計のようなアプリケーションの開発が必要であろう。

文　　献

1) http://panasonic-denko.co.jp/corp/tech/report/532j/pdfs/532_t06.pdf
2) http://www.kddi.com/business/oyakudachi/square/labo/004/index.html
3) 前山，高橋，唐沢，人体を伝送路とする高速通信方式，信学技報，AP2006-105，Dec. 2006

3　超音波方式

前山利幸*

3.1　はじめに

本節では，超音波を利用する弾性波方式について，特徴と具現化のための課題について説明する。

3.2　弾性波方式

超音波は，産業界のさまざまな分野で活躍している。半導体などの洗浄やエコー，ソナーなどの計測がある。特に，人体に関する適用として超音波診断装置がある。体内に投入された超音波は，比較的減衰が少なく体内を伝搬するため，対象物からの反射波を観測することで，さまざまな検査に利用されている。特筆すべきは，胎児の生育状況の観察に使われるなど，その安全性についても実証されている点である。

超音波の人体通信利用として，文献2）より腕に装着した伝送装置から指先に向けて超音波が伝搬し，他方の伝送装置と通信できることを示している。筆者らは，KDDI研究所と拓殖大の共同研究で弾性波方式の実現性について検討を進め，拓殖大学において基礎的データを取得した[3)]。

弾性波の伝播メカニズムの概略について説明する。超音波における音響インピーダンスは，空気と人体で大きく異なる。そのため，人体に入射した超音波は，人体と空気の境界面を反射，散乱しながら伝搬していると説明できる。具体的には，空気中の音速である約340m/sに対し，水中の音速は約1480m/sである。人体は，その組成がほとんど水であるので，人体の音速は水中の音速に近く，人体の各組織によって異なるがJISの規格により1,530m/sである。一方，その密度は，空気1.293kg/m^{3}に対し水1,000kg/m^{3}である。音速と密度の積から求まる音響インピーダンスは，空気は約4.1 × 10^{2}Ns/m^{3}に対し，水は約1.5 × 10^{6}Ns/m^{3}となる。このインピーダンスの境界面において反射，散乱が発生する。

3.3　伝送システム

3.3.1　圧電素子

超音波の発生，検出のために圧電素子を用いている。圧電素子は，チタン酸ジルコン酸鉛（PZT, Lead Titanate Zirconate）で構成され，今回の検討では直径は28mmである。

この圧電素子の指向性は，文献4）より$\sin\theta = \dfrac{1.22\lambda}{D}$で示され，

D = 28 × 10^{-3}m，f = 1MHz，λ = 1.53 × 10^{-3}m，　v = 1,530m/sとすると，θはおよそ3.82度となる（図1）。

＊　Toshiyuki Maeyama　拓殖大学　工学部　電子システム工学科　准教授

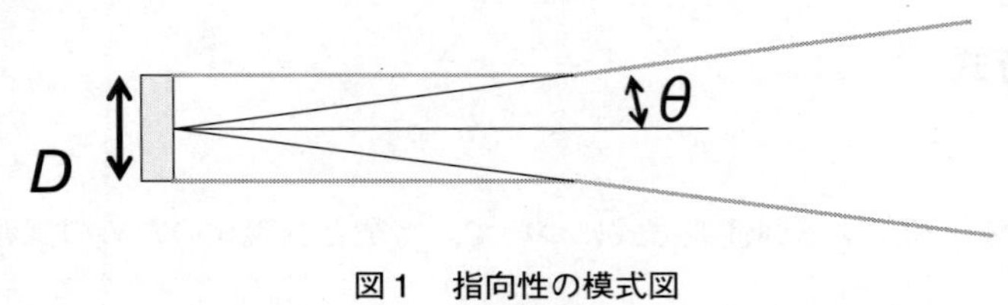

図1　指向性の模式図

3.3.2　音響ファントム

再現性のある実験を実施するため，音響ファントムを作成した。音響ファントムは，水92に対し，寒天を3，音速調整材を5の重量比率で配合した。完成したファントムは，パルス法を用いて音速を測定し水の音速前後となることを確認し実験に使用した。なお，以降の実験に使用する人体ファントムの音速は1,450m/sである。

3.3.3　伝送実験

伝送実験系を図2に，測定風景を図3に示す。超音波の振動周波数は1MHzとし，送信，受信ともに同じ3.3.1項の圧電素子を用いた。超音波ファントムを紐で吊ることで実験台から反射を含む弾性振動の影響を抑えている。

ファントムは，人の腕を想定し42 × 5 × 4.5cmとした。伝送実験は，ファントムの長手方向の両端に圧電素子を設置し測定した。測定した伝送損失は，約0.4dB/cmであるが，ファントム内部に超音波を入射させる時に生じる損失をオフセット量として定義し今回は16dBを加算する必要がある。

3.3.4　人体への超音波入射方法

3.3.1で示したとおり，圧電素子の指向性は鋭く，人体表面に素子を貼り付けても，素子の垂直方向に超音波が入射し，弾性振動が長手方向に伝搬しない。図3に示した様に，ファントム両端に圧電素子を設置した状況は実際の人体で再現することは難しい。また，音響インピーダンスも大きく異なるため，損失を少なく体内に超音波を入射させる方法が必要である。そこで筆者らは，斜め入射による伝送について考案した。音響インピーダンス違いを利用し，人体より音速の遅いマッチング層を介して入射させる（図4）。

人体より音速の遅いマッチング層は，3.3.2項のファントムの作成手順から，水と音速調整材

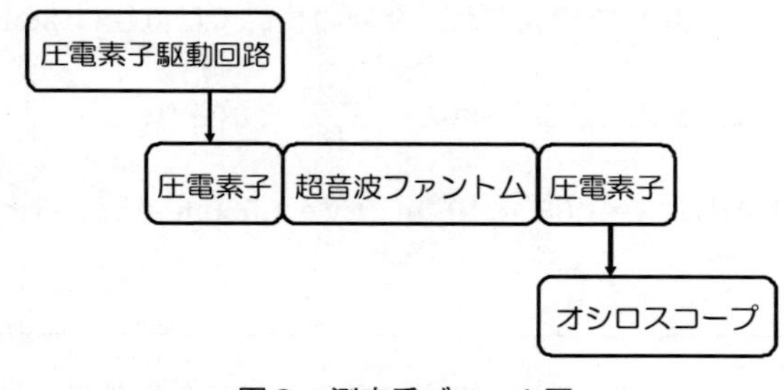

図2　測定系ブロック図

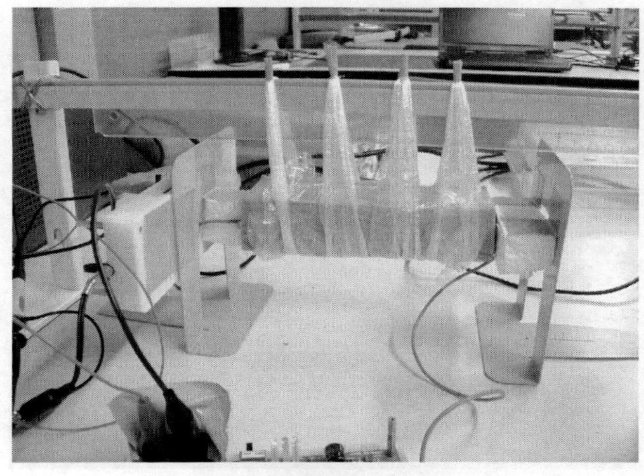

図３　測定の様子

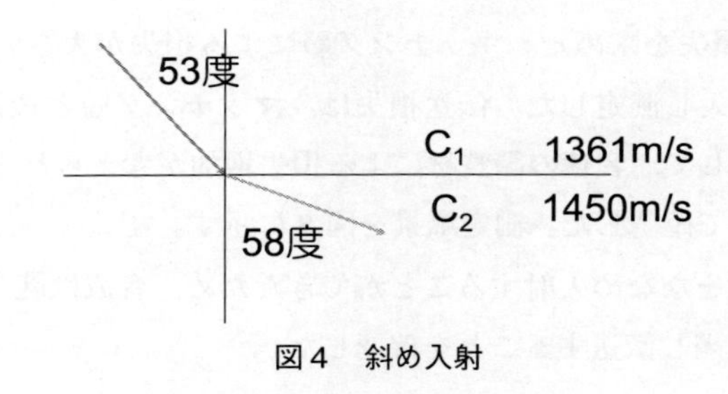

図４　斜め入射

の比を調整することで作成し，音速は 1,361m/s とした。

入射角，透過角と反射率，透過率については以下の式で求めた。

音の反射率：$R = \dfrac{Z_2 - Z_1}{Z_2 + Z_1}$

音圧の透過率：$T = \dfrac{2Z_2}{Z_2 + Z_1} = 1 + R$

音響インピーダンス：$Z_1 = \rho_1 C_1$，$Z_2 = \rho_2 C_2$

ここで，ρ はファントムの密度であるが，寒天の質量を同量としているため，$\rho_1 = \rho_2$ としている。また，スネルの法則より，

$$\frac{\sin\theta_i}{C_1} = \frac{\sin\theta_o}{C_2}$$

入射角 θ を 53 度とすると，屈折角は 58 度となる。この角度を用いて反射，透過率を求めると，$R = 0.09$，$T = 1.09$ となり，計算より透過することが確認できる。

3.3.5　超音波の斜め入射実験

斜め入射のための楔型のマッチング層を作成し 3.3.3 項で示した実験系で評価を実施した。測定風景を図５に示す。

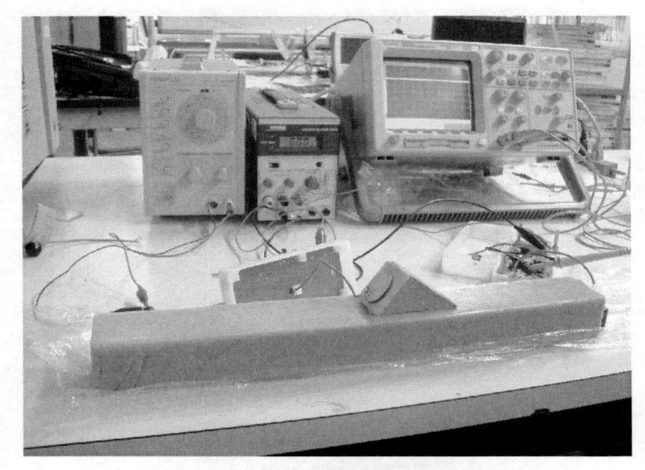

図５　マッチング層を用いた測定風景

3.3.3 項と同様に伝送損失を求めた。マッチング層による損失が大きいため，受信系におよそ16dB の Log アンプを挿入し測定した。伝送損失は，マッチング層と透過損を含み約 1.5dB/cm に増加した。この原因として，音速の調整材による損失増加が考えられる。

次に実際の人体について確認した。測定風景を図６に示す。

図６に示す様に，音波をななめ入射することができたため，音波は腕の先まで伝搬し，1MHz の超音波を音楽で FM 変調し伝送することを確認した。

3.4　まとめと今後の流れ

超音波を用いた人体通信，つまり弾性波通信の実現方法について説明した。圧電素子は，比較的クオリティファクタが高い特性をもつため，高速伝送は難しい。しかし，今回の実験では，音楽の伝送を確認できたことから，周波数偏移が 20kHz 程度得られるため，FSK による低速な

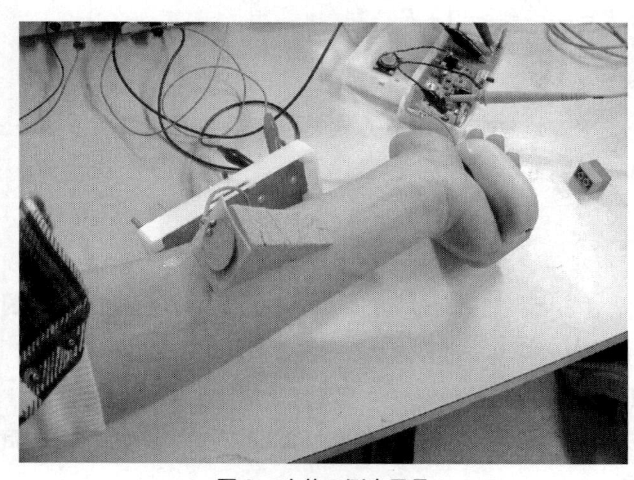

図６　人体の測定風景

データ伝送の実現性があると考える。また，超音波の安全性から電磁波の利用について制限のある環境での利用が見込まれる。また，水中での利用が考えられるが今後の検討課題である。

一方，マイクロソフトらは，人体に振動を与えるその振動を検出する方法で，新しいユーザーインタフェースの開発を進めている[5]。ここで扱う振動は周波数が低いため，伝搬特性が良い。多くの情報の伝送を必要としない新しいユーザーインタフェースと考えられる。

このように，超音波を用いた人体通信の新たな方向として，振動を利用したユーザーインタフェースについて検討する必要がある。

文　献

1) T.G. Zimmerman, "Personal Area Networks: Near-field Intrabody communication," *IBM SYSTEMS JOURNAL*, Vol. 35, pp.609-pp.617（1996）
2) 鈴木真ノ介，石原学，小林幸夫，片根保，斉藤制海，小林和人，"ウェアラブルデバイス用超音波通信システム—生体を伝送路とした超音波通信アプリケーション—，" 音響学会論文集，2-3-1，pp.1329-1330（2008）
3) 前山利幸，"電流方式と弾性波方式の人体通信，" MWE2009, pp.101-104（2009）
4) 甲子乃人，"超音波の基礎と装置，" ベクトル・コア
5) http://www.chrisharrison.net/projects/skinput/

第3章　WBANとしての人体通信（電磁波方式）

二木祥一*

1　WBAN（Wireless Body Area Networks）

WBAN（WIBANと表記されることもある）は，人体を伝送媒体とする電流方式や電界方式などの人体通信に対して，人体近傍の空間を利用する近距離無線通信を含む，いわば広義の人体通信を指す。WBANは，欧米を中心にBody-centric wireless communicationのような，Wi-FiやBluetoothといった近距離無線通信技術の応用分野として発展し，人体周辺の電波伝搬や人体表面に配置した送信機とアンテナのようなシステムを主な研究領域とする。近年，Creeping Waveと呼ばれる人体表面に沿って伝搬する電磁波の振る舞いも報告され注目されている。近距離無線通信の通信範囲は，PAN（Personal Area Network）のような，一般に数m〜10m程度の範囲であるが，WBANでは相互干渉を抑圧するため，できるだけ人体から空間への電磁界の放射を抑圧する必要があり，アプリケーションによってはごく近傍〜数cm程度の極めて限定的な通信範囲が要求される。使用する周波数は，UHF帯（300MHz〜3GHz）のほか，非常に広い帯域幅にわたって電力を拡散させ，数百Mbps以上の高速通信を可能とする無線システムとしてUWB帯（Ultra Wide Band）が研究されている。わが国では平成18年8月に通信用途として制度化された3.4〜4.8GHz，7.25〜10.25GHzがUWBの周波数割当となっている。

総務省の電波政策においては，WBANは医療・少子高齢化対応のニューフロンティアブロードバンド分野として位置づけられ，「カプセル型内視鏡ロボット／センサーにより，患者の身体的負担を軽減」などの利用が期待されている（図1）。2015年，2020年の電波利用技術の発展動向としては，それぞれ，カプセル型内視鏡映像による高度医療サービスの実現，複数の装着機器からの情報を利用した総合健康管理サポート技術の実現が掲げられている。これらの具体的なアプリケーションへの期待からWBANの研究は高速化に向かうものと考えられる。

2　Bluetooth

IEEE（Institute of Electrical & Electronics Enneers：米国電気電子学会）は802.15 Working Group for Wireless Personal Area Networks（http://www.ieee802.org/15/）を1998

*　Yoichi Futaki　エヌ・ティ・ティ・コミュニケーションズ㈱　第二法人営業本部
u-Japan推進部　担当課長

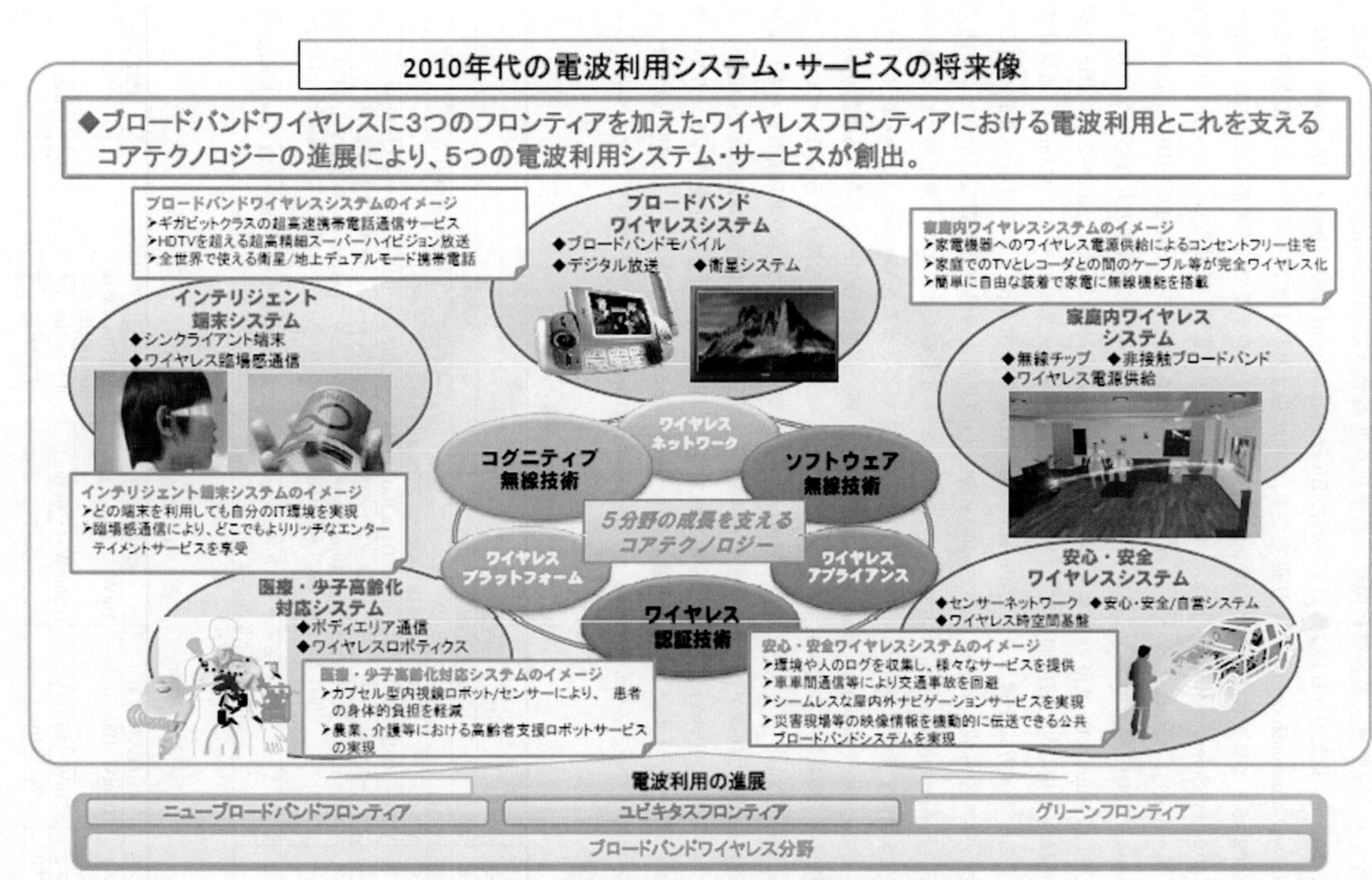

図１　新たな5つの電波利用システムが創出（総務省電波政策懇談会）

年に設立し，近距離無線通信に関する標準化を進めている。Bluetooth は Ericsson，IBM，Intel，Nokia，東芝の５社により設立された Bluetooth Special Issue Group（Bluetooth SIG；http://www.bluetooth.com）により提案され，2002 年 4 月に IEEE の最初の近距離無線規格 IEEE802.15.1 として承認された。Bluetooth は全世界で免許不要で利用可能な 2.4GHz の ISM 帯（Industry-Science-Medical Band：産業科学医療用周波数帯）を使用し，Version1.0（1999 年），Version1.1（2001 年），Version 2.0＋EDR（2004 年），Version3.0＋HS（2009 年），Version4.0（2010 年）のように無線 LAN との干渉防止や高速化、省電力化対応がなされてきた。表 1 に Bluetooth 規格の沿革を示す。Bluetooth の基本仕様は，2.402〜2.480GHz の周波数帯域を使用し，1MHz 間隔で 79 個のチャネルを設定，基本モードで 1Mbps の通信速度を有する。変調方式を選ぶことで Version 2.0＋EDR では 3Mbps までの対応が可能である。このチャネルを毎秒 1,600 回（0.625msec 周期）の切り替え通信を行う周波数ホッピング方式 FHSS（Frequency Hopping Spread Spectrum）を採用することにより，被干渉となる周波数を発する機器の影響を極力少なくするようになっている。また，Version 2.0 から採用された AFH（Adaptive Frequency Hopping）機能により，同一周波数帯域内を共有する機器があっても使用可能な周波数を自動検出することにより安定した通信の確保を期すようになっている。実際の通信速度は，デバイス間の距離や電波伝搬状況，空中線性能，機器の電気的特性などにより自動的に送信電力制御が行われ，最適な通信速度に設定される。通信距離は送信電力の違いによる 3 つのクラス（Power Class）に分類され，用途に応じて使い分けが可能である（表 2）。デバイスはプロファイルにより細かく規定され，通信を行うためには機器どうしが同一のプロファイルを実装している必要がある（表 3）。Bluetooth のネットワークトポロジはマスタとスレー

表 1　Bluetooth 規格の沿革

策定年	バージョン	概　要
1998年		Bluetooth SIG 設立
1999年	V 1.0	V 1.1非互換
2001年	V 1.1	プリンタ，ラップトップ，ハンズフリーカーキットへの実装開始
2003年	V 1.2	2.4GHz 帯無線 LAN（IEEE802.11b/g）との干渉防止
2004年	V 2.0＋EDR	EDR（Enhanced Data Rate）機能の追加により3Mbps までの通信が可能
2007年	V 2.1＋EDR	ペアリング（接続認証）の簡略化，Sniff Subrating 機能による省電力化
2009年	V 3.0＋HS	Protocol Adaptation Layer（PAL），Generic Alternate MAC/PHY（AMP）の採用により無線 LAN 規格 IEEE 802.11の MAC/PHY を利用した高速通信（24Mbps）を可能とした
2010年	V 4.0	8〜27オクテットの小パケット通信による省電力モード Bluetooth Low Energy を実装，下位互換は V 2.1または V 3.0をデュアルモード搭載

表 2　Bluetooth の3つのクラス

クラス	最大出力値	最低出力値	送信電力制御	通信距離
クラス1	100mW（20dBm）	1mW（0dBm）	4〜20dBm（必須） −30〜0dBm（オプション）	10〜100m
クラス2	2.5mW（4dBm）	0.25mW（−6dBm）	−30〜0dBm（オプション）	〜10m
クラス3	1mW（0dBm）	−	−30〜0dBm（オプション）	〜1m

表3　Bluetoothのプロファイル

略　称	名　　称	概　　　要
A2DP	Advanced Audio Distribution Profile	ステレオ品質のオーディオ配信
AVRCP	A/V Remote Control Profile	AV機器のリモート制御
BIP	Basic Imaging Profile	イメージデバイスの制御
BPP	Basic Printing Profile	プリンタ制御
CTP	Cordless Telephony Profile	コードレス電話の利用
DI	Device ID Profile	機器認証のためのプロファイル
DUN	Dial-Up Networking Profile	ダイヤルアップサービスの利用
FAX	Fax Profile	ファックスサービスの利用
FTP	File Transfer Profile	ファイル転送の利用（RFC959とは異なる）
GAVDP	Generic A/V Distribution Profile	AV情報の配信（A2DP，VDPの基本動作）
GOEP	Generic Object Exchange Profile	機器間のデータ交換
HCRP	Hardcopy Cable Replacement Profile	パソコンのプリンタケーブル（IEEE1284）置換
HDP	Health Device Profile	医療機器向けプロファイル
HFP	Hands-Free Profile	電話の発着信制御やヘッドセットの利用
HSP	Headset Profile	音声入出力の制御
HID	Human Interface Device Profile	キーボードやマウス等の利用
ICP	Intercom Profile	携帯電話機間の直接通話の利用
MAP	Message Access Profile	機器間でメッセージオブジェクトを交換する
OPP	Object Push Profile	携帯電話機間のプッシュ型のメッセージ転送
PAN	Personal Area Network Profile	機器間で小規模なネットワークを構成する
PBAP	Phone Book Access Profile	電話帳データを参照するプロファイル
SAP	SIM Access Profile	対応機器からSIMカードにアクセスする
SDAP	Service Discovery Application Profile	他のBluetooth機器の検索に利用
SPP	Serial Port Profile	機器間で仮想シリアルポートを設定する
SYNCH	Synchronization Profile	GOEPを利用しデータの同期を行う
VDP	Video Distribution Profile	ビデオ機器間でストリームデータを転送する

ブが1対1または1対n（n = 1〜7台）の関係となるピコネットと最大256個のピコネットをつなぎあわせたスキャッタネットを構成することができる（図2）。通信の確立はリッスン状態から最初にページングを開始した機器がマスタとなり，応答した機器がスレーブとなる。スレーブはマスタとのみ通信を行い，スレーブ間で直接通信を確立することはできない。マスタは他のピコネットのスレーブとなることができる。

Bluetooth3.0では，無線LANの標準規格であるIEEE802.11を組合わせたAlternate MAC/PHYにより下位プロトコルを802.11 Protocol Adaption Layer（802.11 PAL）に切替えることにより24Mbpsまでの高速化を図っている。Bluetooth4.0ではボタン電池などで長期間駆動できる省電力化が一つの目標とされ，Bluetooth Low Energy／BLEとも呼ばれている。Bluetooth4.0は省電力モードどうしの通信に限定されるシングルモードとBluetooth3.0またはVersion 2.1＋EDRとの互換性を有するデュアルモードがある。医療機器への適用については，コンティニュア・ヘルス・アライアンス（http://www.continuaalliance.org/）がBluetoothの医療機器向けプロファイルであるBluetooth Health Device Profileを2009年のコンティニュアデザインガイドライン第1版から採用している。

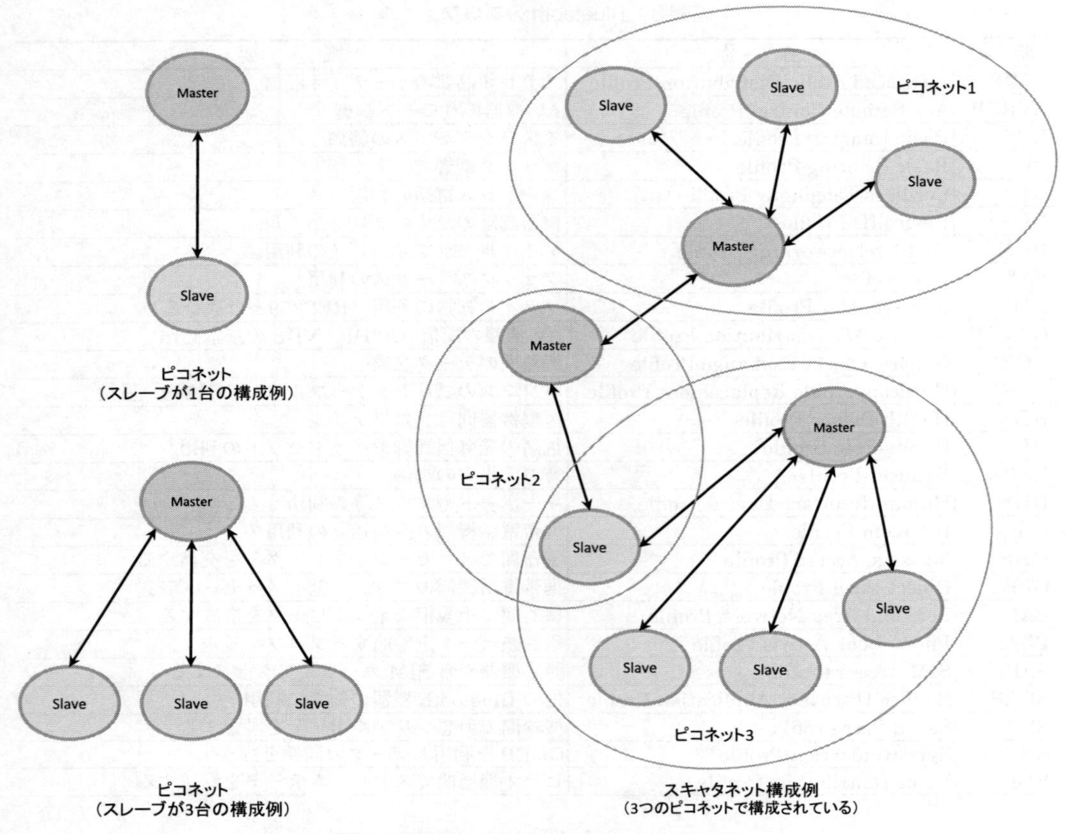

図2　Bluetoothのネットワークトポロジ

3　ZigBee

ZigBeeは経済性と低消費電力を追求した新しいワイヤレスセンサーネットワークを目指しZigBee Allianceにより策定された。この規格は2003年にはIEEE802.15.4-2003規格として承認された。IEEE802.15.4の規格範囲はBluetooth同様に物理層とMAC層が規定され，上位のプロトコルはZigBee Allianceにより定義される。2006年には大規模ネットワークへの対応などを拡張したEnhanced Version of ZigBeeが，2008年には干渉回避や大容量ファイルの転送などが拡張されたZigBee PRO Feature Setがリリースされた（表4）。また，わが国でも950MHz帯が認可され，IEEE802.15.4で規定されるZigBeeの周波数帯は868MHz（欧州），915MHz（米国），2.4GHz（世界共通），950MHz（日本）となった（表5）。デバイスは論理的に，PANコーディネータ（ZigBeeコーディネータ），コーディネータ（ZigBeeルーター），ネットワークデバイス（ZigBeeエンドデバイス）の三つに分類され，各デバイスにより構成されるPAN（Personal Area Network）における機能が異なる。PANコーディネータはPAN内に1つ存在でき，コーディネータやネットワークデバイスを管理する。ネットワークデバイスは

表４　ZigBee 規格の沿革

策定年	バージョン	概　要
2004年	Ver1.0	
2006年	Enhanced Version of ZigBee	拡張 PANID（64bit）による大規模ネットワーク対応
2008年	ZigBee Feature Set ZigBee PRO Feature Set	フラグメンテーション機能による大容量ファイルの分割送信や被干渉発生時にチャネルを変更する干渉回避機能の拡張

表５　ZigBee 規格の概要

地　域	周波数	チャネル数	変調方式	伝送速度	その他
世界共通	2.4GHz～2.48GHz	16	O-QPSK	250kbps	
欧　州	868MHz～868.6MHz	1	BPSK	20kbps	受信感度－92dbm 以下
			ASK	250kbps	
			O-QPSK	100kbps	
米　国	902MHz～928MHz	10	BPSK	40kbps	受信感度－92dbm 以下
			ASK	250kbps	
			O-QPSK	250kbps	
日　本	950.8MHz～955.8MHz	24	GFSK	100kbps	IEEE802.15.4d BPSK は欧州と共通方式
			BPSK	20kbps	

PAN コーディネータまたはコーディネータと通信を行うことができ，コーディネータは PAN コーディネータとネットワークデバイスの接続や他のコーディネータとの接続を行う。このような機能により，ネットワークトポロジは図３のようになる。

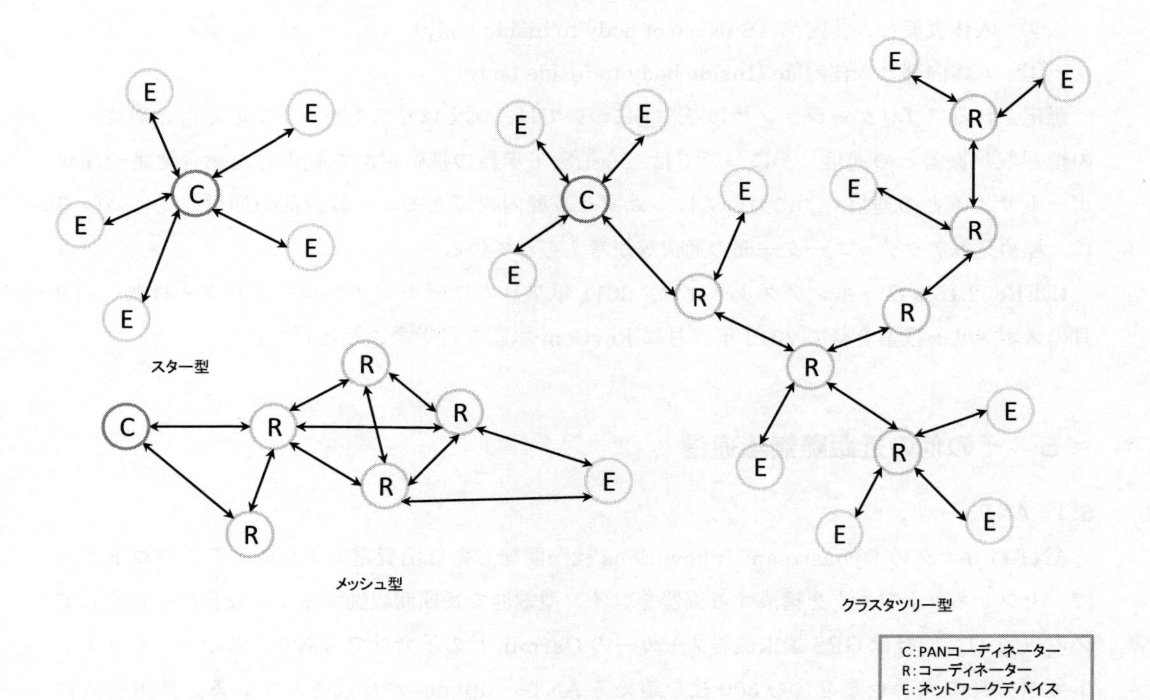

図３　ZigBee のネットワークトポロジ

ZigBeeの変調方式には，O-QPSK（Offset Quadrature Phase Shift Keying；オフセット直交位相偏移変調），BPSK（Binary Phase Shift Keying；2相位相偏移変調）が採用され，IEEE802.15.4-2006からはASK（Amplitude Shift Keying；振幅偏移変調）が加えられた。通信距離は30m，伝送速度は250kbpsが基本仕様である（表5）。

4 IEEE802.15.6（BAN）

IEEE802.15.6ワーキンググループ（http://www.ieee802.org/15/pub/TG6.html）ではBAN（Body Area Networks）の国際標準化作業が行われており，人体または人体近傍の近距離無線通信標準の策定（人体に限定はしていない）が目標である。2010年5月にTG6 Draftが策定され，複数の無線システムを想定した物理層となっており，狭帯域通信（Narrow Band），超広帯域無線（UWB；Ultra Wide Band），人体通信（HBC；Human Body Communications）が提案されている。周波数帯は，医療やヘルスケア分野への応用が期待されていることから，主要各国の医療用周波数を意識した割り当てが望ましいとされている。伝送速度は10Mbpsを上限とし，高速性よりも低消費電力を考慮している。IEEE802.15.6では，チャンネルモデルを次の4つに分類している。

① 人体から離れたアクセスポイントと人体表面（Access point to surface of body）
② 人体表面と人体表面（Surface of body to surface of body）
③ 人体表面と人体内部（Surface of body to inside body）
④ 人体内部と人体内部（Inside body to inside body）

想定されるアプリケーションとして，①については，例えばリストバンド式心電計と病院内外の情報収集機器との通信，②については，心拍数・歩数の携帯電話を経由した総合健康管理サポートサイトとの通信，③については，カプセル型内視鏡とモニタ装置間の通信，④については，埋め込みアクチュエーター間の通信等が考えられている。

IEEE802.15.6ワーキンググループは，2011年7月のワーキンググループレター投票，同8月のスポンサー投票を経て2012年3月にRevCom承認を目指すこととしている。

5 その他の近距離無線通信

5.1 ANT

ANTはカナダのDynastream Innovations社が開発した低消費電力を目的としたプロトコルで，センサネットワークを構成する機器をコイン型電池で長期間駆動するような利用を想定している（図4）。同社はGPS端末機器メーカーのGarmin社の子会社でもあり，スポーツやフィットネス分野の大手企業を含む300社を超えるANT+Allianceが形成されている。使用周波数は2.4GHz帯で，図5のような1MHz幅のタイムスロットによる時分割多重方式を採用，伝送

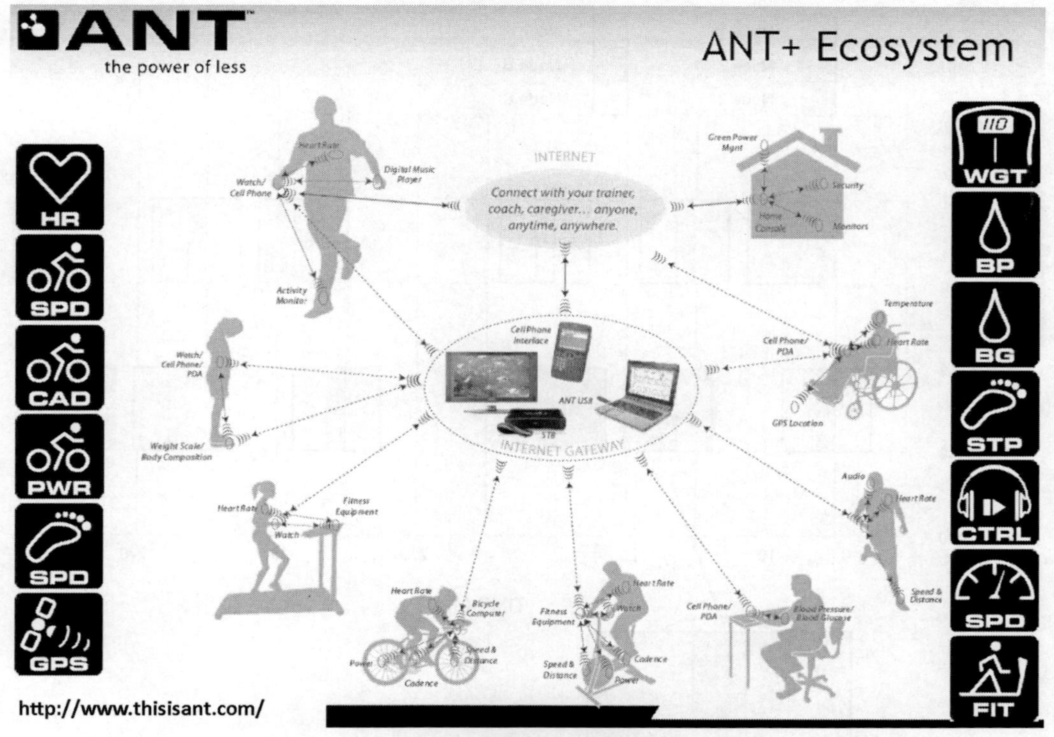

図4　ANTの利用領域

速度は1Mbps，伝送距離は30m程度，ノード数は65,536個までとなっている。また，ANT+はセッション層以上を規定し，Heart Rate Monitor（心拍モニタ），Stride-Based Speed and Distance Monitor（footpod），Bicycle Speed and Cadence（自転車の速度とケイデンス），Bicycle Power，Weight Scale（体重計），Multi-Sport Speed and Distance（GPS速度と距離）等のデバイスプロファイルが規定されている。ネットワークトポロジとしては，ピアツーピア型，スター型，ツリー型の他，構成の複雑化やノードの電力消費量の増大などを伴うがメッシュ型を構成することができる（図6）。

5.2　Sensium

Sensiumは英Toumaz社によりヘルスケア市場向け低消費電力BANとして開発され，Sensium Life Platformとして提供されている（図7）。Sensium Sensor NodeとSensium Basestationから構成され，最大8つのセンサーノードをもつことができるとされる。使用周波数は，865MHz及び870MHz（欧州），902MHz及び928MHz（米国）を使用，5～25mの伝送距離を有し，送信出力－10dbm程度で最大50kbpsの伝送速度となっている。

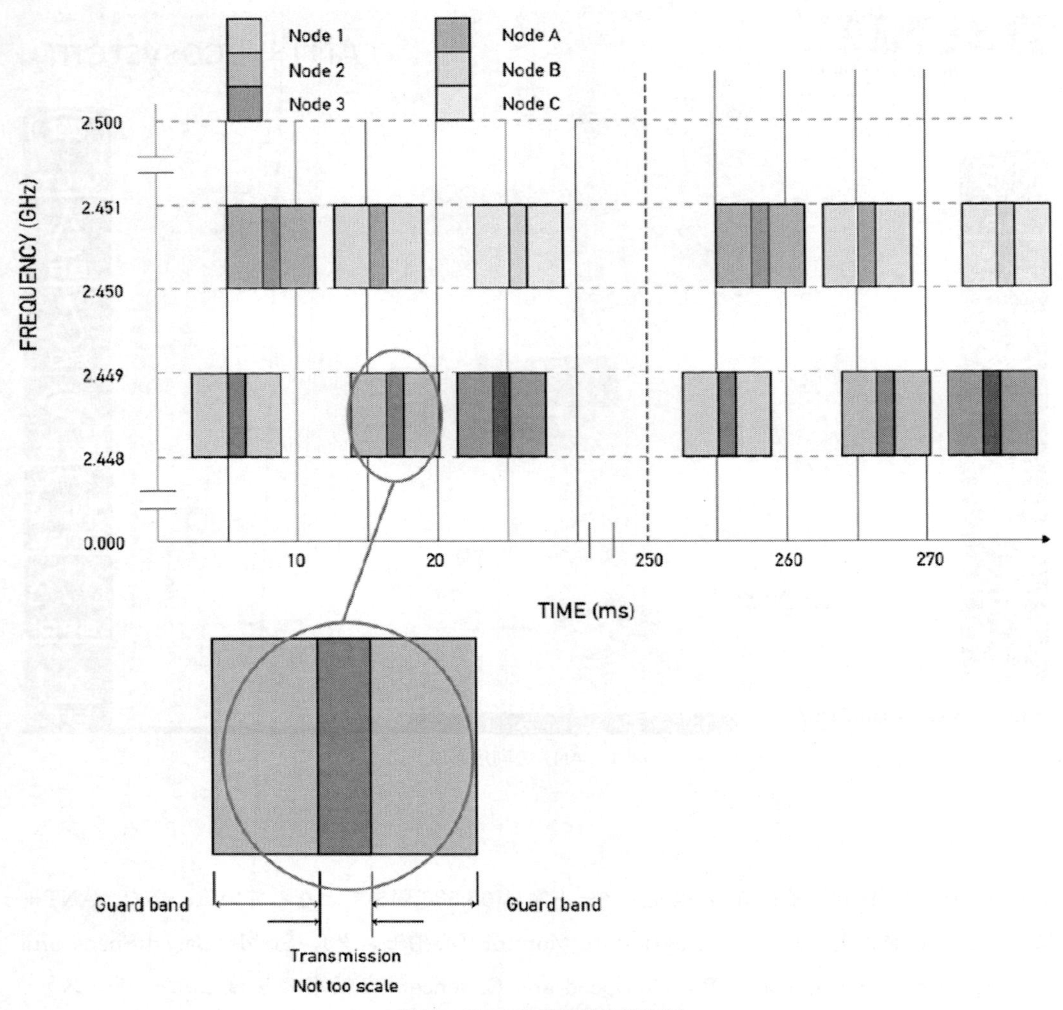

図５　ANT の時分割多重伝送

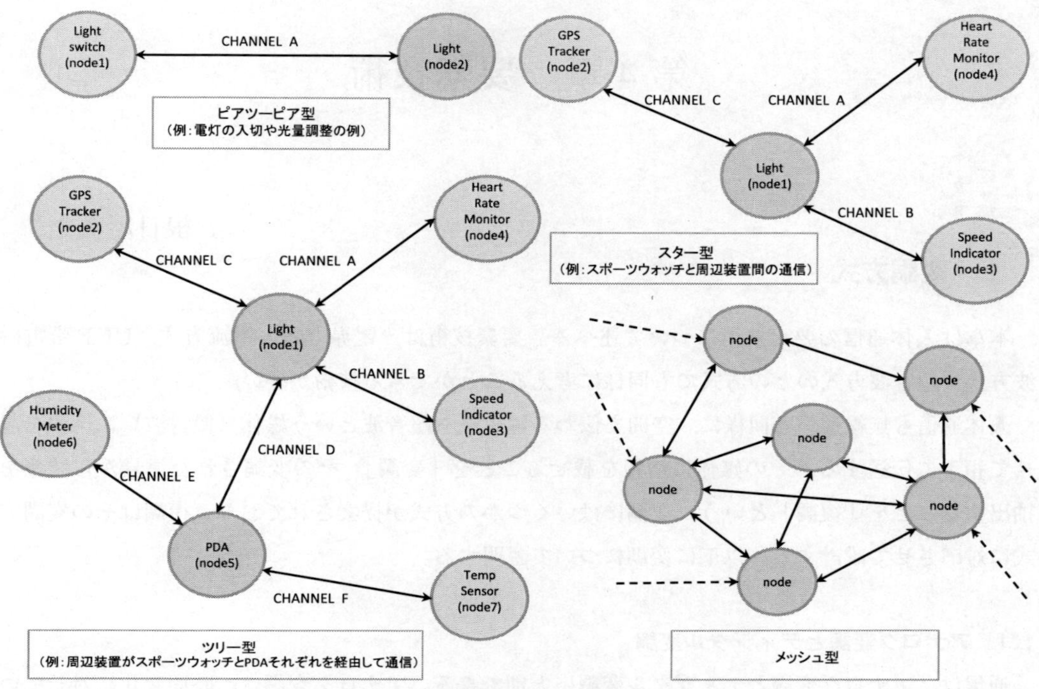

図６　ANTのネットワークトポロジ

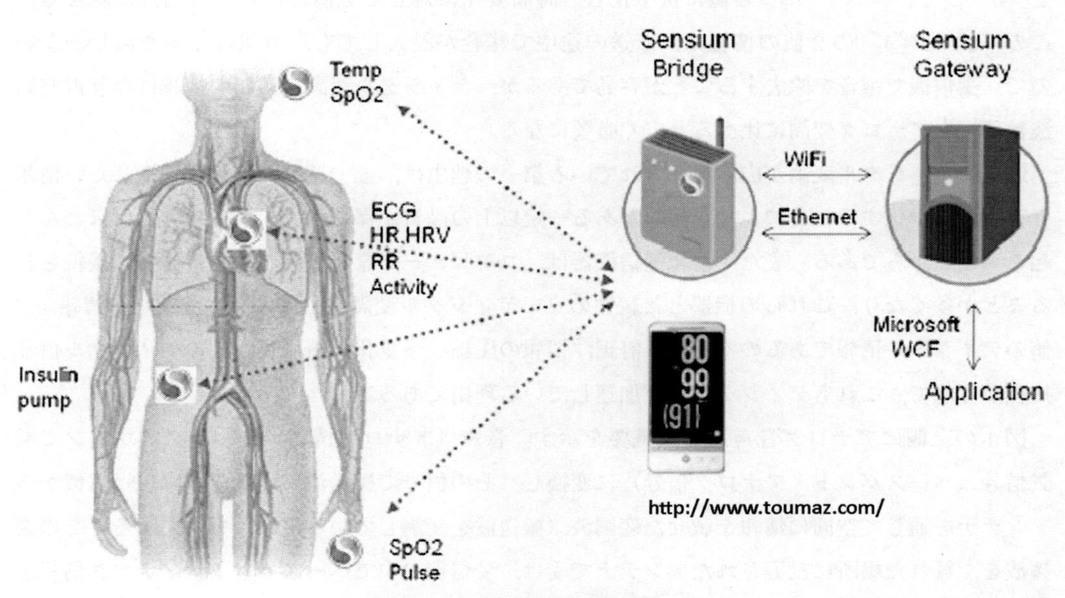

図７　Sensium Life Platform

第4章　要素技術

根日屋英之*

1　変調方式

本章は人体通信の要素技術について述べる。要素技術は，電界方式，電流方式，UHF帯電磁波方式，超音波方式のどの方式でも同様に考えることができる技術が多い。

人体通信も無線通信と同様に，空間を伝わる電磁波や超音波という媒体（搬送波）に情報を載せて相手に伝送する。その媒体に情報を載せることを「変調」，その変調された信号から情報を抽出することを「復調」という。変調にはいくつかの方式が提案されており，復調はその変調方式に対応させて設計する。以下に変調について説明する。

1.1　アナログ変調とディジタル変調

通信は，アナログ変調とディジタル変調に大別できる。アナログ変調は，時間変化に対していろいろな振幅レベルを有するアナログ情報を搬送波に載せる。ディジタル変調は，アナログ情報を“0”と“1”という二つの値に量子化し，時間変化に対して2値の情報を搬送波に載せる。この“0”と“1”の2値の情報は，伝送の途中で雑音が混入しても，情報自体が2値しかないので，受信機で雑音を除去することが容易であるが，ディジタル変調は回路が複雑になり占有周波数帯幅もアナログ変調に比べると広く必要になる。

近年，ディジタル変調が広く用いられている第一の理由は，上で述べたように伝送したい情報をディジタル化することにより，回線がある一定以上の品質が保てれば，情報の劣化はほとんど起こらないからである。また，情報通信機器は，コンピュータなどのディジタル機器に接続されることが多くなり，これらの機器と接続性の良いディジタル変調が主流になってきた。情報が2値のディジタル情報であるので，誤り訂正，情報の圧縮，多重化，暗号化などのディジタル信号処理が可能で，これもディジタル化が加速している理由である。

図1の上側にアナログ音声通信の概要を示す。音声（アナログ情報）をマイクロフォンで電気信号（ベースバンド・アナログ信号）に変換し，その信号で搬送波に変調をかけ，送信機からアンテナを通して空間に情報を載せた変調波（搬送波を変調している電波）を送出する。その変調波を，離れた場所に設置されたアンテナで受け，受信機の中でベースバンド・アナログ情報を抽出する復調を行い音声を再生するのがアナログ通信である。図1の下側に示すように，ディジタル通信を行うには，送信側ではアナログ情報をディジタル情報に量子化するコーダを，受信

---

*　Hideyuki Nebiya　㈱アンプレット　本社　代表取締役

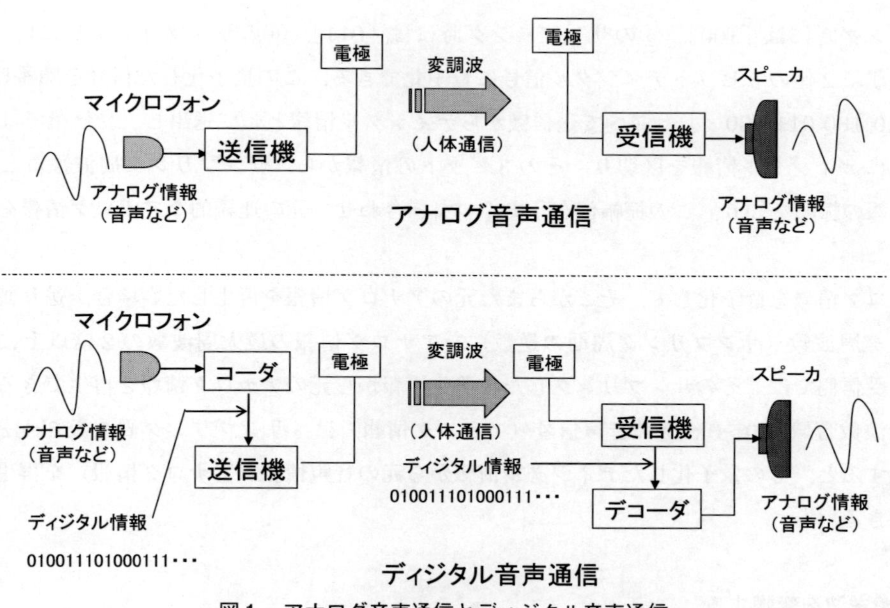

図1　アナログ音声通信とディジタル音声通信

側では受信して復調した2値のディジタル情報をアナログ情報に戻すデコーダをアナログ音声通信機器に付加する。

図2に量子化の原理を示す。まず，いろいろな振幅値を有するアナログ信号を，一定時間間隔（サンプリング周期）でその振幅値を読み取り，図2に示すように，一つの事例として8段階のレベルに分類する。このとき，この8段階の値は2進数3桁で表現できる。アナログ情報をこの2進数3桁に変換することを量子化とう。図2に示したアナログ信号は，①のサンプリング時には「110」，②のサンプリング時には「111」，③のサンプリング時には「110」，④のサ

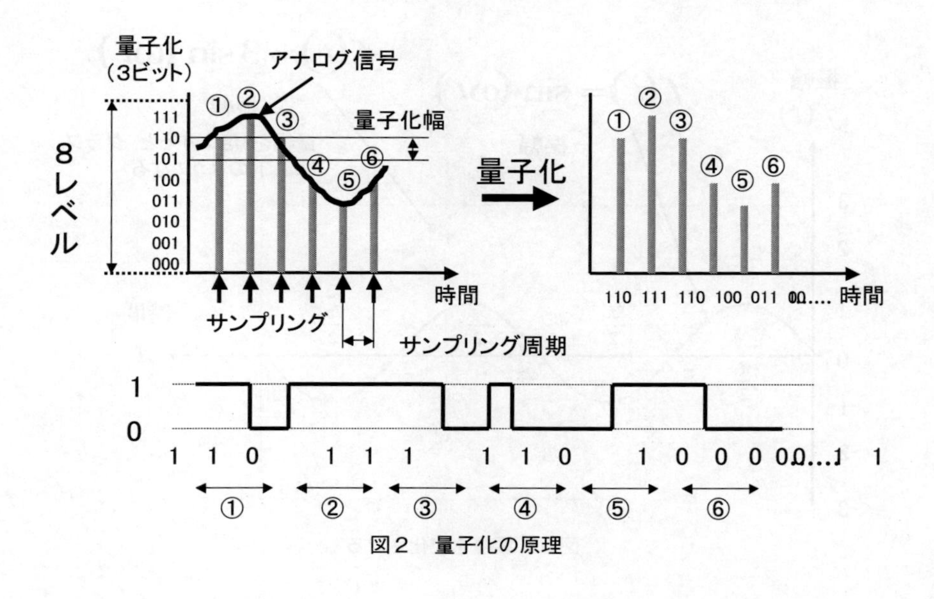

図2　量子化の原理

ンプリング時には「100」，⑤のサンプリング時には「011」，⑥のサンプリング時には「100」…のように2値の3ビットディジタル信号に量子化できる。この量子化した信号を順番に「110 111 110 100 011 100…」と並べて送信機からディジタル情報として送出し，受信機では3ビットごとにディジタル情報を区切り，その3ビットの情報から，サンプリング周波数ごとのアナログ情報の振幅を知り，この振幅値をうまくつなぎ合わせて元の連続的なアナログ情報を再生する。

アナログ情報を量子化して，そこからまた元のアナログ情報を再生したい場合，送り側のサンプリング周波数（サンプリング周期の逆数）をアナログ情報の最大周波数の2倍以上に設定すれば，受信側では，そのサンプリングした量子化情報から元のアナログ情報を再生できる。例えば，周波数帯域が0～3kHzの音声信号（アナログ情報）は，サンプリング周波数6kHz以上で量子化すると，その量子化したディジタル情報から元の音声情報（アナログ情報）を再生することができる[1, 2]。

1.2　搬送波を変調する

アナログ情報でもディジタル情報でも，搬送波を変調する操作とは，式（1）に示す三角関数で表される搬送波の波動方程式の中の，振幅，周波数，位相のどれかの状態を変化させることである。

$$f(\theta) = C\sin(\omega t - \phi) \tag{1}$$

ここで，C：振幅，ω：角周波数，ϕ：位相を表す。

このC, ω, ϕのどれかを変化させ，それに伝送したい情報を対応させると，搬送波に情報を載せる「変調」が行われる。図3では振幅方向に変化を与える様子を，図4では角周波数（周

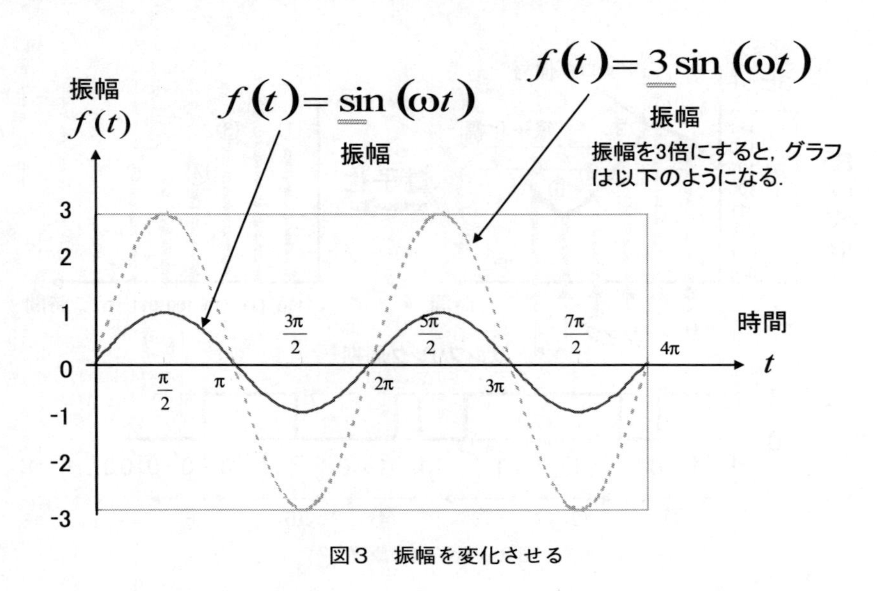

図3　振幅を変化させる

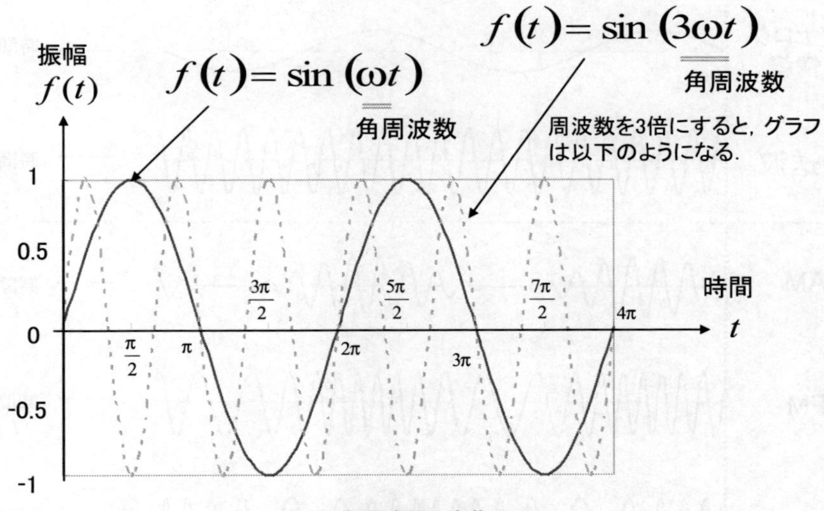

図４　角周波数を変化させる

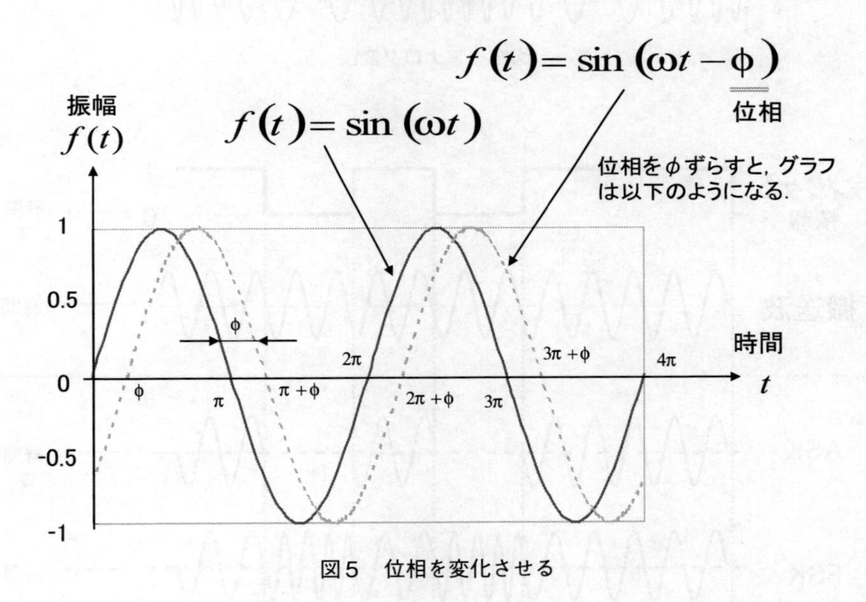

図５　位相を変化させる

波数）に変化を与える様子を，図５では位相に変化を与える様子を示す。

アナログ変調方式では，図６に示す時間変化に対する振幅変化のように，Cにアナログ情報で変調を行う操作を振幅変調（AM：amplitude modulation），ωにアナログ情報で変調を行う操作を周波数変調（FM：frequency modulation），ϕにアナログ情報で変調を行う操作を位相変調（PM：phase modulation）という。一方，ディジタル変調方式では，図７に示す時間変化に対する振幅変化のように，Cに２値の情報で変調を行う操作をASK（amplitude shift keying），ωに２値の情報で変調を行う操作をFSK（frequency shift keying），ϕに２値の情報で変調を行う操作をPSK（phase shift keying）という。変調方式を表１に整理する[3]。

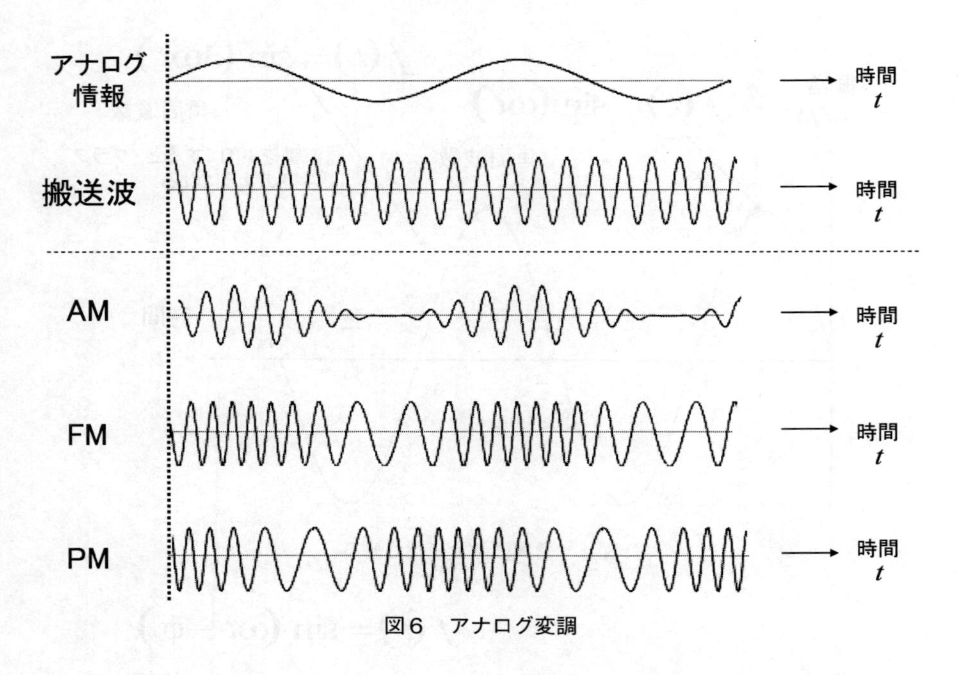

図6　アナログ変調

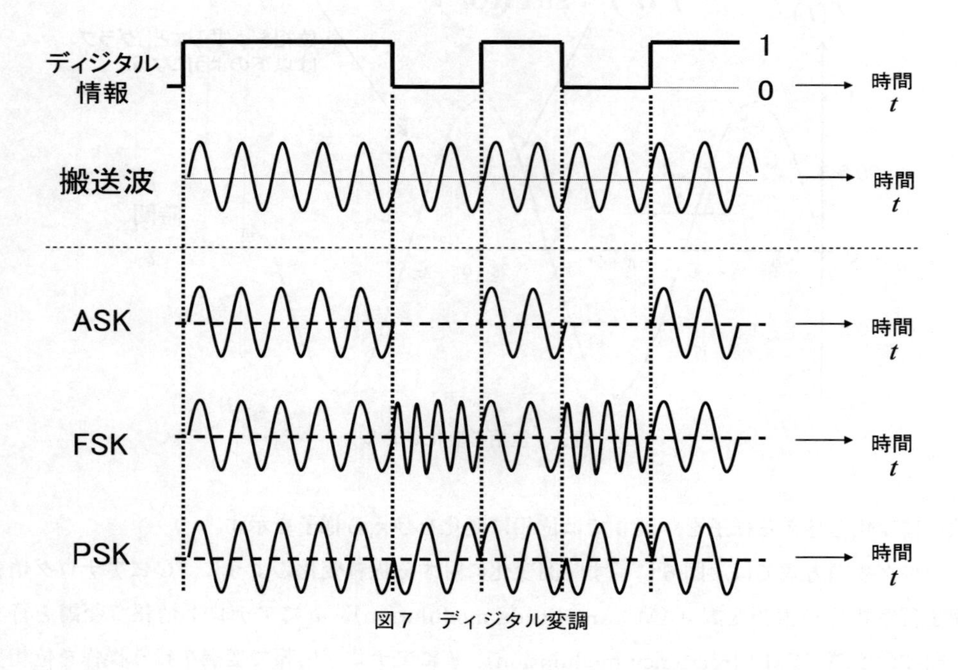

図7　ディジタル変調

表1　変調方式

	アナログ変調方式	ディジタル変調方式
振幅変調	AM	ASK
周波数変調	FM	FSK
位相変調	PM	PSK

1.3　ディジタル情報を一度に複数送る多値変調

ディジタル情報を短時間に多く送る高速通信のニーズも高い。ディジタル情報において，2値が伝送できれば1ビット（0，1），4値が伝送できれば2ビット（00，01，10，11），8値が伝送できれば3ビット（000，001，010，011，100，101，110，111）…というように，同時に複数ビットの情報を送る技術を多値変調という。図8の上側に多値ASKの一例として示す4値ASKは，振幅のレベルを4値に変えることによって，一度に2ビット情報の伝送が可能である。多値ASKは振幅のレベルを変化させるので帯域幅には影響せず，占有周波数帯幅を変えずに情報伝送速度を上げ周波数利用効率を上げることができる。

図8の下側に多値FSKの一例として示す4つの搬送波周波数を切り変える4値FSKは，一度に2ビット情報の伝送が可能である。多値FSKの占有周波数帯幅は多値の量に比例して広くなる。

2値のディジタル情報によって $\phi_1 = 0$［rad］，$\phi_2 = \pi$［rad］に切り替えたPSKを，BPSK（binary phase shift keying）と呼ぶ。位相を複数に切り変えることにより，PSKで多値の情報の伝送を行うことが可能である。図9に示す4値（0，$\pi/2$，π，$3\pi/2$）の位相を切り替えるPSKをQPSK（quadrature phase shift keying：直交PSK）といい，2ビット情報の伝送で広く用いられている。QPSKは，位相面をPSK（I）とPSK（Q）のように直交させ，相関がない二つのBPSK信号の（I）と（Q）を合成することにより占有周波数帯幅を拡げずに情報伝送速度を上げ周波数利用効率を上げることができる。

現在の通信機器は，変調，復調をディジタル信号処理（ソフトウェア）で行うことが主流であるので，この技術は，電子回路で変調，復調を行うときの電子部品のばらつき，経時変化，劣化の問題を克服すると共に，ASK，FSK，PSKを組み合わせて，一度に多くの情報を送る多値変調も実用化されている。図10に，ASKとPSKを組み合わせた，一度に4ビットの情報を送ることができる直交振幅変調16QAM（quadrature amplitude modulation）の時間変化に対する振幅変化と，振幅と位相の関係を表すコンスタレーションを示す。雑音や干渉の少ない通信環境

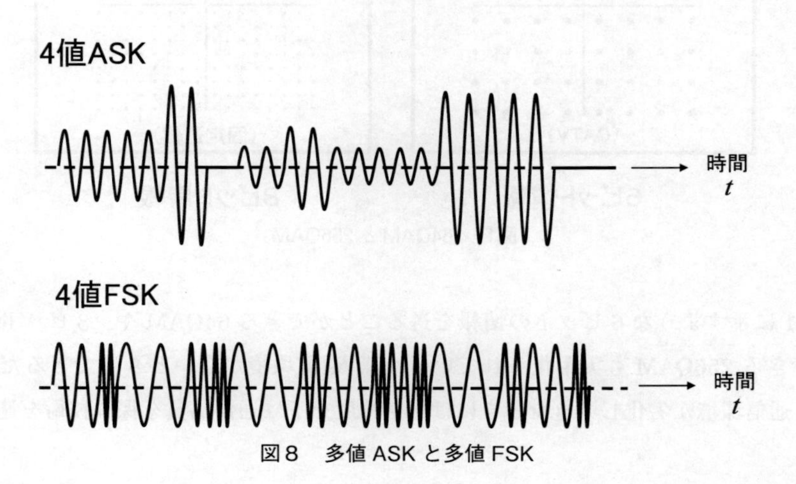

図8　多値ASKと多値FSK

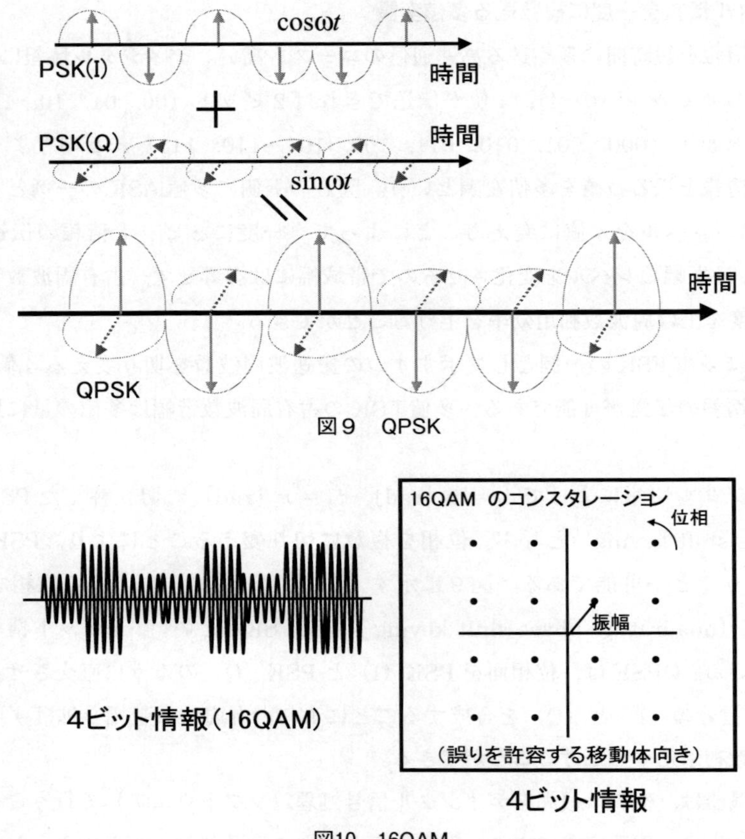

図9　QPSK

図10　16QAM

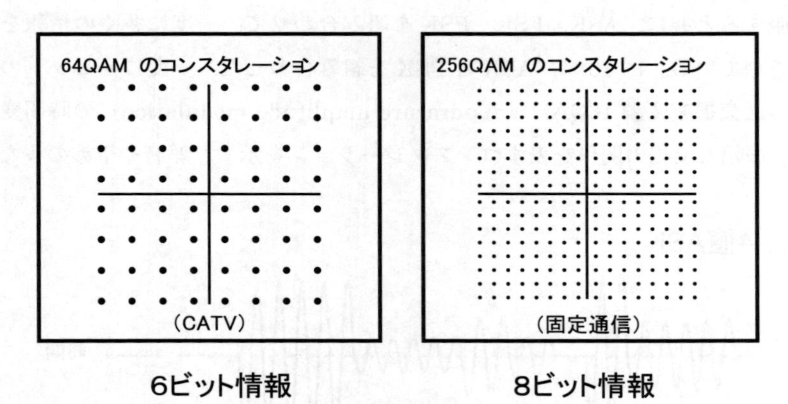

図11　64QAM と 256QAM

では，図 11 に示すような 6 ビットの情報を送ることができる 64QAM や，8 ビットの情報を送ることができる 256QAM も実用化されている[4, 5)]。通信環境が良いときはできるだけ多くの情報を送り，通信環境が劣化してきたときには伝送速度を下げ通信品質を保つ技術を適応変調という。

近年，大容量高速通信やディジタルテレビ放送などで OFDM（直交波周波数分割多重：orthogonal frequency division multiplexing）方式が使われている。図 12 に示すように，中心周波数が異なる複数の搬送波（以下，サブキャリアと称す）を利用し，送信情報も細かく分割し，それらのサブキャリア各々を変調し，並列に伝送するマルチキャリアの多重化方式である。送信機と受信機の関係は，図 13 に示すように，大容量の情報を小容量の情報に分配し，その小容量情報を周波数が異なる多数の送・受信機が並列に通信し，受信側でその小容量の情報を合成して大容量の情報を再生する。

図 14 に FDM（周波数分割多重：frequency division multiplexing）方式と OFDM 方式の差異を示す。図の左側に示すのが周波数で分割した多重化技術の FDM 方式で，各々の信号はお互いに独立している。一方，同図の右側に示す OFDM 方式では，隣り合うサブキャリアの帯域を重ね合わせても干渉することがないように，互いに信号を「直交」させている。直交とは，お互

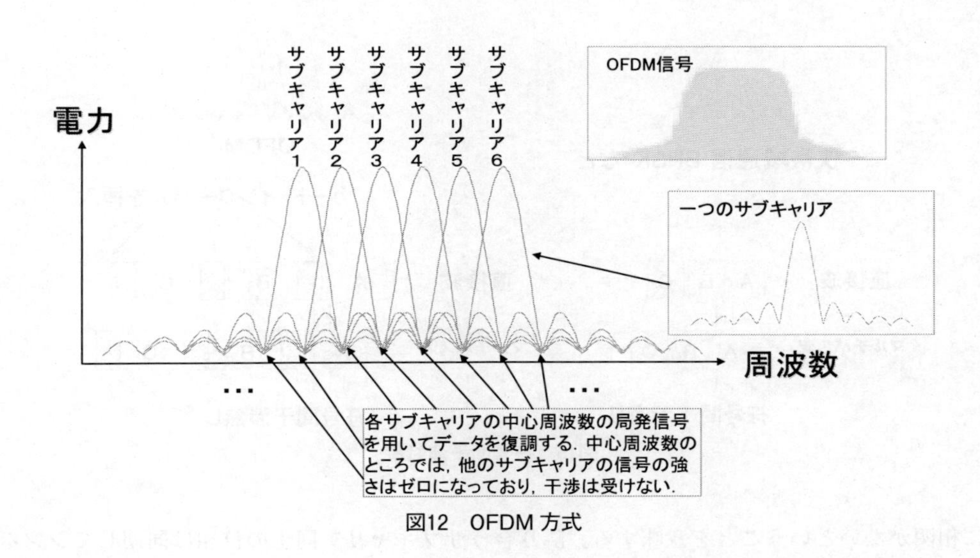

図12　OFDM 方式

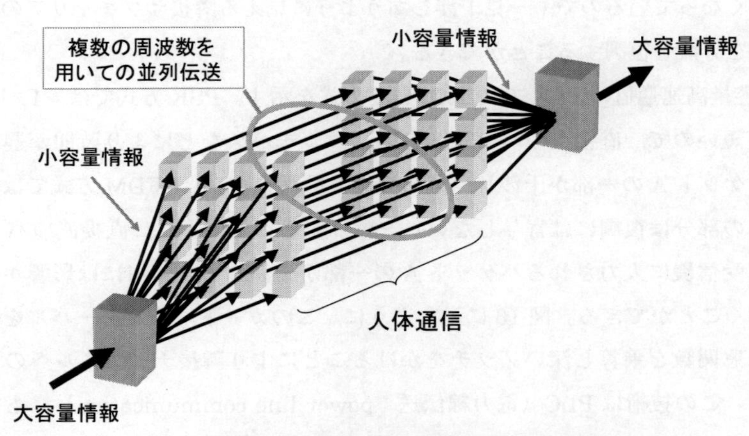

図13　人体通信で OFDM 方式を用いての高速伝送

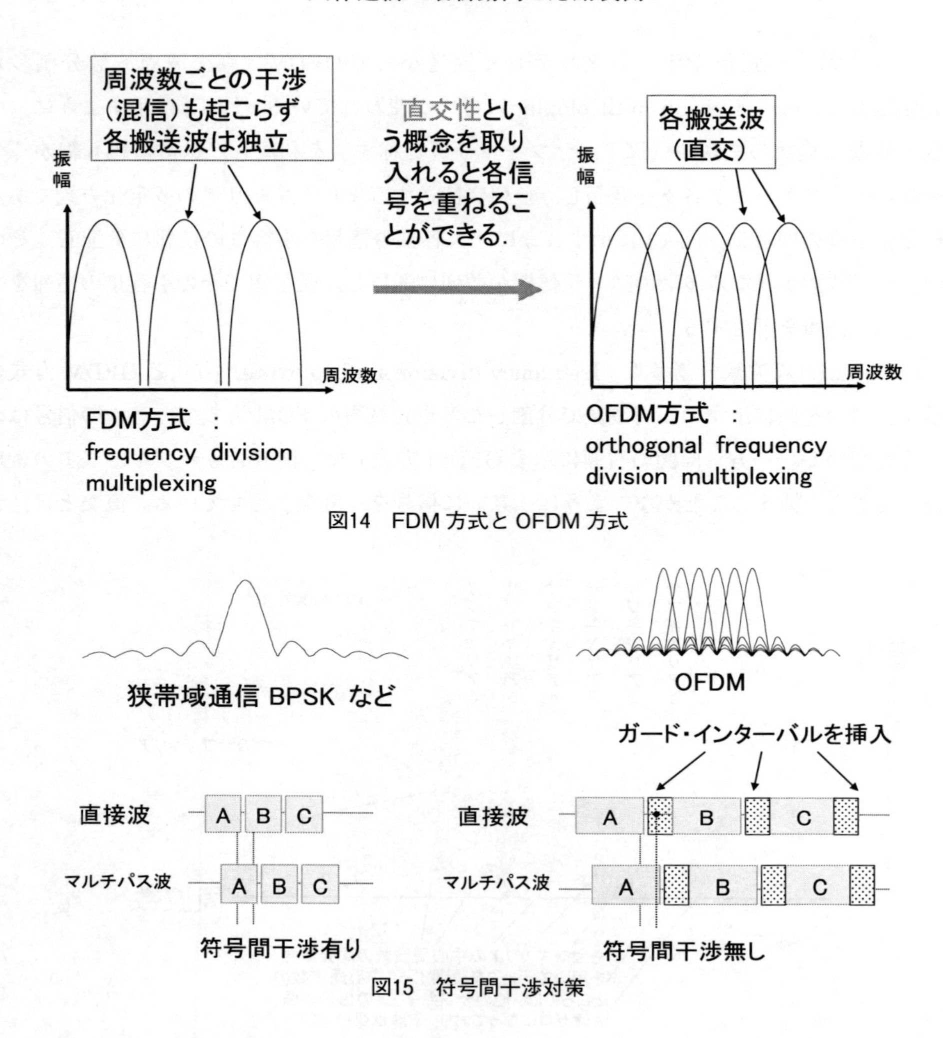

図14　FDM 方式と OFDM 方式

図15　符号間干渉対策

いに相関がないということを意味する。隣り合うサブキャリア同士の位相は同期してシンボルレートと等しくなっているので，一見干渉しあうように見える隣接サブキャリアの信号も，受信機側では各々を分離し復調することができる。

図 15 に大容量高速通信の PSK 方式と OFDM 方式を示す。PSK 方式では，1 パケットあたりの伝送時間が短いので，直接波のパケット B と，マルチパスなどにより時間が遅れて受信機に入力されるパケット A の一部が干渉し，通信の品質を悪くする。OFDM 方式ではガード・インターバル（この部分は復調には寄与しない）を付加することにより，直接波のパケット B と，時間が遅れて受信機に入力されるパケット A の一部が干渉しても通信には影響がなく，マルチパス障害を防ぐことができる。図 16 に示すように，このガード・インターバルを含めた時間軸波形の両端に窓関数を乗算し深いノッチをかけることにより隣接チャンネルへの干渉を抑えることができる。この技術は PLC（電力線伝送：power line communication）にも採用されている[6)]。

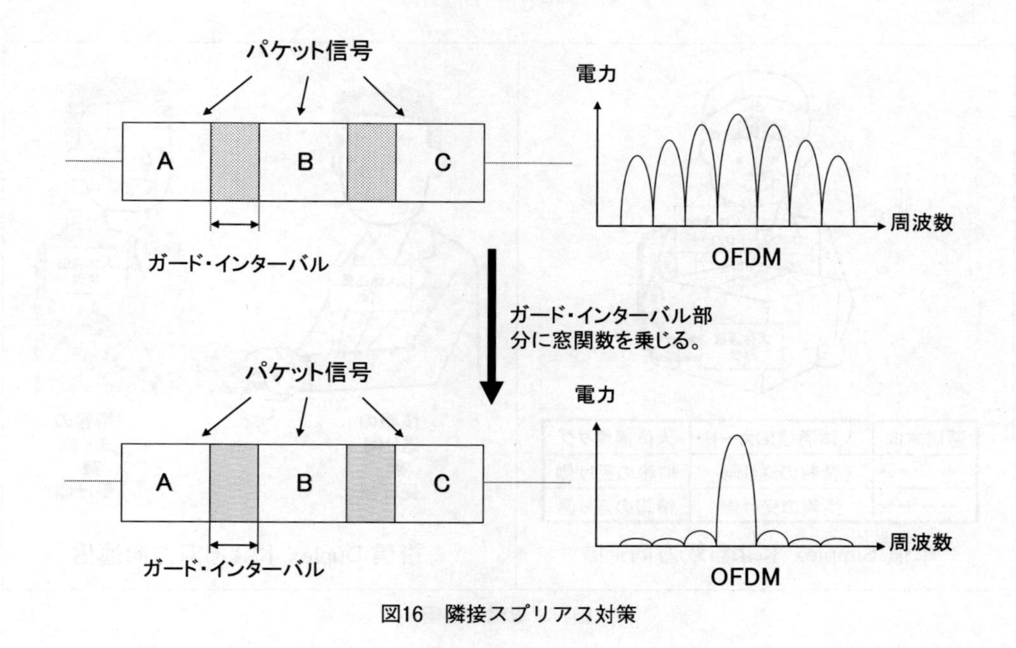

図16　隣接スプリアス対策

2　双方向通信

2.1　単信と複信[3)]

人体通信も情報通信であるので，双方向で同時に通信を行いたいニーズがある。人体通信のシステム構築は，無線通信と同じように考えることができる。一般に無線で情報を送る場合，テレビやラジオのように情報の送り側から受け側に対して一方向にのみ情報を送るものと，電話のように情報の送り側と受け側の区別がなく情報を双方向に送りあうもの（双方向通信）がある。

双方向通信には，図 17 に示すように，情報の送り側と受け側がその時々によって入れ替わる通信（時間ごとに見ると単方向通信となっているもの）を「単信（Simplex)」，情報の送り側と受け側の区別がなく，お互いに情報の送り側兼受け側となる同時に行われる通信を「複信(Duplex)」という。

複信には送り側と受け側の回線を分離する方法として，図 18 に示すように情報の受け側と送り側が同時にそれぞれ異なる周波数で通信する周波数分割複信（FDD：frequency division duplex）方式と，図 19 に示すように同じ周波数で情報の受け側と送り側が時間を分割し，お互いに送受信を切り替える時分割複信（TDD：time division duplex）方式がある。

周波数分割複信方式（FDD）は，通信の上り方向と下り方向で異なる周波数の搬送波を用いるので，利用する占有周波数帯幅が広くなってしまう。しかし，情報の送り側と受け側で時間的な同期をとらなくても通信ができるので，回路構成が簡単になる。

時分割複信方式（TDD）は，通信の上り方向と下り方向で同じ周波数の搬送波を用いるので，利用する占有周波数帯幅も一方向の通信と変わらない。しかし，情報の送り側と受け側で時間的

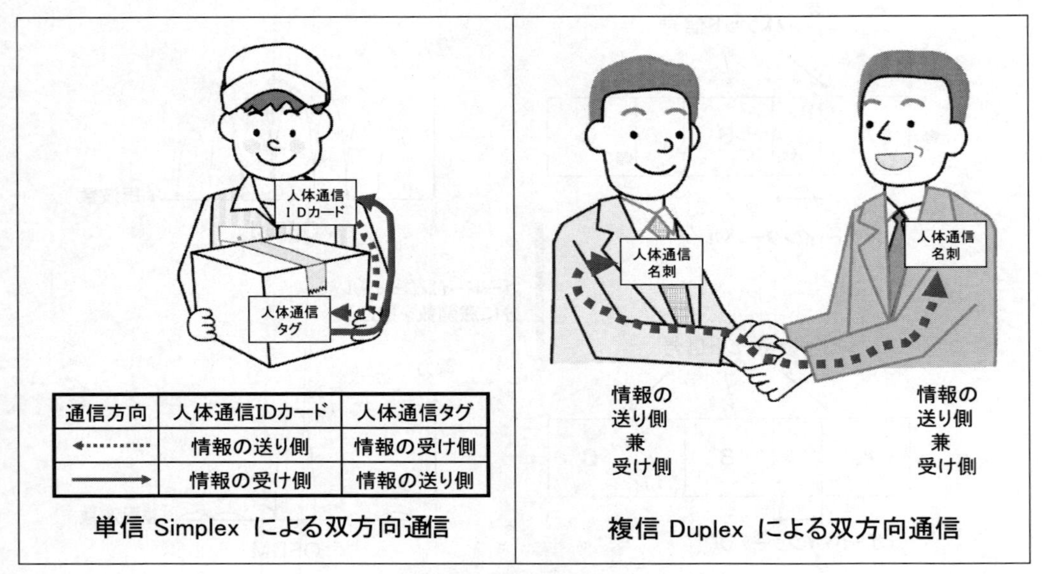

図17　単信と複信

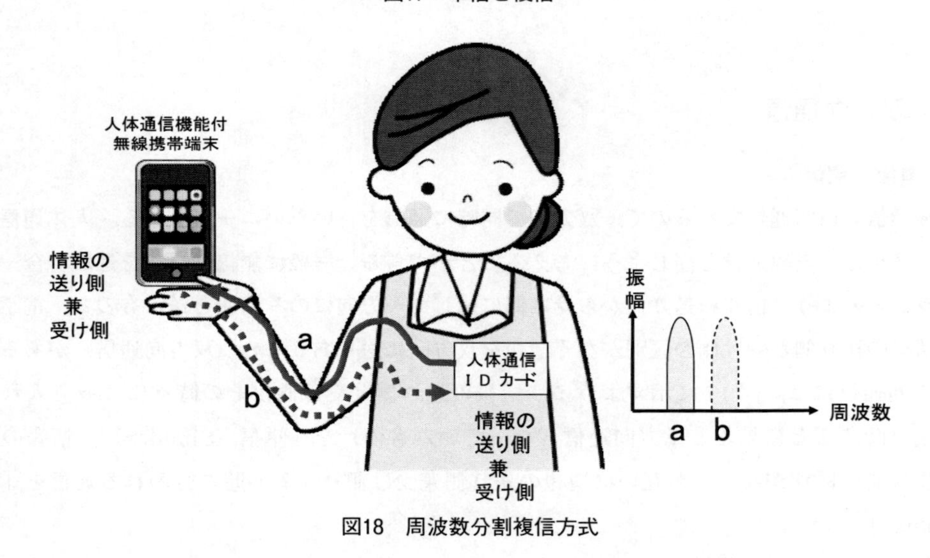

図18　周波数分割複信方式

な同期をとる必要があるのでシステムが複雑で，通信する端末数が増えると，通信効率が低下する。

3　雑音対策

3.1　雑音に強い広帯域通信

人体通信は，人体を情報の伝送路として，または，人に取り付けたウェアラブル近距離無線端末と人体の近傍にある周辺機器との間で通信を行う。特に電界方式や電流方式の人体通信は，通

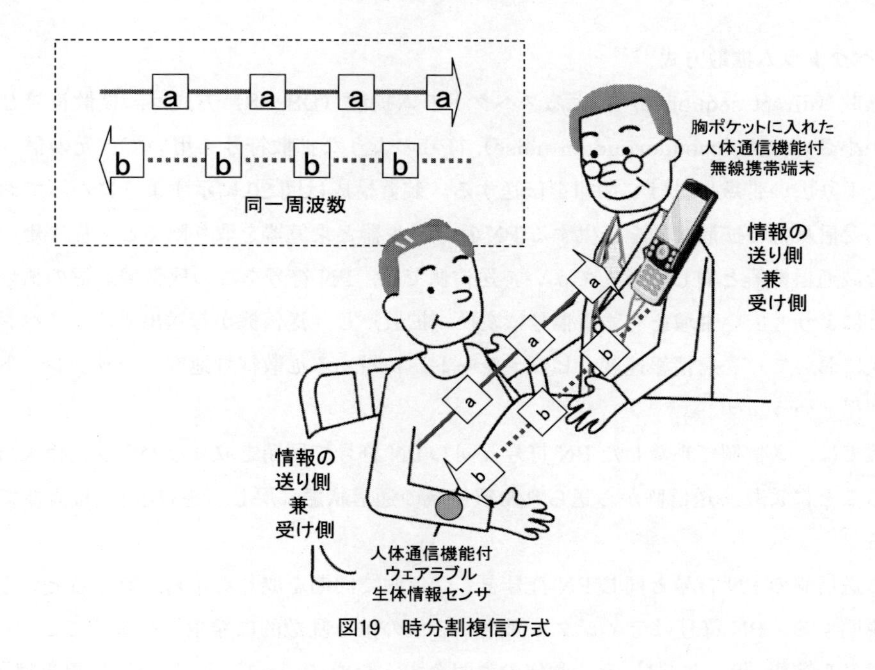

図19　時分割複信方式

信に用いる電極の面積に比べ，人体の表面積が大きいので，人体は雑音や他の無線システムからの信号による干渉を受ける。また，人体を伝送路として考えたとき，通信パスと電流還流パスのコモンモード・バランスがずれるため，人体が雑音や他の無線通信の信号からの干渉を受けやすく，これが通信品質を劣化させる要因となる。この雑音や干渉対策は人体通信における技術課題である[7~10]。

通信において情報を広い周波数帯域に拡げて伝送すると，雑音や狭帯域干渉に強くなる。表2に，現在，実用化されている広帯域通信を筆者の経験から比較した[5]。

この表から人体通信には直接拡散によるスペクトラム拡散（SS：spread spectrum）方式が有効と思われる。

表2　広帯域通信の比較

比較項目	スペクトラム拡散方式	OFDM 方式	UWB 方式 （インパルス方式）
高速回路の実現性	比較的容易	ディジタル信号処理回路との併用が必要	IC 化が難しい．IC が壊れやすいので静電保護対策が必要
消費電力	スペクトラム拡散方式の消費電力を「1」とする	スペクトラム拡散方式の消費電力の数倍（3~5倍）	スペクトラム拡散方式の消費電力の半分程度
対雑音性	強い	やや強い	強い
対妨害性	強い	普通	やや強い
他システムへの干渉	小さい	大きい	小さい
多元接続性（1：n の通信）	容易	やや容易	少し複雑
価格	スペクトラム拡散方式の価格を「1」とする	やや高い，スペクトラム拡散方式の価格の数倍（1.5~3倍）	IC 化が必要で価格は高い，スペクトラム拡散方式の価格の数倍（3~5倍）

3.2 スペクトラム拡散方式[11~13)]

直接拡散（direct sequence）によるスペクトラム拡散（DS-SS）方式は，拡散符号として自己相関が小さいPN（pseudorandom noise）符号のような拡散符号を用いて，元の信号スペクトラムをより広い帯域に拡げて情報を伝送する。装置構成は図20に示すようになっており，図中の送・受信双方の拡散符号を発生するPN符号発生器と乗算器を取り除くと，従来用いられている狭帯域通信機器と同じと考えてよい。送信側では，PN符号をこの狭帯域通信の信号に乗算することにより，広い帯域を有する信号に変換（拡散）し，送信機から送出する。スペクトラム拡散方式において，送信情報速度（ビットレート）に対する拡散符号速度（チップレート）の比を拡散利得という。

受信機では，送信側で乗算したPN符号と同じPN符号で同期を取りながら受信機入力信号に乗算することにより，送信側から送られた狭帯域の通信状態に戻し（逆拡散），復調器で情報を再生する。

ここで送信側のPN符号と同じPN符号を，受信側で同期を取りながら乗算するということについて説明する。PN符号はディジタル回路で2値の値を乱数的に発生させる。ここでは，2値のディジタル情報“0”と“1”を，動作の説明をするために“+1”と“−1”に置き換える。

図21の1段目は，送信側で拡散に用いられるPN符号PN1，2段目は，受信側で逆拡散に用いる送信側と同じ位相関係で同じ符号系列を有するPN符号PN1，3段目に，そのPN1同士の乗算結果を示す。この図からもわかるように，同じPN符号を同じ位相関係で乗算した結果は常に“+1”となり，送受信ともにPN符号発生器と乗算器の演算結果は，「×（+1)」，すなわ

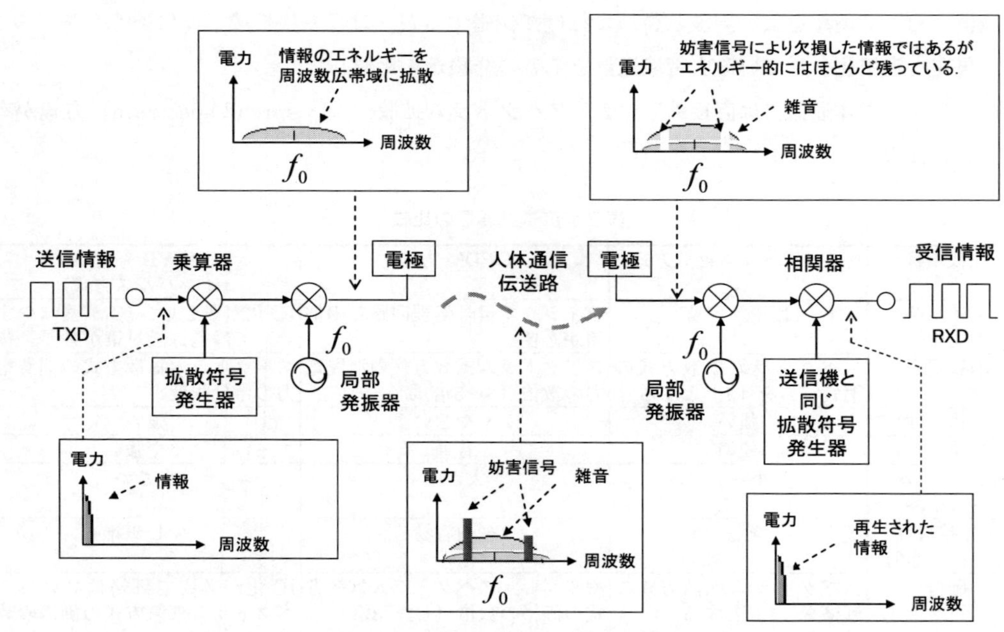

図20　スペクトラム拡散（直接拡散方式）

ち図 20 における送信側と受信側双方の PN 符号発生器と乗算器をスルーにしたときと等価になる。

図 22 の１段目は，送信側で拡散に用いられる PN 符号 PN1，２段目は，受信側で逆拡散に用いる送信側と異なる符号系列を有する PN 符号 PN2，３段目に，その PN1 × PN2 の乗算結果を示す。この図からわかるように，異なる PN 符号を乗算した結果は新たな別の PN 符号となる。従って，受信側の復調器の入力は雑音（PN 符号）となり，情報の再生は行われない。

図 23 の１段目は，送信側で拡散に用いられる PN 符号 PN1，２段目は，受信側で逆拡散に用いる送信側と位相関係が異なり同じ符号系列を有する PN 符号 PN1d，３段目は，その PN1 × PN1d の乗算結果を示す。この図からわかるように，同じ PN 符号でも位相関係が異なるもの同

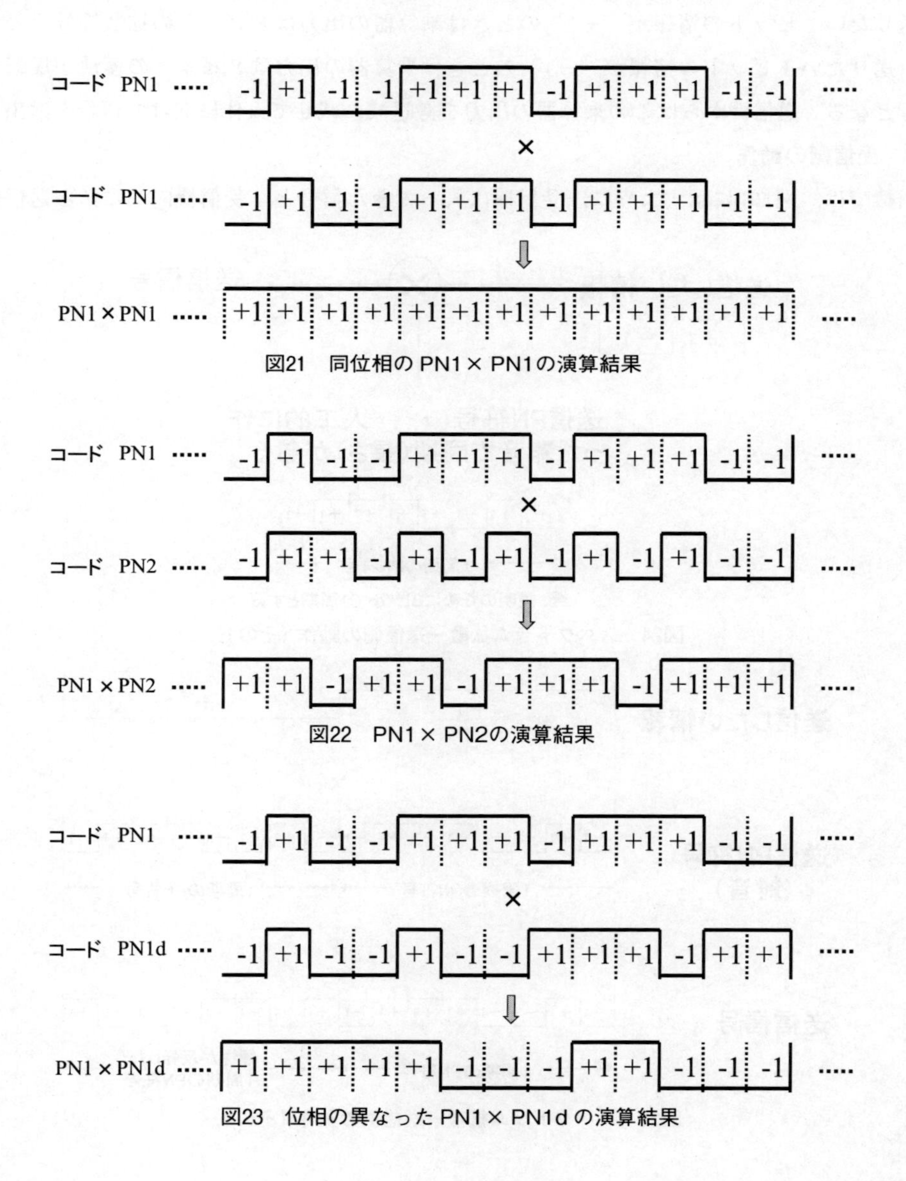

図21　同位相の PN1× PN1の演算結果

図22　PN1× PN2の演算結果

図23　位相の異なった PN1× PN1d の演算結果

士の乗算結果は新たな別のPN符号となる。従って，受信側の復調器の入力は雑音（PN符号）となり，情報の再生は行われない。

以上に述べたように送信側と同じPN符号を有する受信側のみが情報の伝達を行うことができるので，通信における同じ伝送路上での通信空間の共用が可能となる。

以下に直接拡散によるスペクトラム拡散方式のハードウェア動作の一例を説明する。

3.2.1 送信側の動作

図24に示すように1ビットの送りたい情報に，その情報と時間的に同じ長さの8ビットで1周期となる拡散符号を乗じてスペクトラムを拡げる。この場合，拡散利得（＝チップレート／ビットレート）は8倍となり，伝送における占有周波数帯幅は8倍となる。図25に示すように，送りたい1ビットの情報が“＋1”のときは乗算器の出力は8ビットの拡散符号そのものとなり，送りたい1ビットの情報が“－1”のときは乗算器の出力は8ビットの極性が反転した拡散符号となる。送信機からはこの乗算器の出力を搬送波に載せて人体に向けて信号を送出する。

3.2.2 受信側の動作

受信機では，図26に示すように，受信機に入ってきた信号と，受信機内部にある送信機と同

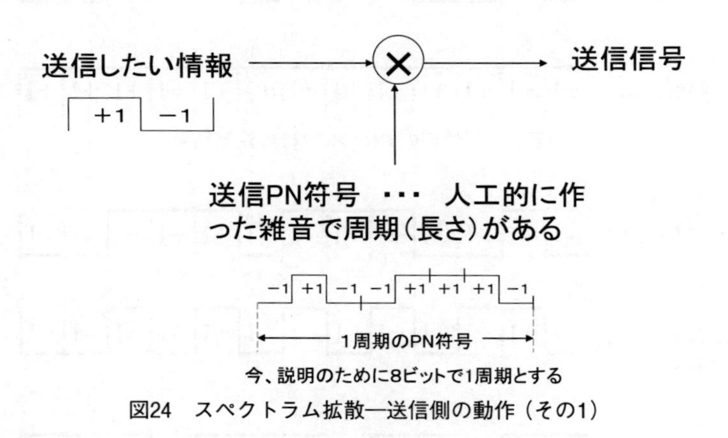

図24　スペクトラム拡散―送信側の動作（その1）

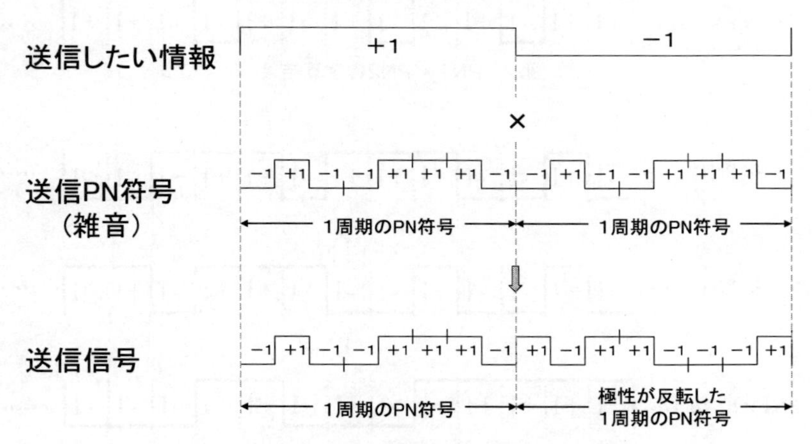

図25　スペクトラム拡散―送信側の動作（その2）

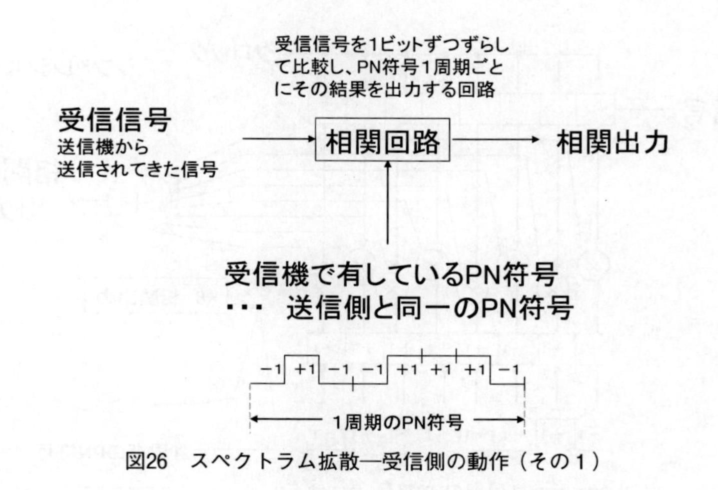

図26　スペクトラム拡散―受信側の動作（その1）

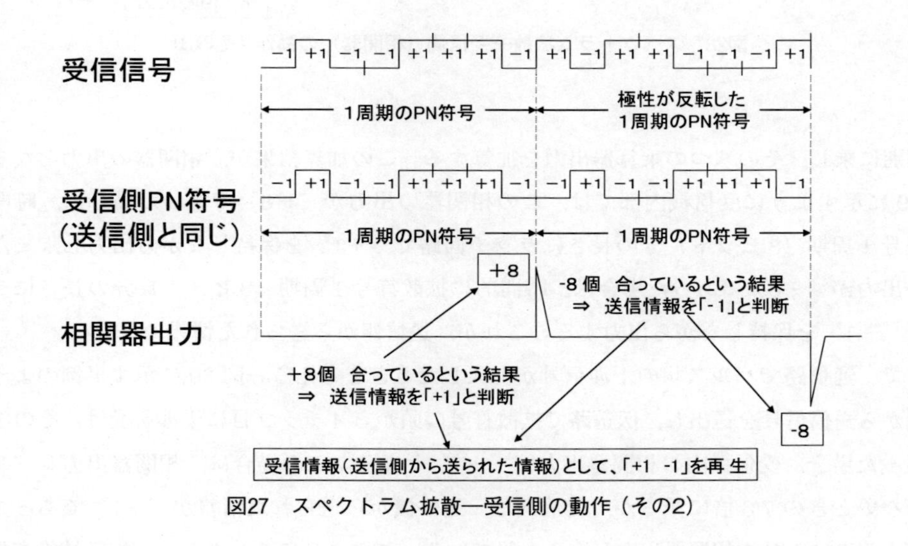

図27　スペクトラム拡散―受信側の動作（その2）

じ８ビットで１周期の拡散符号を発生する拡散符号発生器から出力される PN 符号を相関器の中で比較する。相関器の動作は，PN 符号を１ビットずつシフトレジスタによりずらしながら受信機内の拡散符号と乗算を行う。

図 27 に相関器の出力を示す。PN 符号は，相関器の中で同じ８ビットの PN 符号同士を同じ位相関係で乗じると，相関器の出力は８ビットに１度“＋8”を出力する。両者の位相関係がずれているときは，PN 符号は自己相関が小さいため相関器の出力は“＋1”または“－1”のどちらかとなる。送信側からは，送りたい情報が“＋1”のときは，PN 符号がそのまま送出され，送りたい情報が“－1”のときは，PN 符号の極性が反転して送出されるので，送信された情報が“－1”のときは，受信機内の相関器の出力は，８ビットに１度，“－8”を出力する。

図 28 に示すように相関器の内部では，入力信号をシフトレジスタで拡散符号に同期したクロックで１ビットずつシフトし，八つの乗算器で，入力信号と受信機内の拡散符号を１ビット

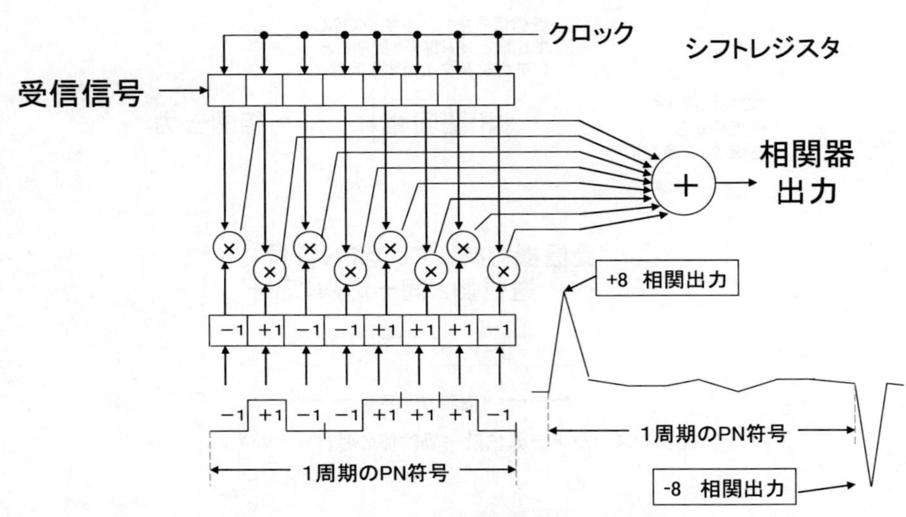

図28　スペクトラム拡散―受信側（相関器）の動作（その3）

ずつ個別に乗じ，その八つの乗算器出力を加算する。この加算結果が，相関器の出力となる。

図29に示すように受信機内部では，この相関器の出力が“＋8”であった場合は，時間的に拡散符号1周期（8ビット）分の長さにラッチ回路で“＋1”を保持しながら出力し，また，相関器の出力が“－8”であった場合は，時間的に拡散符号1周期（8ビット）分の長さにラッチ回路で“－1”を保持しながら出力する。これが，送信側から送られた情報になる。

ここで，通信路でパルス状の干渉信号が混入したときを考える。図30に示す事例のように，送信機から送信信号を送出し，伝送路で拡散符号の頭から4チップ目に干渉を受け，その1チップが誤った場合，受信機内の相関器出力は“＋7”となる。この場合は，相関器出力レベルは，干渉がないときの7/8倍に減るが，受信機は，送信機から送られた情報が“＋1”であったことを判定するのに十分な相関器出力レベルを得ている。このようにスペクトラム拡散技術を用いる

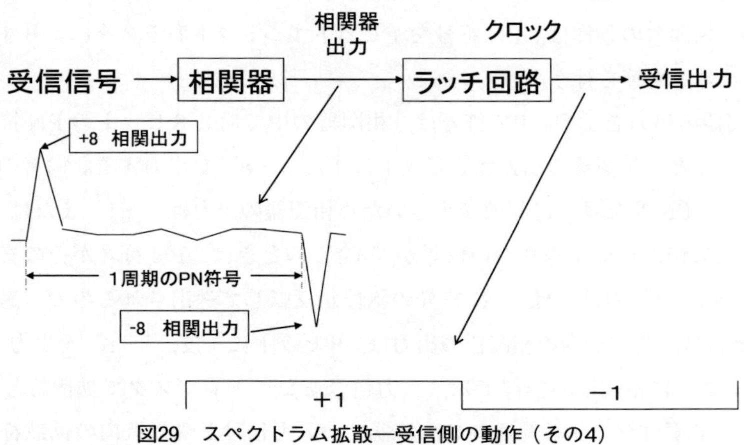

図29　スペクトラム拡散―受信側の動作（その4）

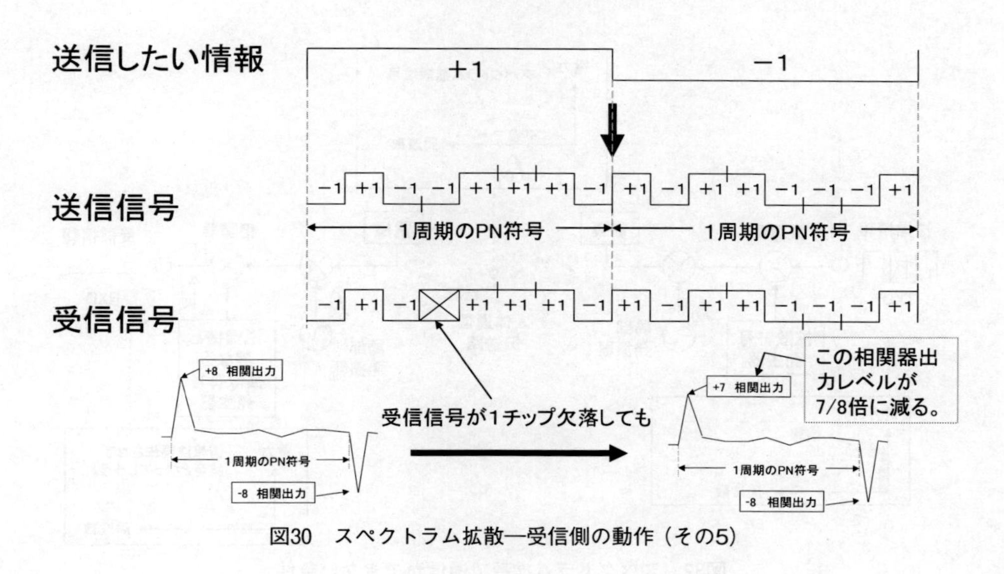

図30　スペクトラム拡散―受信側の動作（その5）

と他の無線システムからの干渉に対して強いことがわかる。

3.3　スペクトラム拡散方式の特徴のまとめ[14)]

直接拡散によるスペクトラム拡散通信では，送信したい情報に拡散符号を乗じ，広い周波数帯域にエネルギーを拡散して通信する方式で，図31に示すように，その拡散された信号が受信機に入力されるとき，受信機内で送信側と同じ拡散符号を用い逆拡散を行うことにより元の情報（送信側から送出した情報）を受信機側で再生することができる。図32に示すように，受信機内で送信側と異なる拡散符号を用いると，元の情報は再生できない。

図33に示すように，伝送路で拡散された信号の帯域の一部に別の無線システムからの狭帯域

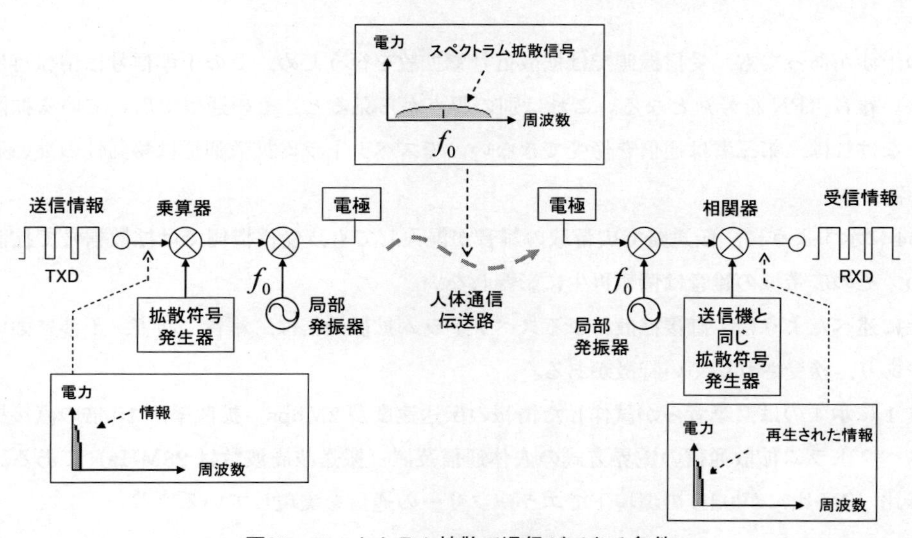

図31　スペクトラム拡散で通信ができる条件

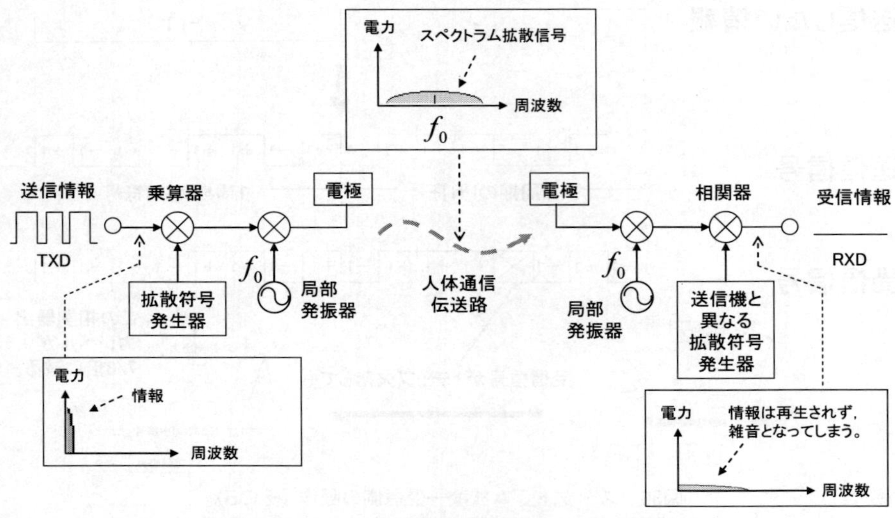

図32　スペクトラム拡散で通信ができない条件

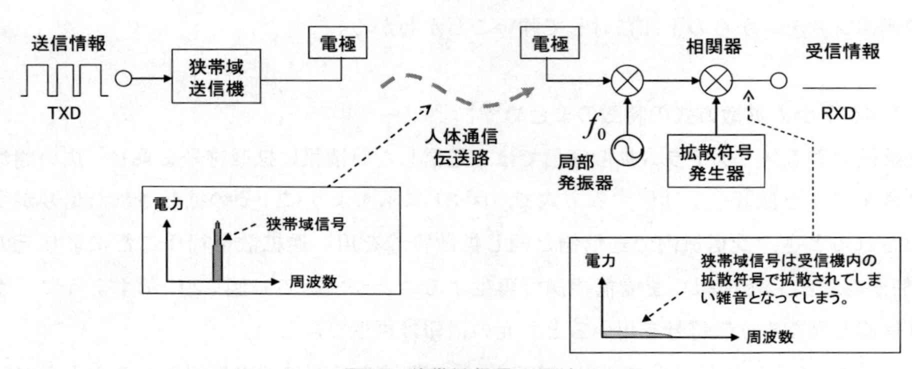

図33　狭帯域信号の干渉

信号の干渉があっても，受信機側では拡散信号で拡散を行うため，その干渉信号は情報再生に影響しない雑音（PN 符号）となる。これは別の視点から見ると，その通信で用いている拡散符号が判らなければ，第三者は通信を傍受できないのでスペクトラム拡散通信は秘話性の高い通信でもある。

図 34 に示すように，伝送路で広帯域の雑音が混入しても，受信機側では拡散信号で拡散を行うため，その広帯域の雑音は情報再生に影響しない。

以上に述べたように，直接拡散によるスペクトラム拡散通信は，雑音，妨害，干渉に強いシステムであり，傍受されにくい特徴がある。

写真 1 に示すのは，筆者らが試作した情報の伝送速度が 2Mbps，拡散率が 10 倍の直接拡散によるスペクトラム拡散通信の電界方式の人体通信装置（搬送波周波数は 28MHz）である。信号対雑音比（SN 比）が 0dB の環境下でエラーフリーの通信を実現している[15, 16]。

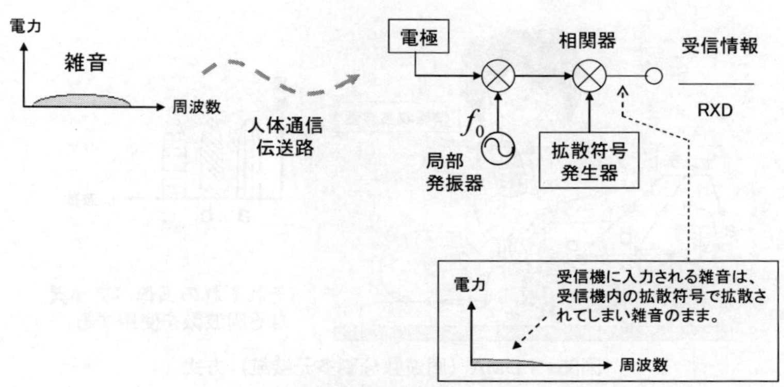

図34　雑音の干渉

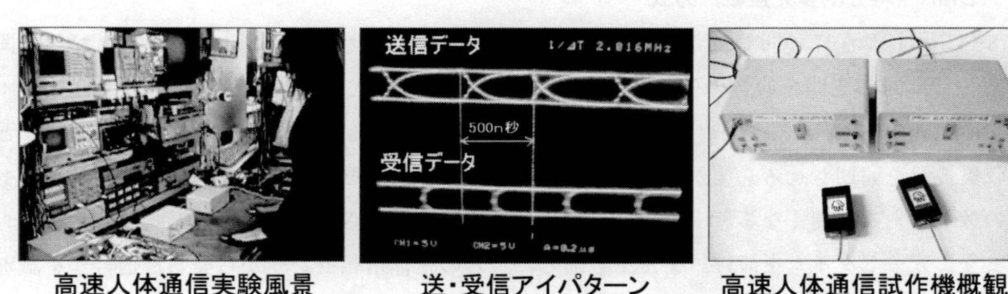

高速人体通信実験風景　送・受信アイパターン　高速人体通信試作機概観

写真１　スペクトラム拡散高速人体通信試作機（2Mbps）

４　多元接続技術

複数の人体通信端末が，通信相手として複数，または１台の人体通信端末との通信を行うこともある。例えば，人体上に複数個の生体情報センサを取り付けたとき，そのセンサの数だけの情報収集装置を準備するとコスト的に高価になるので，人体上の複数個の生体情報センサからの情報を１台の情報収集装置で集めたい。通信空間を複数の通信回線で共用する技術を多元接続技術（multiple access）という。以下に人体通信で用いることができる多元接続技術を人体通信と多元接続技術の関係がイメージしやすいように，生体情報センサと情報収集装置を例として説明する[3~5, 16]。

4.1　FDMA（周波数分割多元接続）方式

図35に示すように，各生体情報センサ（a，b，c…）が，異なる周波数を用いて，同じ通信空間を複数の生体情報センサが使用する方式を，FDMA（周波数分割多元接続：frequency division multiple access）方式という。システムは簡単に構築できるが，生体情報センサの数の通信回線を使うので周波数利用効率は良くない。

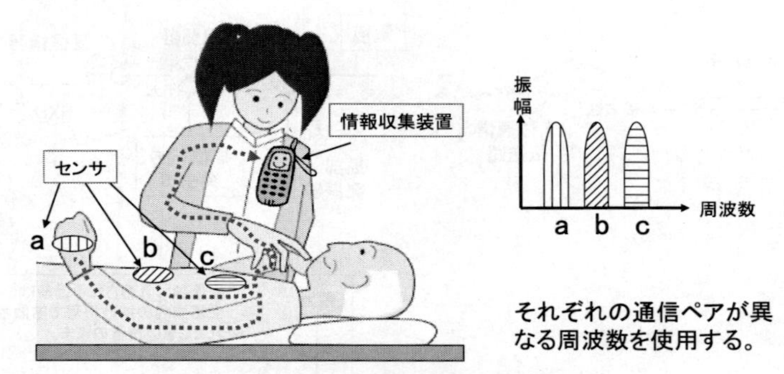

図35　FDMA（周波数分割多元接続）方式

4.2　TDMA（時分割多元接続）方式

図36に示すように，同じ周波数を使用する生体情報センサ（a，b，c…）の各々が，時間を分割して，同じ空間を複数の生体情報センサが使用する方式を，TDMA（時分割多元接続：time division multiple access）方式という。通信効率を高めるためには，各生体情報センサと情報収集装置を同期させる必要がある。また，各々の生体情報センサの通信速度は，生体情報センサの数が増えると遅くなる。実際には，各生体情報センサから送信する信号が時間的に重ならないようにガードタイムを設け，また，各信号に，どの生体情報センサから発した信号かを識別するためのIDなどを付加するため，情報伝送のスループット（通信速度の尺度）は低くなる。しかし，周波数は一波のみを使用するので，周波数利用効率は高い。

4.3　CDMA（符号分割多元接続）方式

同じ空間において，符号によるスペクトラムの拡散により複数のユーザが運用できるようにした方式を，CDMA（符号分割多元接続：code division multiple access）方式という。CDMA方式の代表的なものには，直接拡散（DS-SS：direct sequence spread spectrum）方式と周波数ホッピング（FH：frequency hopping）方式がある。

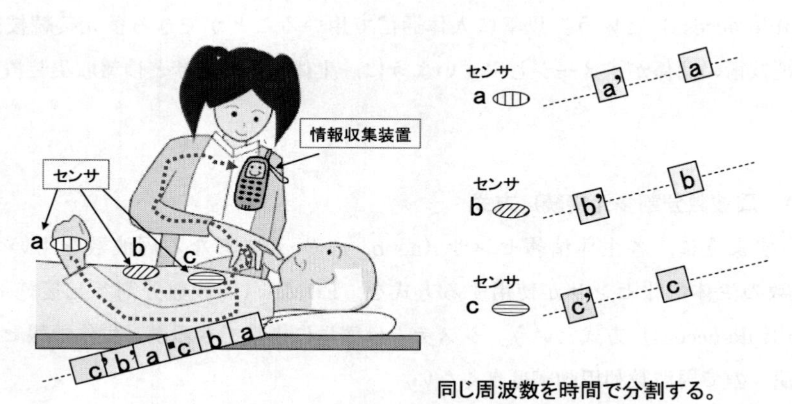

図36　TDMA（時分割多元接続）方式

図 37 に示すように，人体通信では，対雑音性を高めることも重要なので，直接拡散による CDMA 方式（DS-SS）が適している。本章第３節（雑音対策）で述べた直接拡散によるスペクトラム拡散方式において，受信側では通信したい相手の拡散符号と同じ拡散符号を用いることにより，通信空間にある複数の信号の中から目的の通信相手の信号を選択することができる。

周波数ホッピング（FH）による CDMA 方式は，センサ n 台と情報収集装置 n 台の通信に適している。図 38 に示すように，拡散符合を用いて元の信号スペクトラムの周波数を切り替える（ホッピング）ことで，スペクトラムを広い帯域に拡散させ情報を伝送する。通信している時刻の経過にともなって，各々の通信ペアの搬送波周波数を乱数的に変化させて同じ空間を共有する。装置構成を図 39 に示す。直接拡散方式における PN 符号発生器を，時間とともに周波数が

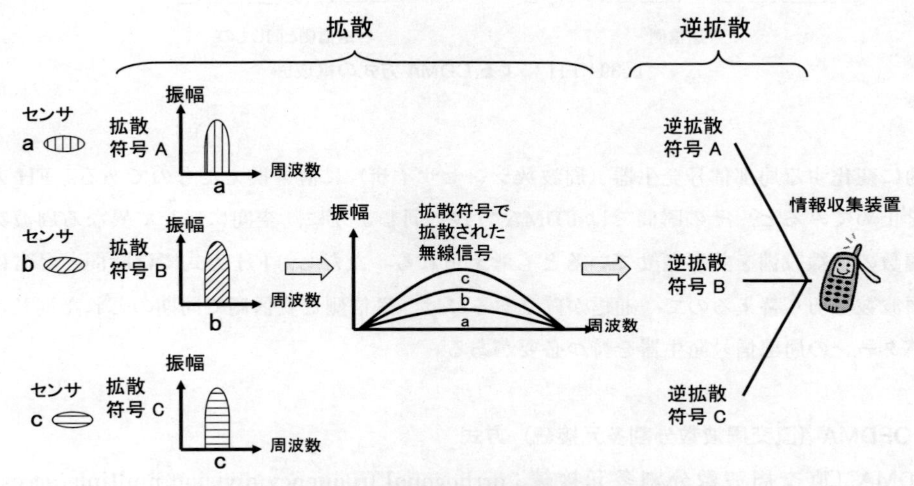

図37　直接拡散による CDMA（符号分割多元接続）方式

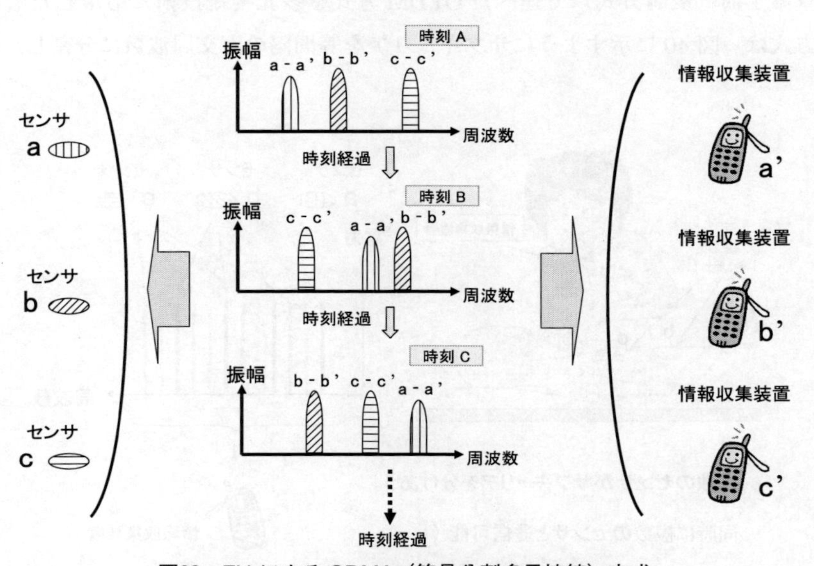

図38　FH による CDMA（符号分割多元接続）方式

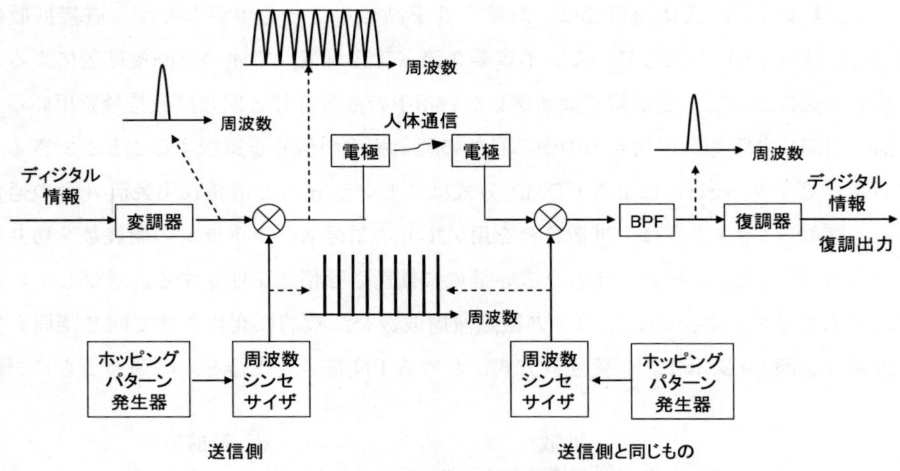

図39　FH による CDMA 方式の構成図

乱数的に変化する局部信号発生器（周波数シンセサイザ）に置き換えたものである。FH 方式は時間を止めてみると，その瞬間では FDMA 方式と同じように，空間に対して異なる周波数を用いて複数の無線設備を共存させているとも考えられる。ただし，FH 方式では時間とともに通信する周波数を切り替えるので，通信が確立するには，送信側と受信側で同期のとれた同じホッピングパターンの局部信号発生器を持つ必要がある。

4.4　OFDMA（直交周波数分割多元接続）方式

OFDMA（直交周波数分割多元接続：orthogonal frequency division multiple access）方式は，本章第 1 節（変調方式）で述べた OFDM 方式を多元接続技術に応用したものである。OFDMA 方式は，図 40 に示すようにサブキャリアを等間隔の直交周波数に分割し，多元接続す

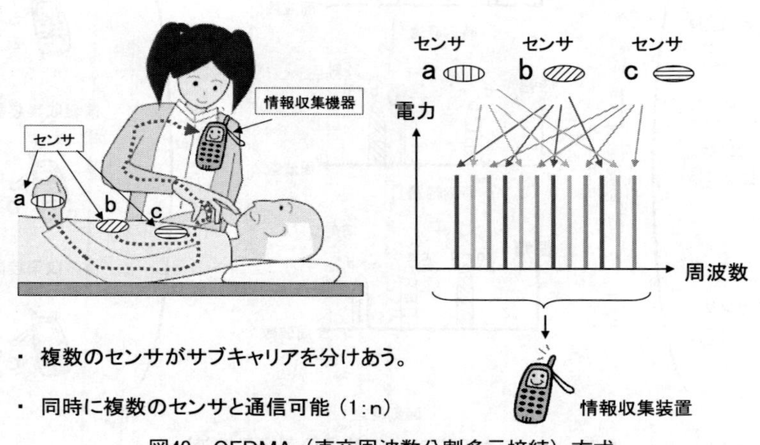

図40　OFDMA（直交周波数分割多元接続）方式

る。OFDM方式では一つの生体情報センサがすべてのサブキャリアを使い一台の情報収集装置と高速で通信することが目的であるが，OFDMA方式ではOFDM方式のサブキャリアをいくつかのグループに分け，そのグループの決められたサブキャリアをグループの中から抜き出し，それらをaが通信するためのサブキャリアの集合，bが通信するためのサブキャリアの集合，cが通信するためのサブキャリアの集合…として，パイロット信号で同期を取りながら多元接続を行う。

5　電極とアンテナの設計

人体通信の送信機と受信機は，電子回路と空間とのインターフェースとしてアンテナや電極が必要である。UHF帯電磁波方式（WBAN）ではアンテナを用いるが，これは，従来のアンテナ設計技術を用いて設計できる。しかし，電界方式や電流方式の人体通信の電極は，小さな金属平板を用いるが，その設計はアンテナ設計の概念とは異なり，通信するシーンにより電極の配置などを考える必要がある。本節ではアンテナと電極の設計について説明する。

5.1　アンテナから電磁波が放射されるメカニズムと電波伝搬

5.1.1　平衡給電型アンテナと不平衡給電型アンテナ[17)]

アンテナは図41に示すような平衡給電型アンテナと，大地（グラウンド）と共に動作する不平衡給電型アンテナに分類される。平衡給電型アンテナとしては1/2波長ダイポールアンテナ，不平衡給電型アンテナとしては1/4波長モノポールアンテナが代表的なアンテナである。不平衡給電型アンテナは，図に示すように実際の放射素子と同じ形状の映像（イメージ）的な放射素子が大地（グラウンド）の下側に映し出されて，それも含めてアンテナとしての動作を考える。

5.1.2　アンテナから電磁波が放射されるメカニズム

通常の無線通信は遠くに離れた場所にある相手との通信を目的としているが，人体通信は人体

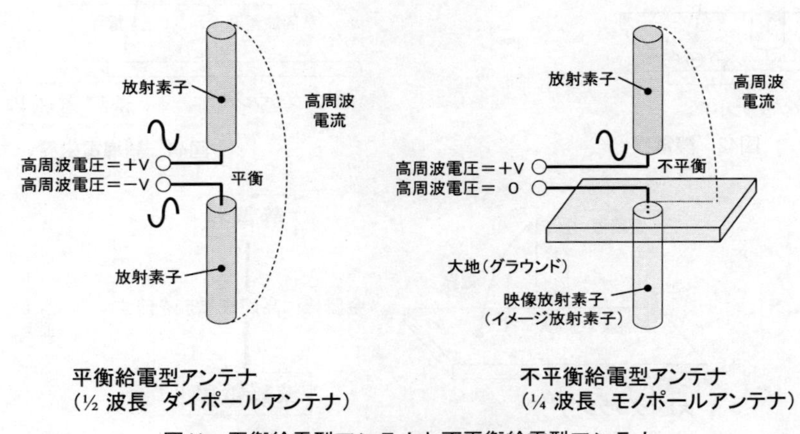

図41　平衡給電型アンテナと不平衡給電型アンテナ

近傍での通信となるので，遠方とは電界と磁界の振る舞いが異なる。以下に，大地（グラウンド）の上に金属棒が立っている不平衡給電型アンテナの電界と磁界の振る舞いと，アンテナから電磁波が放射されるメカニズムを説明する。

大地（グラウンド）の上に金属棒が立っているとき，金属棒と大地では電荷の量が異なるので，その両者の間には電界が生じている。金属棒が動かない場合は，その電界は変化しない。この電界の状態を「静電界」（図 42）という。

図 43 に示すように，大地に立てた金属棒と大地間に高周波電源を接続し，金属棒に高周波電流を流すと，金属棒近傍の電界は変化する。また，人体は周波数が低い領域では導体と考えてよいので，人体も金属棒と同様に扱い，人がわずかにでも動くと人の近傍の電界は変化する。このように金属棒や人の近傍での電界が変化する場を「準静電界」と呼ぶ。電界方式の人体通信は，この準静電界の場で通信を行う。

人と大地の間に電界が生じると，図 44 に示すように磁界が発生する。ここでは，準静電界で生じた電界と発生した磁界が混在しており，この場を「誘導電磁界」と呼ぶ。

誘導電磁界で発生した磁界は，図 45 に示すように空間に準静電界の電界を打ち消す方向にループ状の電界を発生する。この電界は大地がなくとも発生する。この先は，電界と磁界が交互に発生し，安定に電磁波が伝播する。この場を「放射電磁界」と呼ぶ。本書で扱う UHF 帯電磁波方式人体通信（WBAN も含む）は，放射電磁界の領域で通信を行う。図 46 に示すように，空間では電波が伝搬し，受信側では送信側と逆のプロセスで金属棒に高周波電流が流れる。

5.1.3 準静電界，誘導電磁界，放射電磁界[18)]

準静電界，誘導電磁界，放射電磁界を説明するにあたり，図 47 に示す座標系の微小ダイポー

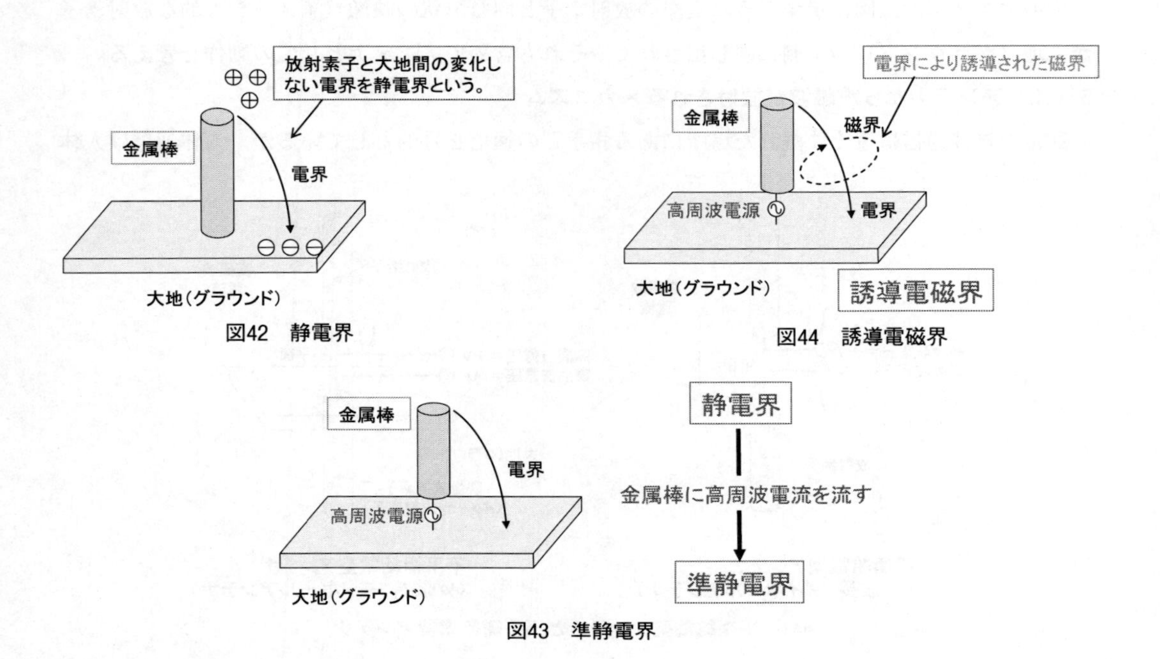

図42　静電界

図44　誘導電磁界

図43　準静電界

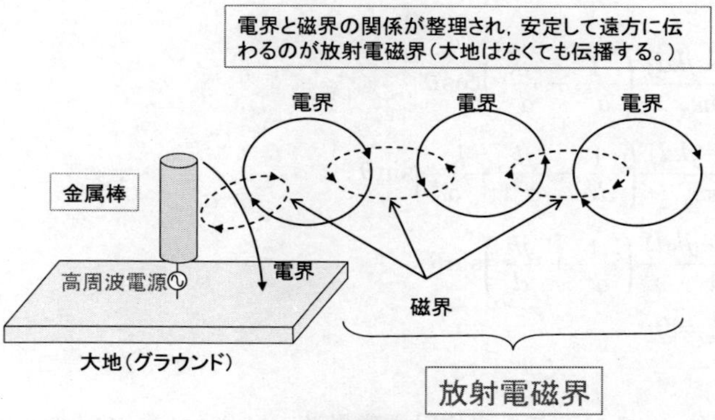

電界と磁界の関係が整理され，安定して遠方に伝わるのが放射電磁界（大地はなくても伝播する。）

図45　放射電磁界

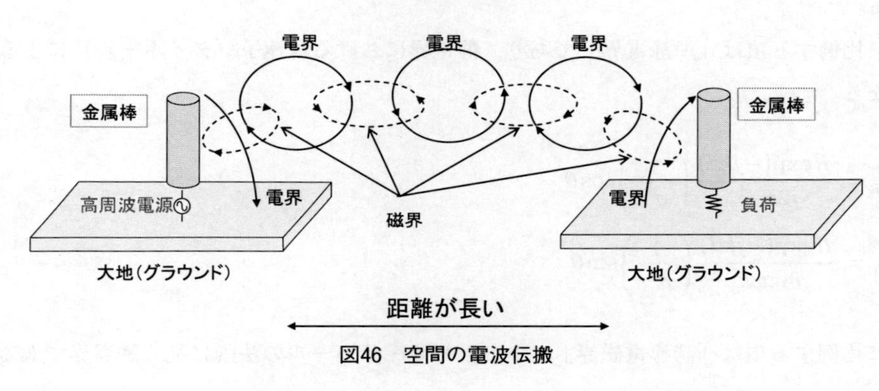

図46　空間の電波伝搬

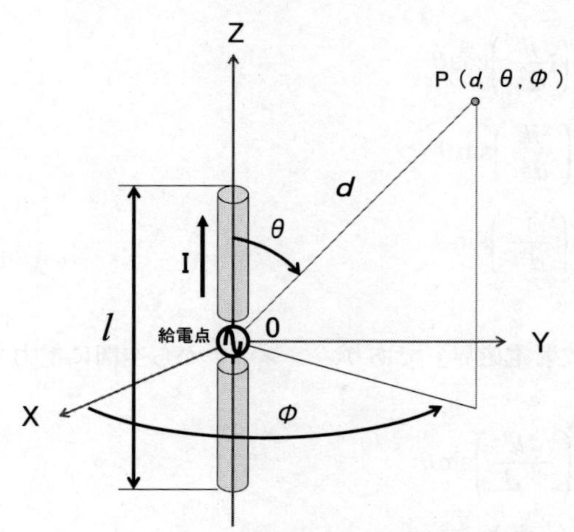

図47　微小ダイポールアンテナの座標系

ルアンテナの放射電磁界を説明する。

長さ l の導線に流れる電流を I，真空中の誘電率を ε_0 とすると，長さ l が波長に対して非常に短い微小ダイポールアンテナの給電点から距離 d の点Pにおける電界 E と磁界 H は式（2）で与えられる。

$$\begin{cases} E_R = \dfrac{Il\exp(-jkd)}{j2\pi\omega\varepsilon_0}\left(\dfrac{1}{d^3}+\dfrac{jk}{d^2}\right)\cos\theta \\ E_\theta = \dfrac{Il\exp(-jkd)}{j4\pi\varpi\varepsilon_0}\left(\dfrac{1}{d^3}+\dfrac{jk}{d^2}-\dfrac{k^2}{d}\right)\sin\theta \\ H_\phi = \dfrac{Il\exp(-jkd)}{4\pi}\left(\dfrac{1}{d^2}+\dfrac{jk}{d}\right)\sin\theta \\ E_\phi = H_R = H_\theta = 0 \end{cases} \tag{2}$$

この式から，ダイポールアンテナの放射電磁界は，$1/d^3$，$1/d^2$，$1/d$ の３項より成り立つことがわかる。

$1/d^3$ に比例する項は「準静電界」であり，静電界における双極子（ダイポール）による電界と等価になる。

$$\begin{cases} E_R = \dfrac{Il\exp(-jkd)}{j2\pi\omega\varepsilon_0}\left(\dfrac{1}{d^3}\right)\cos\theta \\ E_\theta = \dfrac{Il\exp(-jkd)}{j4\pi\varpi\varepsilon_0}\left(\dfrac{1}{d^3}\right)\sin\theta \end{cases} \tag{3}$$

$1/d^2$ に比例する項は「誘導電磁界」であり，ビオ・サバールの法則に従う誘導界である。

$$\begin{cases} E_R = \dfrac{Il\exp(-jkd)}{j2\pi\omega\varepsilon_0}\left(\dfrac{jk}{d^2}\right)\cos\theta \\ E_\theta = \dfrac{Il\exp(-jkd)}{j4\pi\varpi\varepsilon_0}\left(\dfrac{jk}{d^2}\right)\sin\theta \\ H_\phi = \dfrac{Il\exp(-jkd)}{4\pi}\left(\dfrac{1}{d^2}\right)\sin\theta \end{cases} \tag{4}$$

$1/d$ に比例する項は「放射電磁界」であり，アンテナから空間に電力を放射する成分である。

$$\begin{cases} E_\theta = \dfrac{Il\exp(-jkd)}{j4\pi\varpi\varepsilon_0}\left(-\dfrac{k^2}{d}\right)\sin\theta \\ H_\phi = \dfrac{Il\exp(-jkd)}{4\pi}\left(\dfrac{jk}{d}\right)\sin\theta \end{cases} \tag{5}$$

これらの電界の振幅は，$d = \lambda/(2\pi)$ で一致する。表３に，$d = \lambda/100$，$d = \lambda/(2\pi)$，$d = 5\lambda$ の３距離における電界の振幅を比較する。$d \ll \lambda/(2\pi)$ では準静電界，$d \gg \lambda/(2\pi)$ では放射電磁界が支配的になる。電界方式や電流方式の人体通信は準静電界の場で，UHF 帯電磁波方式の人体通信は，主に放射電磁界の場で通信が行われる。

表3　d に対する電界振幅の比較

d	準静電界	誘導電磁界	放射電磁界
$\lambda/100$	1	0.063	0.0039
$\lambda/(2\pi)$	1	1	1
5λ	0.001	0.032	1

5.2　電界方式人体通信の電極

人体近傍の電界を利用する電界方式人体通信は，人体と電極は容量結合による非接触で通信が行われる。実際には，電界方式人体通信に用いる電極は，人体通信装置の形状（大きさ）の制限から寸法を決められることが多く，通常，数 mm から数十 mm の大きさの金属平板を用いる。

5.2.1　電界方式人体通信の電極設計

電界方式人体通信は，送信機と受信機をどのように設置するかによって通信の安定性が決まるため，一概に電極の設計に関する議論をすることは難しい。以下に電界方式人体通信用電極の設計について述べるが，送信側も受信側も電極の設計は同じように考えることができるので，本節では受信側の電極設計のみを説明する。電界方式人体通信用の電極は，図 48 に示すように，通信パス用電極（ホット電極）と電流還流パス用電極（コールド電極）から構成される。ホット電極とコールド電極は，両電極間で容量結合（図中の Cp）をしている。人体から受信する高周波信号はホット電極からコールド電極へ，この Cp を介してリークしてしまい，効率良い受信ができない。そこで，その Cp の影響をなくすために，コンデンサ（Co）とコイル（Lo）を用い，ホット電極とコールド電極の間に並列共振回路を構成し，両電極を電気的に分離する。並列共振回路とは，その共振周波数 *fo* においてインピーダンスが無限大になる回路である。ここでは *fo* は通信で用いる搬送波周波数と同じとする。並列共振回路では，*fo*，Cp，Co，Lo の関係は以下の式で表される。

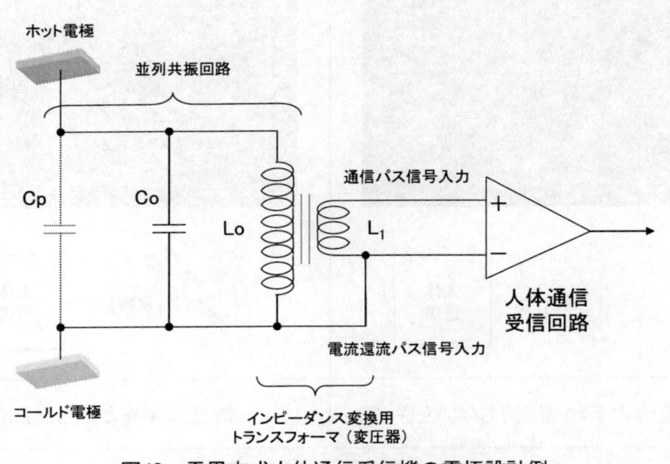

図48　電界方式人体通信受信機の電極設計例

$$fo = \frac{1}{2\pi\sqrt{Lo(Cp + Co)}} \qquad (6)$$

足が大地と容量結合している人がホット電極に手を近づけると，ホット電極とコールド電極に人体の抵抗成分が並列に接続されるので，この並列共振回路に並列に抵抗が付加されたことと等価となり，両電極間のインピーダンスが低下する。この低下した電極側インピーダンスと受信回路の入力インピーダンスを，Lo と L_1 で構成されるトランスフォーマ（変圧器）で最適なインピーダンス変換を行う。以上が電極の設計方法の一例である。

図 49 にこの設計手法で設計した電極のリターンロス特性（S11）を示す。電極に手をかざさないときは，図の左側に示すように電極のインピーダンスは非常に高くなっているが，人がホット電極に手をかざすと図の右側に示すように通信している周波数での電極間インピーダンスが低下し，トランスフォーマにより受信回路の入力インピーダンスへ変換することにより，受信回路に効率よく高周波信号が送り込まれる。

この手をかざすときとかざさないときのインピーダンスの変化を読み取り，その変化で受信回路の電源を制御すれば，図 50 に示すような非常に低消費電力である人体通信受信機が構築できる。

5.2.2　電界方式人体通信の利用シーンによる電極設計[11)]

電界方式人体通信では，送信機と受信機の各々の電極は，図 51 に示すように電極同士や人体，大地，周囲の物などと容量結合をしている。この環境下で人が動くと，人体近傍の電界の様子は大きく変化する。以下に人体通信利用シーンの電極間の容量結合と通信の安定性の関係を整

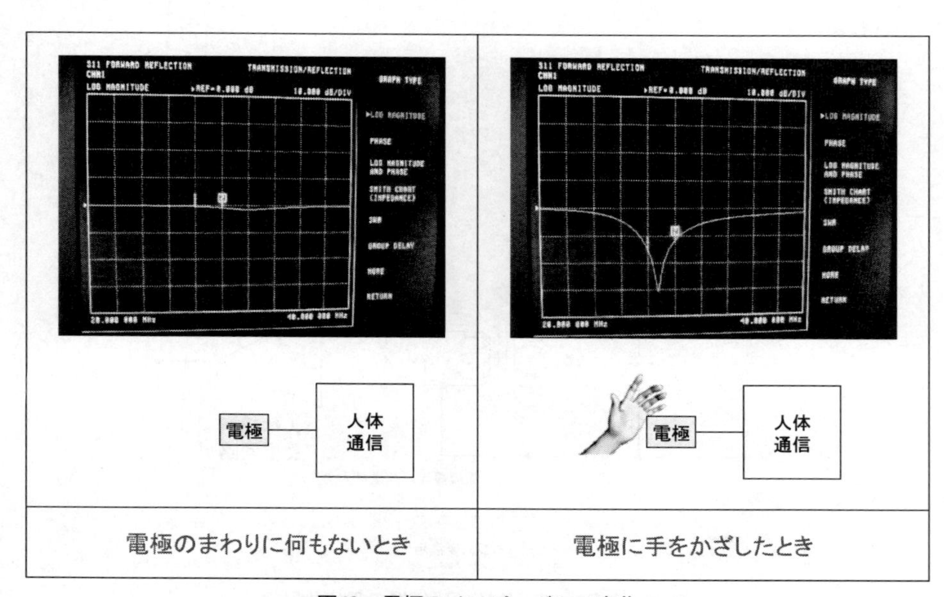

図49　電極のインピーダンス変化

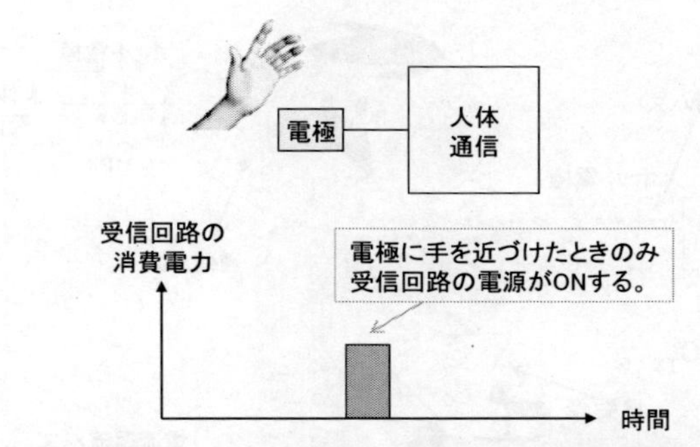

図50　電極に手をかざしたときのみ人体通信装置が起動する

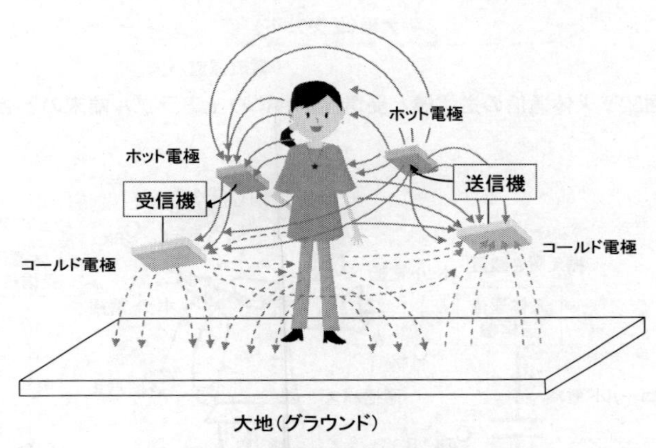

図51　電界方式の人体通信

理するが，ここでは，電極周りの容量結合すべてを考えると解析が複雑になるため，人体を伝送路とする通信パスと，大地（グラウンド）経由での電流還流パスについてのみに着目して説明する。

(1)　人体通信の送信機と受信機が共にウェアラブル端末のとき

図52に人体通信の送信機と受信機が共にウェアラブル端末の利用シーンを示す。通信パスにある人体通信送信機のホット電極と人体通信受信機のホット電極と人体の間，電流還流パスにある人体通信送信機と受信機のコールド電極と大地は非接触である。また，通信パスの信号の一部は人体を介して大地にC_{GND}を介してリークし，これは損失となる。結合容量であるC_{TX}，C_{TX_R}，C_{RX}，C_{RX_R}，C_{GND}は，人が動くと，各々の結合容量は独立して変わるので，この場合の人体通信は安定とはいえない。

(2)　人体通信の送信機が据え置き装置，受信機がウェアラブル端末のとき

図53に人体通信の送信機が据え置き装置，受信機がウェアラブル端末の利用シーンを示す。結合容量であるC_{TX}，C_{TX_R}，C_{RX}，C_{RX_R}，C_{GND}の中で，人が動くと，C_{TX}，C_{RX}，C_{RX_R}，C_{GND}の結合容量は独立して変わるが，据え置きの人体通信送信機に接続されたコールド電極の大地との容量C_{TX_R}は変化しないので，（1）の場合より通信は安定である。

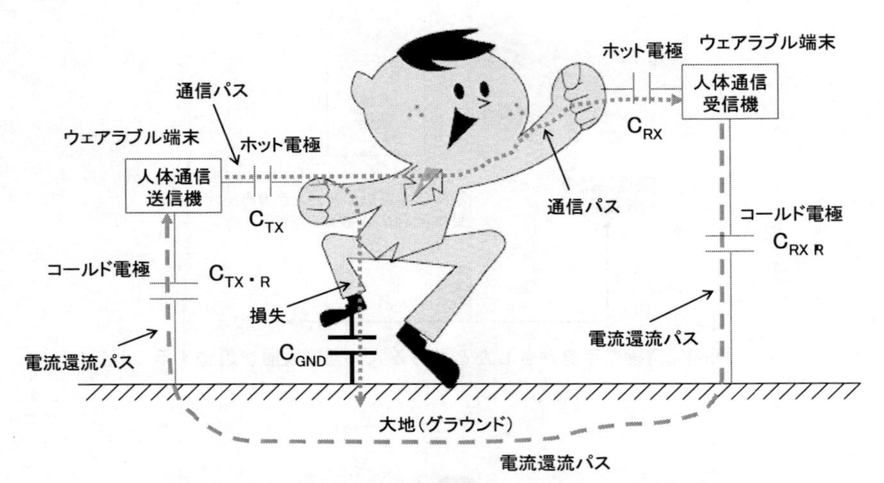

図52　人体通信の送信機と受信機が共にウェアラブル端末のとき

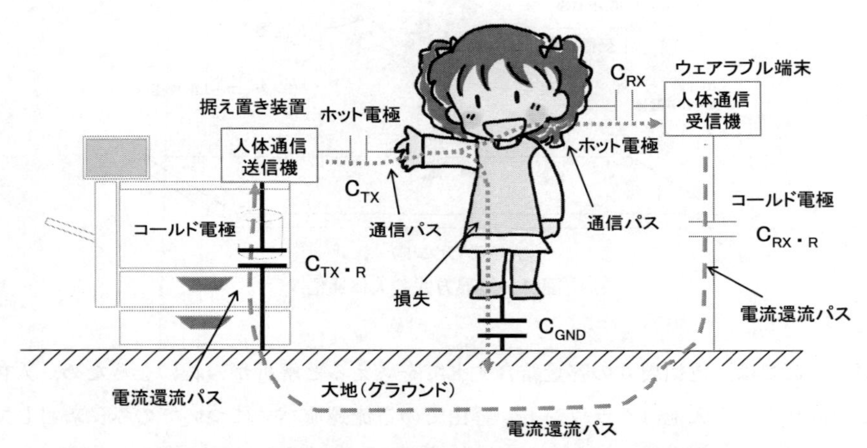

図53　人体通信の送信機が据え置き装置，受信機がウェアラブル端末のとき

(3)　人体通信の送信機と受信機が共に据え置き装置のとき

図 54 に人体通信の送信機と受信機が共に据え置き装置の利用シーンを示す。結合容量である C_{TX}，C_{TX_R}，C_{RX}，C_{RX_R}，C_{GND} の中で，人が動くと，C_{TX}，C_{RX}，C_{GND} の結合容量は独立して変わるが，人体通信送信機と受信機は共に据え置きであるので，各々のコールド電極の大地との容量 C_{TX_R} と C_{RX_R} は変化しない。そのため，前記の二つの利用シーンよりも通信は安定である。また，送信機と受信機のコールド電極を取り外し，送信機と受信機双方の電極接続端子を導線で結線すれば，送信回路と受信回路の基準電位が一致し，より安定な人体通信環境を実現できる。

5.3　電界方式人体通信受信機の電極最適化

電界方式人体通信受信機の電極の最適化について述べる。人体通信の送信機と受信機は，図 55 に示すように容量結合している。通信パスにおいて，送信機のホット電極から送出される高

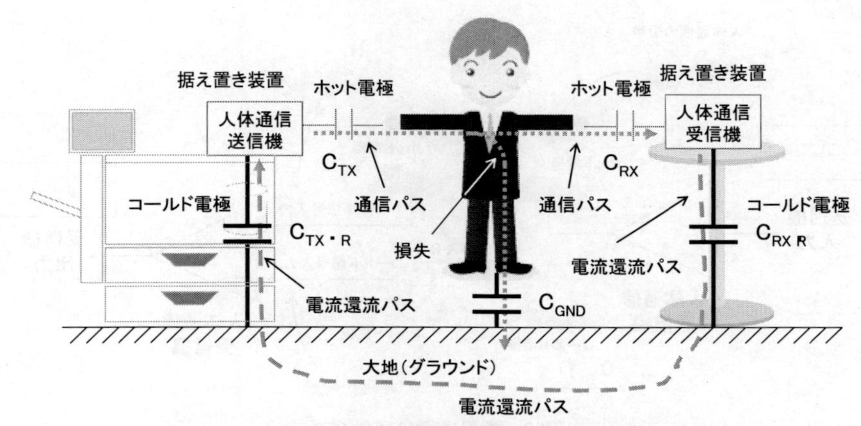

図54　人体通信の送信機と受信機が共に据え置き装置のとき

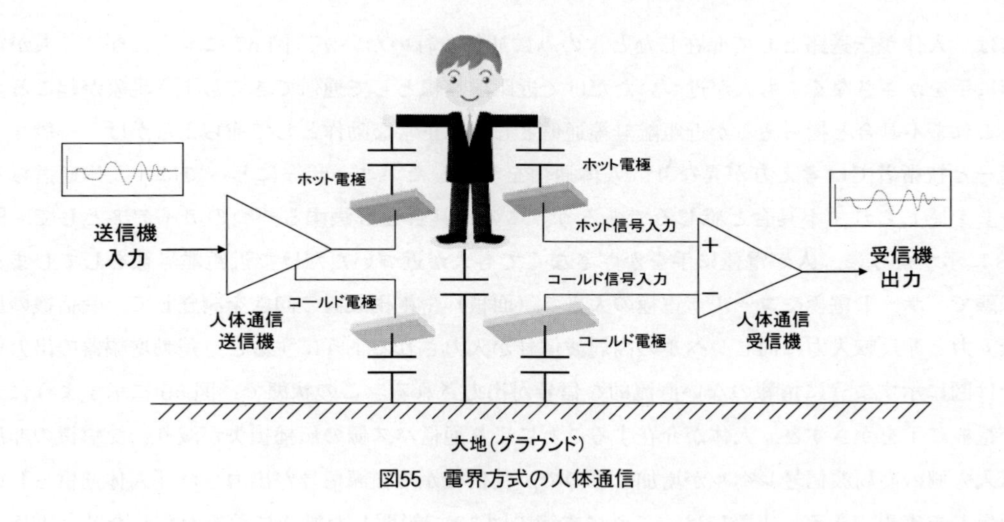

図55　電界方式の人体通信

周波信号は，人体を介して受信機のホット電極へと導かれる。一方，電流還流パスでは，受信機のコールド電極から大地を介して送信機のコールド電極へと電流が還流する。コールド電極と大地の容量結合が強いときは，大地の安定な電位で，送信機と受信機の各々の回路基準電位は安定するが，現実は，そのような状況で人体通信を行えることは非常にまれである。

無線通信や人体通信の受信機の入力回路は，作動増幅回路と考えることができ，通常，反転入力（図の人体通信受信機におけるコールド信号入力（−）側）に与えられる基準電位と，非反転入力（図の人体通信受信機におけるホット信号入力（+）側）に入力される高周波信号の電圧差が増幅器で増幅され，受信機内で復調を行い情報を出力する。しかし，多くの電界方式人体通信の場合は，コールド電極は非常に小さな静電容量で大地や人体と結合しており，また，送信機と受信機の距離が近いため，図 56 に示すように受信機のコールド電極は，安定な基準電位ではなく，送信機のホット電極から送信された高周波信号も飛び込んでくる。その振幅の異なる二つの高周波信号が差動増幅回路で増幅され，受信機から復調信号が出力されてしまう。本来，人体通

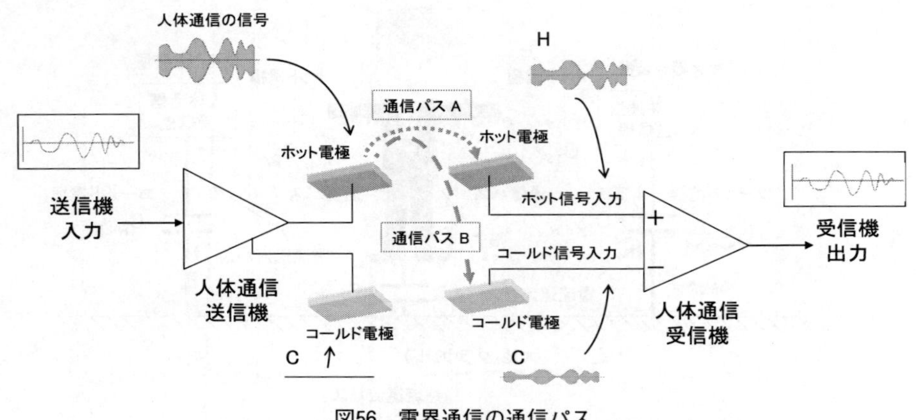

図56　電界通信の通信パス

信は，人体が伝送路として介在したときのみに通信を行いたいが，図57に示すように，人が電極に手をかざさなくても人が近づいただけで近距離無線として通信できてしまう現象が起こる。

これを不具合と捕らえるか近距離無線通信としては正常な動作として捕らえるかは，一般ユーザーと技術者では考え方が異なり，人体通信を利用したいユーザーにとっては「人体通信らしさ」を感じられず不具合と感じるであろう。この不具合を解決する一つのアイデアとして，図58に示すように，人が電極に手をかざさなくても人が近づいただけで近距離無線をしてしまう状態で，ホット電極やコールド電極の大きさ（面積）や電極設置の向きを調整して，受信機の反転入力と非反転入力に同じレベルの高周波信号が入力されるようにすると，差動増幅器の出力信号は図に示すように情報のない直流的な信号が出力される。この状態で，図59に示すように人が電極に手をかざすと，人体が介在することにより通信パス側の伝播損失が減り，受信機の非反転入力側の高周波信号レベルが増加するので，受信機から復調信号が出力され「人体通信らしい通信」を実現できる。実際には，これに本節の図50で説明した電極に手をかざした時の電極インピーダンスの低下を検知したり，静電センサを併用するなどして，人体が介在したときのみ，より人体通信らしい動作を実現する。

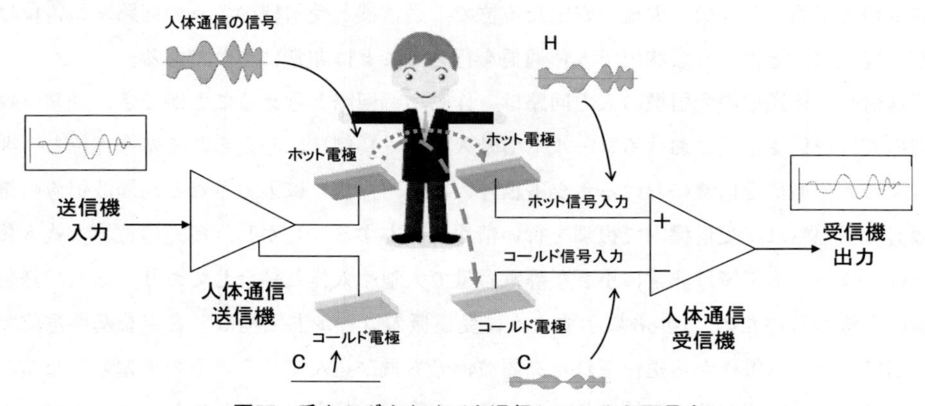

図57　手をかざさなくても通信してしまう不具合

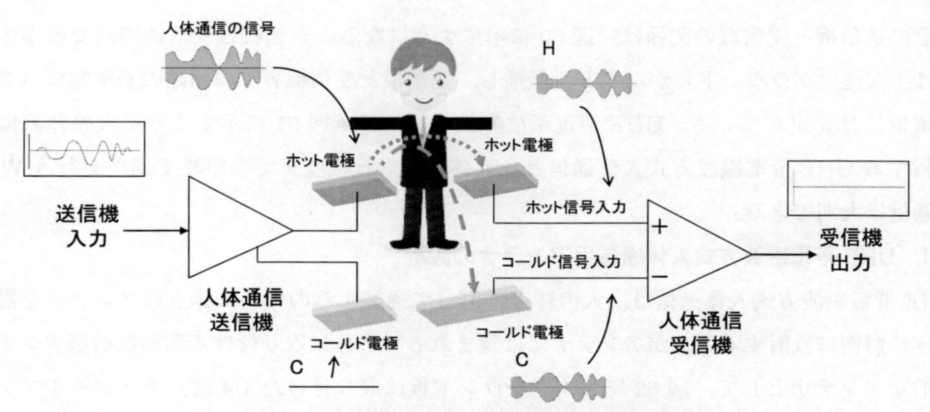

図58　通信しないように受信側の電極を調整

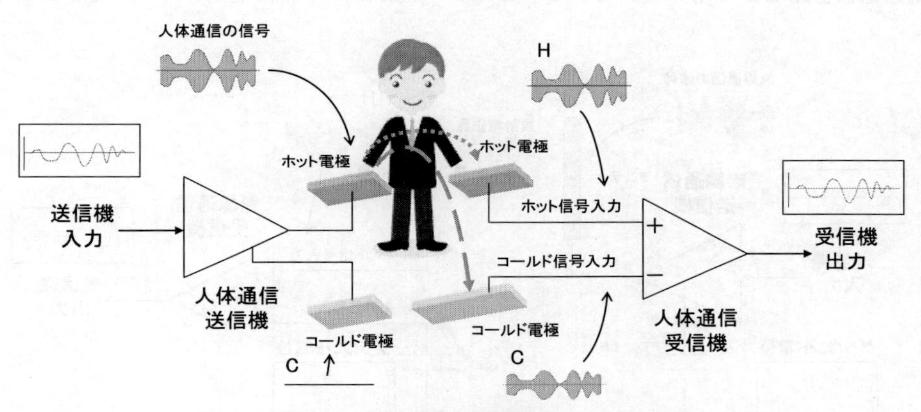

図59　手をかざすと人体通信として通信

5.4　電流方式人体通信の電極設計

電流方式人体通信では人がホット電極に手が接触して通信を行う。これは，図52～図54に示した電界方式人体通信のホット電極が短絡される（C_{TX} と C_{RX} が直流的に短絡される）ことと等価である。コールド電極は，電界方式のコールド電極と同じように設計する。

5.5　超音波方式人体通信の電極設計

超音波方式人体通信では，音響的に人体と送信機や受信機を接続するので，アンテナや電極は用いず，電気信号を音響信号に変換する超音波スピーカ（超音波トランスデューサ）と，音響信号を電気信号に変換する超音波マイクを用いる。このとき，人体と超音波スピーカの間，人体と超音波マイクの間の音響インピーダンス整合を行い伝搬損失を少なくする。

5.6　UHF帯電磁波方式人体通信のアンテナ設計[2, 16, 19)]

UHF帯電磁波方式の人体通信は近距離無線通信となる。放射電磁界の場での通信となるため，その送信機と受信機の関係は，図60に示すようになる。送信機と受信機の間で伝播する電磁波は，大地（グラウンド）がなくとも伝播し，送信機と受信機各々の回路の基準電位（グラウンド電位）は安定している。UHF帯電磁波方式の通信は，図61に示すように人の体表に沿って通信するUHF帯電磁波方式人体通信と，人体から3m程度までの距離で通信を行うWBAN人体通信に大別できる。

5.6.1 UHF帯電磁波方式人体通信用アンテナの設計

UHF帯電磁波方式人体通信は，人の体表に沿って通信するので，人体上にアンテナを設置したときに側面に放射することがアンテナには望まれる。人体に取り付ける側面放射型アンテナの代表的なアンテナとして，図62に示すグラウンド板に取り付けた1/4波長モノポールアンテナがある。このアンテナは同軸ケーブルで直接給電できる不平衡給電型アンテナであり，携帯電話や移動通信機器用などで用いられている。このアンテナは，平衡給電型アンテナであるダイポー

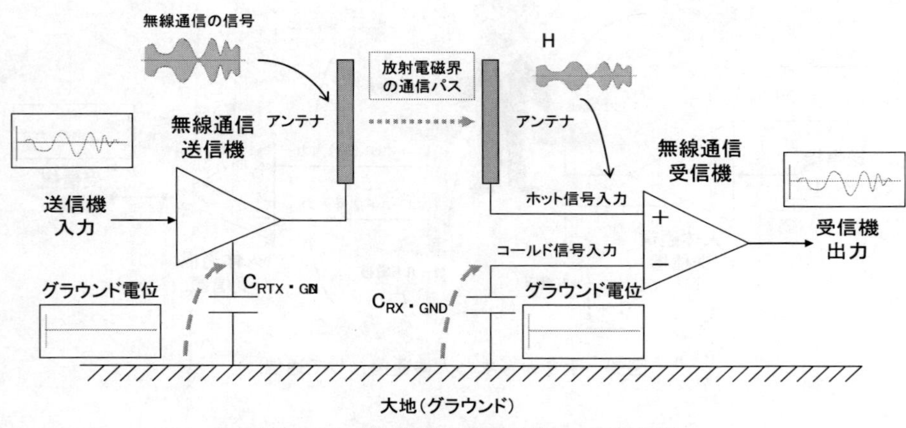

図60　UHF帯電磁波方式人体通信の電波伝搬

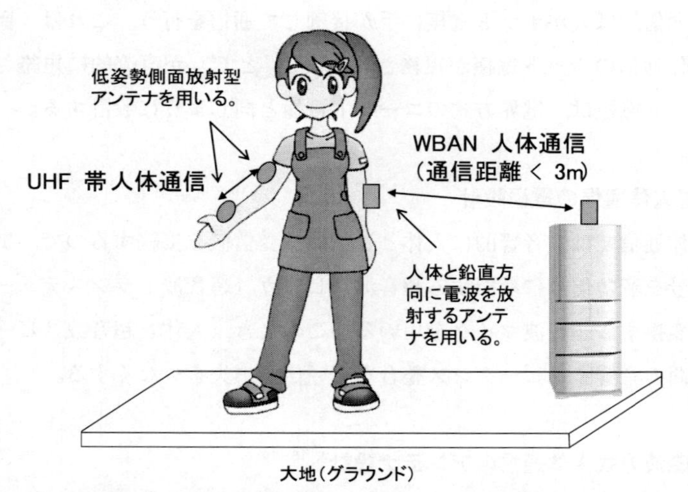

図61　UHF帯電磁波方式人体通信用アンテナとWBAN用アンテナの考え方

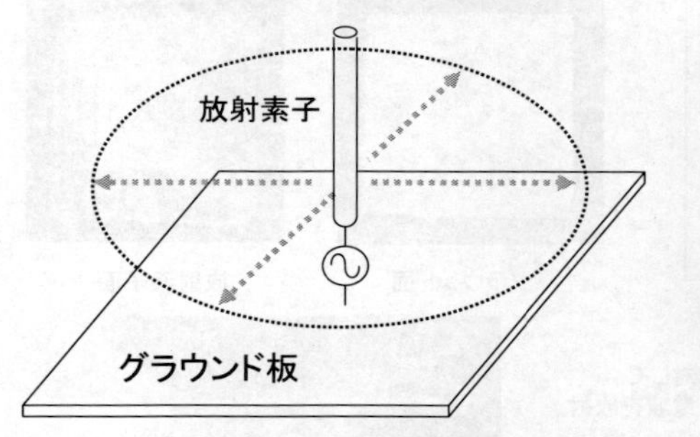

図62　モノポールアンテナ

ルアンテナの放射素子の半分をグラウンド板上に配置したアンテナで，グラウンド板に対し垂直偏波で，その放射特性は水平面内無指向性である。ウェアラブル機器に取り付けるときは低姿勢（高さが低い）アンテナが望ましい。そのために放射素子を高誘電率の基板に沿わせたものや，ヘリカル状にしてアンテナを低姿勢にしているものが実用化されている。

5.6.2　WBAN 人体通信のアンテナ設計

人体から 3m 程度までの距離で通信を行う UHF 帯 WBAN 人体通信は，人体に対して鉛直方向に電波を飛ばしたい。この目的を満足するように，周囲長が 1 波長のループアンテナやパッチアンテナが用いられている。

1 波長ループアンテナは，図 63 に示すようにループ面と直交する方向に放射が起こり，その入力インピーダンスも 130Ω付近で平衡給電線路との整合が容易で，自己平衡作用があり，平衡型給電線（平行 2 線）でも不平衡型給電線（同軸ケーブル）でも給電が可能である。グラウンド板を必要とせずアンテナ単体での設計が可能であり，人体近傍で使用しても人体の影響を受けにくい。

パッチアンテナ（マイクロストリップアンテナ）は，図 64 に示すようにグラウンド板の上に

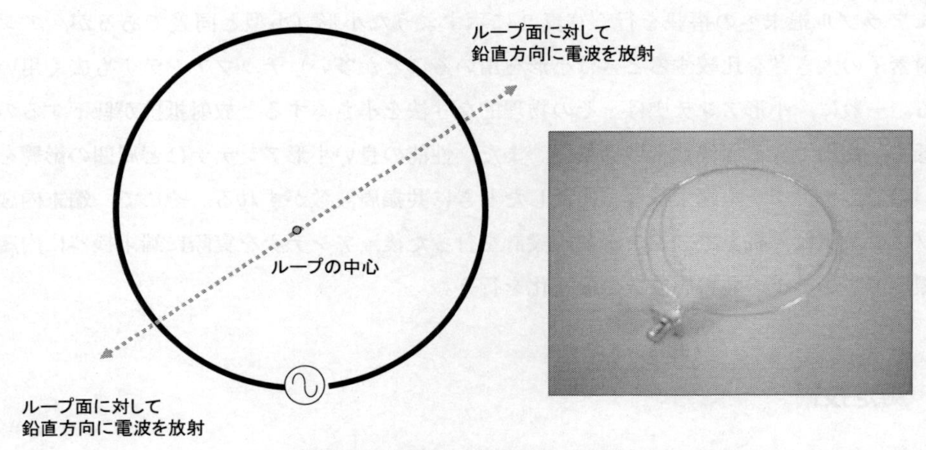

図63　1 波長ループアンテナの構造

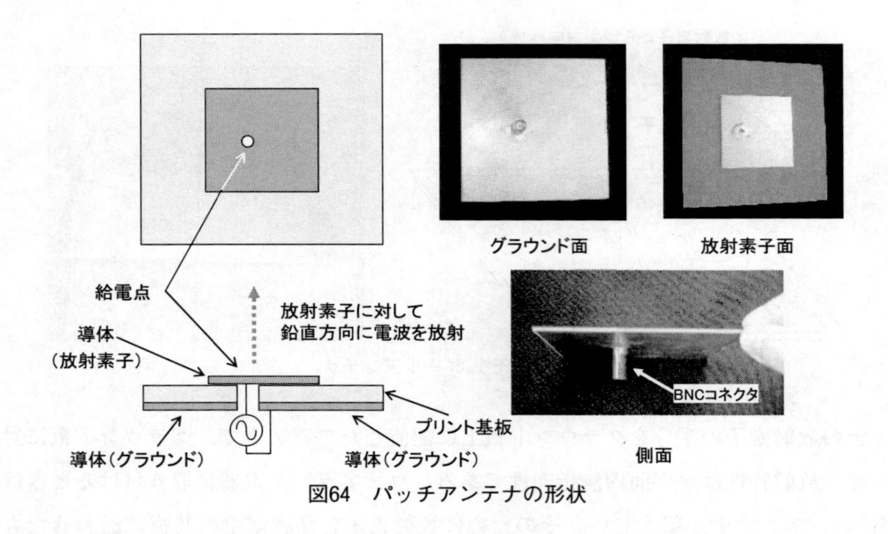

図64　パッチアンテナの形状

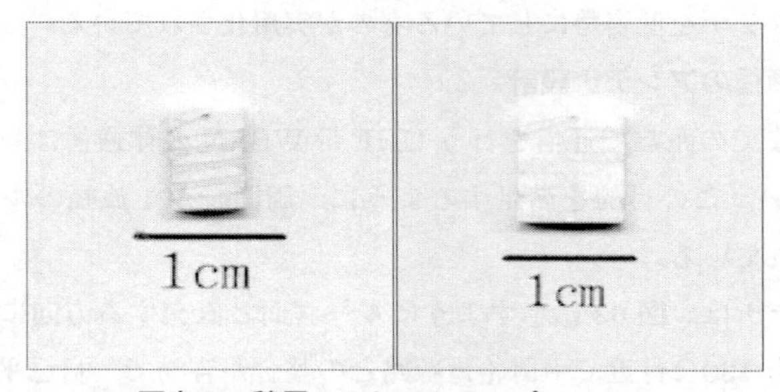

写真２　積層セラミックチップアンテナ
（写真提供：韓国 忠南国立大学　禹 鍾明 氏）

基板を挟んで放射素子を配した平面アンテナである。放射素子と鉛直方向に電波を放射し利得も高い。人体通信用としては扱いやすいアンテナである。

5.6.3　端末内蔵小形チップアンテナの設計

ウェアラブル端末への搭載を行う写真２に示すような小形（小型と同義であるが，アンテナの放射素子の大きさを比較するときは小形を用いることが多い）チップアンテナも広く用いられている。一般に，小形アンテナは，その物理的な寸法を小さくすると放射抵抗が低下するので利得は低く，使用できる周波数帯域も狭い。また，性能の良い小形アンテナほど周囲の影響を受けやすいので，アンテナを端末機器に内蔵したときに共振周波数がずれる。そこで，端末内蔵小形チップアンテナは，机上でアンテナ基本設計を行った後，アンテナを実際に端末機器に内蔵した使用環境でアンテナの共振周波数の最適化を行う。

6　測定技術

本節では人体通信の測定技術を述べる。UHF 帯電磁波方式（WBAN を含む）は，既存の近距離無線設備の測定方法と基本的に同じであるが，電界方式人体通信の測定は，現時点では各社が独自の測定方法を用いている。以下に記す測定方法は筆者らが行っている測定方法である。

6.1　人体通信送信機の発射電波の質[20)]

人体通信の送信機で評価したいのは，その送信される信号の質である。測定したい項目は，送信電力，搬送波周波数，変調スペクトラム，占有周波数帯幅，スプリアス発射の強度である。これらはすべてスペクトラムアナライザで測定できる。測定は図 65 に示すように，人体通信送信機とスペクトラムアナライザを接続する。人体通信送信機の電極（アンテナ）のインピーダンスとスペクトラムアナライザの入力インピーダンスが異なるときは，人体通信送信機とスペクトラムアナライザの間にインピーダンス整合回路を介して接続する。

6.2　人体通信受信機不要輻射の測定

電波法で受信機からの不要輻射強度が規定されている。図 66 に示すようにスペクトラムアナライザで不要輻射強度を測定する。

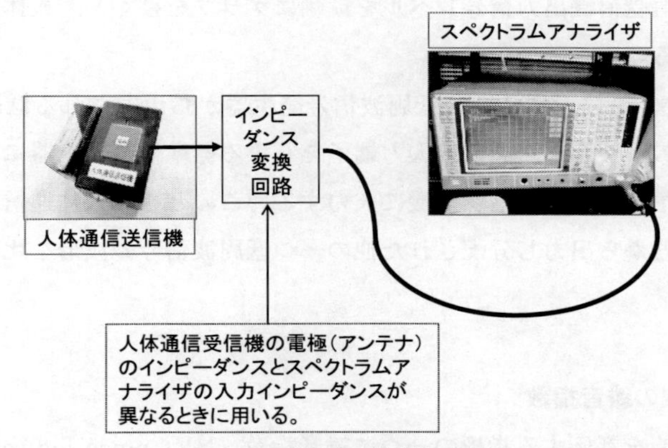

図65　人体通信送信機の測定

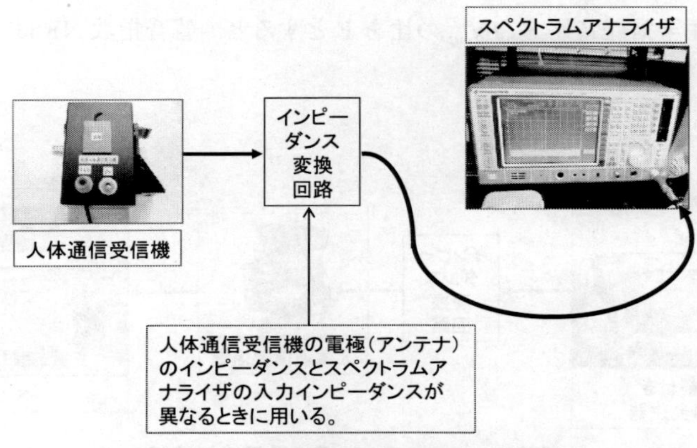

図66　人体通信受信機不要輻射の測定

6.3　アナログ人体通信受信機の評価

アナログ通信の受信機における性能指標は，感度，選択度，忠実度である。図 67 にその測定ブロック図を示す。

・感度の測定：図 67 に示す測定系を用いる。標準信号発生器から無変調の搬送波信号を人体通信受信機に入力すると，受信機出力には雑音が出力される。この雑音レベルが標準信号発生器から搬送波信号を入力したときと入力しないときの差がわかる範囲で搬送波の信号レベルを必要最小に設定し，そのときのレベルメータの値を記録する。次に標準信号発生器から規定の変調をかけた高周波信号を人体通信受信機に入力する。例えばアナログ人体通信受信機として受信感度を示す条件として，出力信号の信号対雑温比（SNR：signal to noise ratio）を 10dB としたとき，出力信号をレベルメータで測定し，信号対雑温比が 10dB になる点での標準信号発生器の出力電力が人体通信受信機の受信感度となる。

・選択度の測定：図 67 に示す測定系を用いる。標準信号発生器から受信機出力が歪まない状況で適当な電力の変調をかけた高周波信号を人体通信受信機に入力する。標準信号発生器の信号の周波数を上下に動かし，人体通信受信機出力信号をレベルメータで測定し，周波数を横軸に，人体通信受信機出力信号レベルを縦軸にグラフを書くと，人体通信受信機の選択度カーブが得られる。

・忠実度の測定：図 68 に示すように低周波信号発生器から出力される低周波信号を二つの信号に分配し，その一つを，変調信号入力端子を有する標準信号発生器に入力し，適当な電力の変調をかけた信号を人体通信受信機に入力する。このときの人体通信受信機出力信号と，低周波信号発生器から出力し分配された他の一つ低周波信号の波形を比較し忠実度を評価する。

6.4　人体通信受信機の雑音指数[2, 3, 21]

一般に受信機の性能を評価する指標の一つに雑音指数（NF：noise figure）がある。これは，受信機を構成する電子回路で発生する雑音を表すもので，例えば増幅器の入力側の信号対雑音比 S_{in}/N_{in} と出力側の信号対雑音比 S_{out}/N_{out} の比を F とすると，雑音指数 NF は，

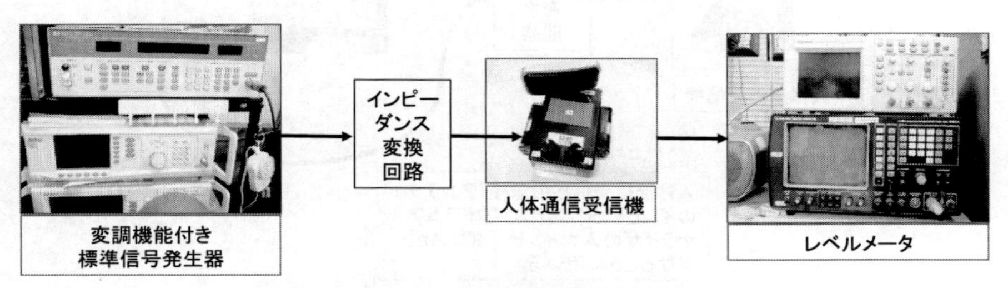

図67　アナログ人体通信受信機の評価

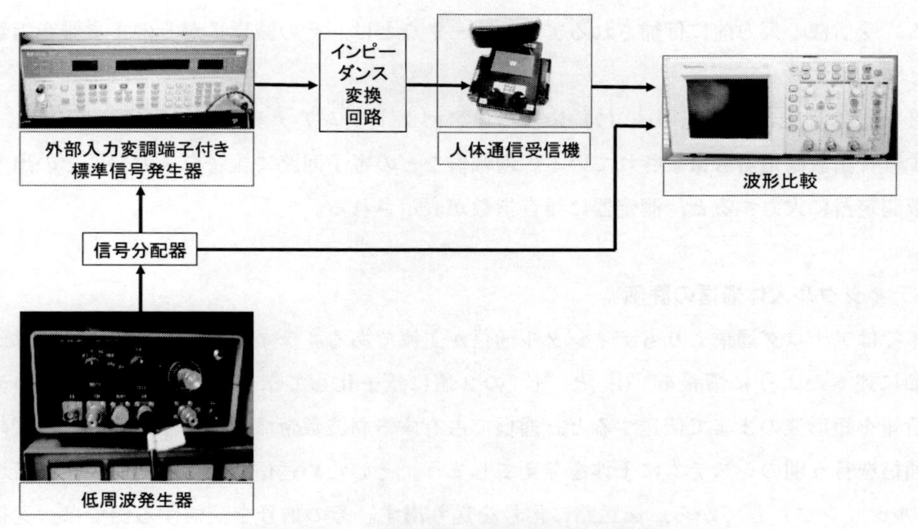

図68　アナログ人体通信受信機の忠実度測定

$$NF = 10\log F = 10\log\left(\frac{S_{in} / N_{in}}{S_{out} / N_{out}}\right)\ [dB] \qquad (7)$$

で表される。周囲温度と帯域で決まる熱雑音 No にこの雑音指数を加えた値が，その受信機の雑音フロアになる。熱雑音 No は以下の式で求められる．No は，有能雑音電力とも呼ばれ，式からもわかるように抵抗値には無関係な電力である。

$$No = kTB\ [W] \qquad (8)$$

ここで，k：ボルツマン定数（1.38×10^{-23} (J/K)），T：絶対温度（K），B：帯域（Hz）

図 69 に示すように，何段かの増幅器がカスケードに接続されているときのトータルの雑音指数 F_{total} は，各増幅器の利得と雑音指数をそれぞれ G_*（真数）と F_*（真数）とすると，

$$F_{total} = F_1 + \frac{F_2 - 1}{G_1} + \frac{F_3 - 1}{G_1 G_2} + \cdots + \frac{F_N - 1}{G_1 G_2 \cdots G_{N-1}} \qquad (9)$$

で計算できる。この式からわかるように，受信機全体の雑音指数は初段の雑音指数が一番支配的

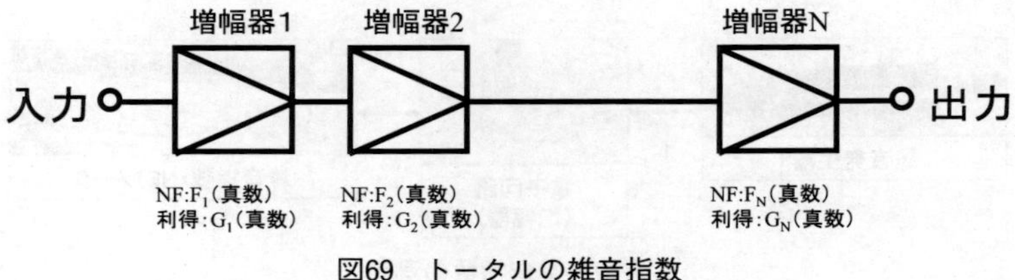

図69　トータルの雑音指数

である。受信機の入力前に付加されるアッテネータなどは，その減衰量がそのまま雑音指数の劣化として計算する。

雑音指数の測定は，上記の式（7）に基づきスペクトラムアナライザで測定できるが，図70に示す雑音指数測定器も市販されている。増幅器などの電子回路に雑音を入力し，その出力を雑音指数測定器に入力すると，測定器に雑音指数が表示される。

6.5 ディジタル人体通信の評価

近年ではアナログ通信よりもディジタル通信が主流である。ディジタル通信については，本章第1節に述べたように情報を“0”と“1”の2値に量子化して伝送する。しかし，このディジタル情報を矩形波のままで伝送すると，通信で占有する周波数帯域が広くなるため，隣接の周波数で通信を行う別のシステムに干渉を与えてしまう。そのため送信機では，その情報を帯域制限（フィルタリング）してから，伝送路に信号を送り出す。その信号を受信する側では，送信機から送られた帯域制限された信号に，伝送路や受信機内部での雑音などの信号劣化要因が加わる。その信号から受信機は2値の情報を再生している。

この通信の過程でどのようなことが起こっているかを，ディジタル情報を伝送する人体通信でも評価したい。この評価には従来のディジタル無線通信と同様にアイパターン（eye pattern）と符号誤り率特性（BER：bit error rate）を測定することで評価を行う。

6.5.1 アイパターン評価

図71にアイパターンの概要を示す。図の上段にある矩形波のディジタル情報を，その情報に同期したクロックで重ね合わせると中段に示すように四角窓が連続して連なっているような波形となる。この信号が，人体通信送信機や伝送路や受信機で帯域制限を受けた過程の後では，図の下段のように「目」が連なっているような波形となり，これをアイパターンと呼ぶ。このアイパターンの開口度や立ち上がり，立下りの波形の様子から，伝送系の周波数特性や位相特性を推測できる。

受信機では矩形波のディジタル情報を再生する。この様子を図72に示す。送信機で帯域制限を行い，そして，伝送路で劣化した信号（図の上段）が，受信機内の矩形波ディジタル情報に再生する識別再生回路に入力される。識別再生回路は，この情報から情報に同期したクロックの周波数成分を抽出し，図の中段に示すようなクロックの再生を行う。この再生されたクロックを用い上段の信号において開口度が最も大きい部分で“0”か“1”かの判定を行い，送信機から送

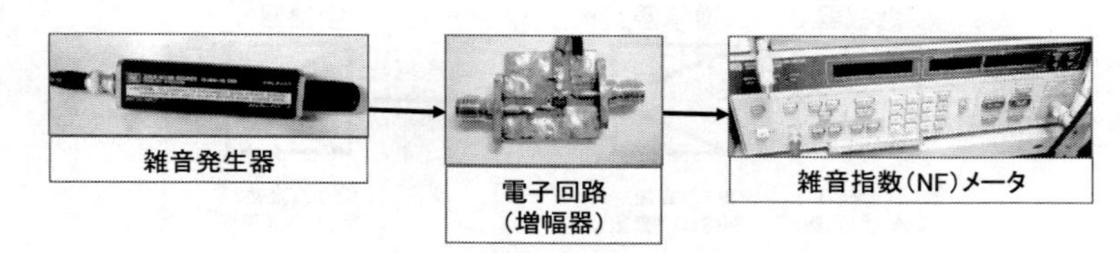

図70　雑音指数の測定

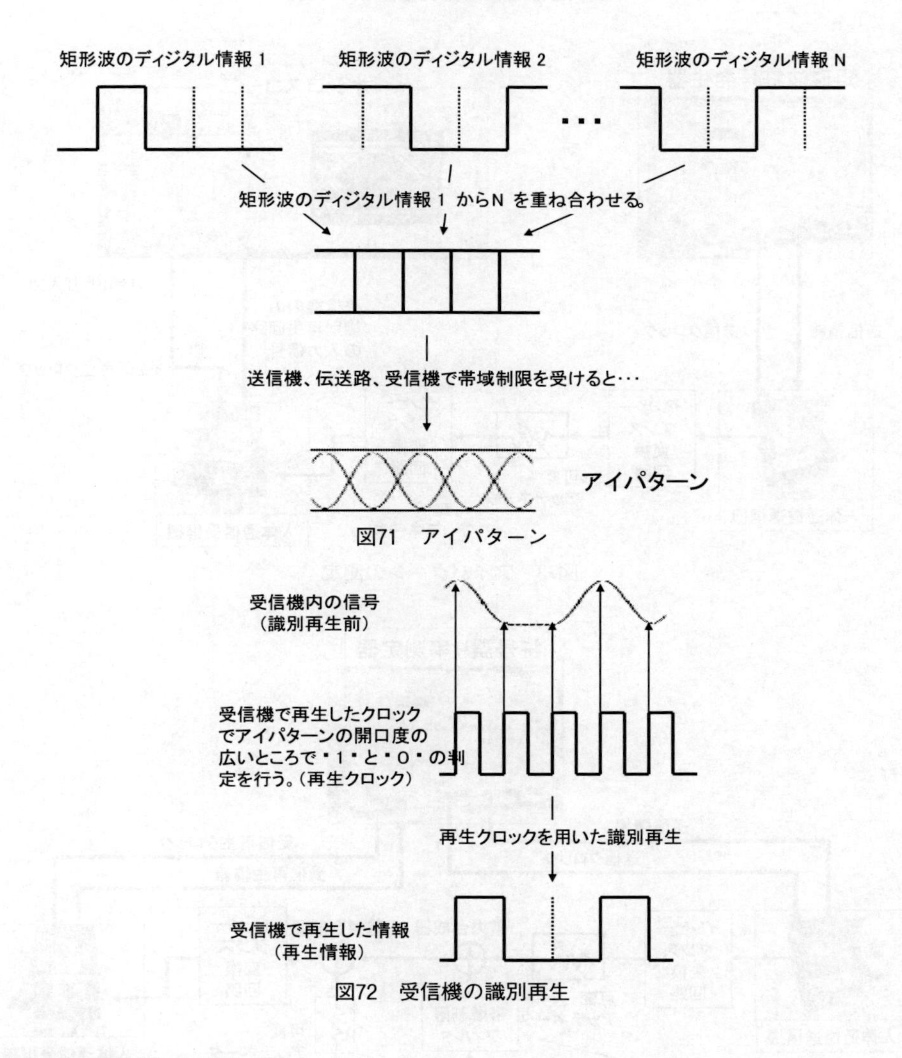

図71　アイパターン

図72　受信機の識別再生

られた情報を受信機から出力する。

図 73 に示すように，アイパターンの測定にはオシロスコープを用いる。人体通信受信機の識別再生回路の入力点で，同じく受信機から出力される再生されたクロックを用いてオシロスコープにトリガをかけると，アイパターンを観測できる。

6.5.2　符号誤り率特性

人体通信でディジタル情報を送るときに，送信機から送った情報に対して，受信機でどれくらい正確に情報が再生されたかを評価する。図 74 に示すような測定系を用いて，その評価には符号誤り率特性（BER）を指標とする。符号誤り率とは，受信側の誤った符号数を送信された符号の総数で割った比である。送信機と受信機の間に雑音を加えるときは，信号対雑音比（SN 比，または SNR）に対する符号誤り率特性，干渉（妨害）信号を加えるときは，目的信号対不要信号比（DU 比，または DUR：desired to undesired signal ratio）に対する符号誤り率特性を測定し，通信システムの評価を行う。

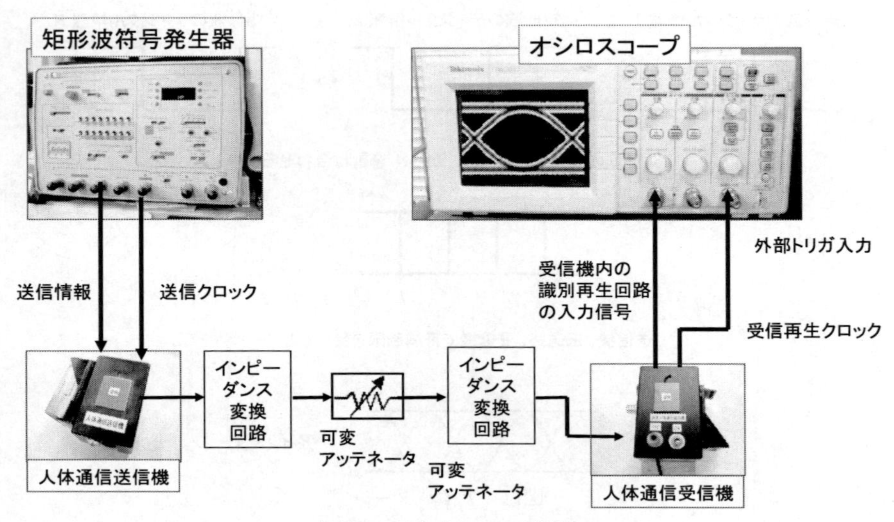

図73　アイパターンの測定

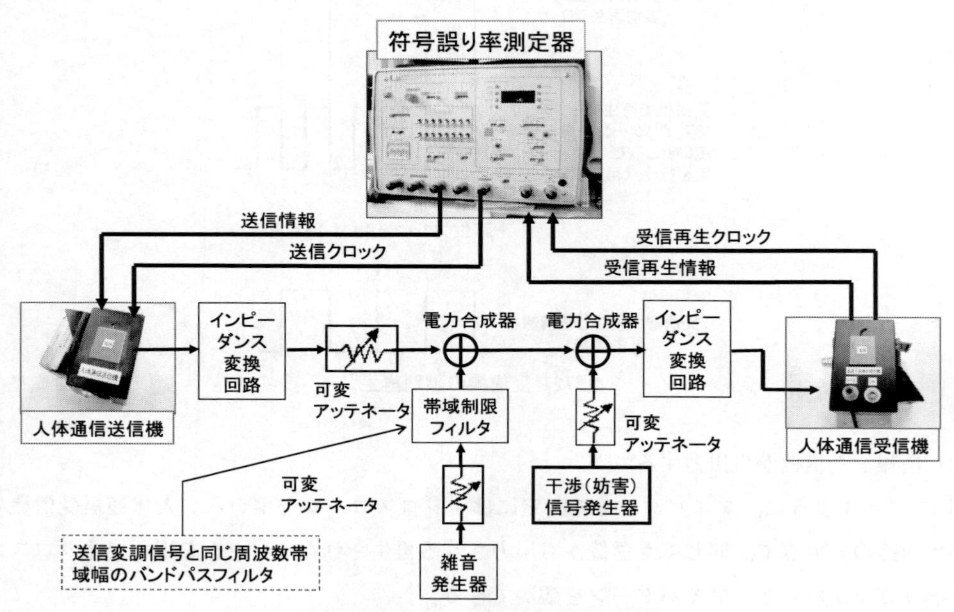

図74　符号誤り率（BER）の測定

6.6　人体通信を行うときの人体の周波数特性

人体通信における周波数特性（周波数と伝播損失の関係）の測定について以下に説明する。人体通信の伝播特性では，人体の代わりにファントム（模擬人体）[22] を使用することがあるが，ファントムに関しては本書の第１編第５章を参照いただきたい。

6.6.1　電界方式と電流方式人体通信[23, 24]

電界方式人体通信では，通信に用いる搬送波の周波数が低く，通信は準静電界の場で行われる。電界方式人体通信の通信パスと電流還流パスは，主に図 75 に示す（A）と（B）の 2 種類が考えられる。通常，伝送路の周波数特性はネットワークアナライザを用いて，通過特性（S21）を測定するが，電界方式人体通信では，この測定方法では問題が生じる。それは，図 76 に示すように，ネットワークアナライザに接続された同軸ケーブルにより電界方式人体通信の送信機と受信機間の容量結合による電流還流パスが短絡されてしまうため，人体通信としての周波数特性の測定を正確に行うことができないからである。また，電界方式人体通信では人体近傍の電界を用いて通信するので，その人の近くに大型の測定器を置くだけでも電界が乱れてしまう。

そこで筆者らは，図 77 に示すような電池で動作する送信電極を有する小型の可変周波数発振器（図 78 参照。人体通信送信機に対応）と受信電極を有する電界強度測定器（図 79 参照。人体通信受信機に対応）を作り，送信機と受信機がウェアラブル端末でも据え置き装置でも人体の周波数特性を測定できる環境を整えた。図 80 に送信機と受信機を共にウェアラブル端末と想定

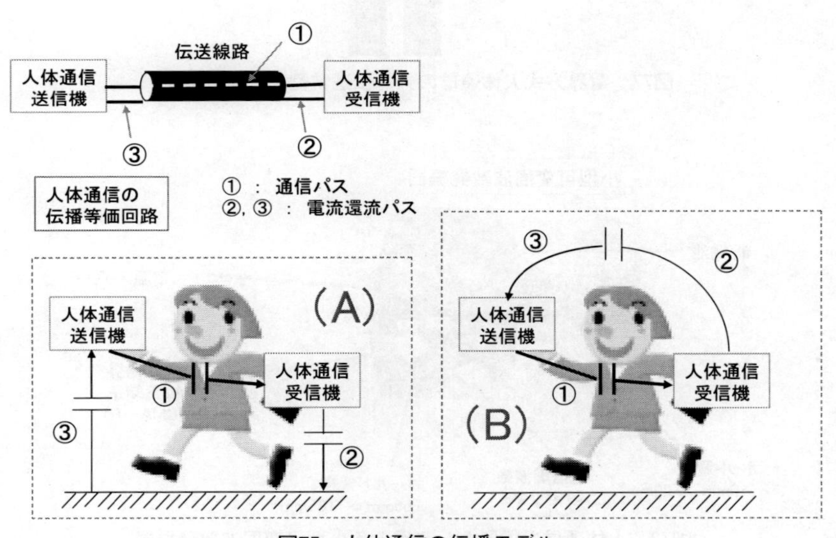

図75　人体通信の伝播モデル

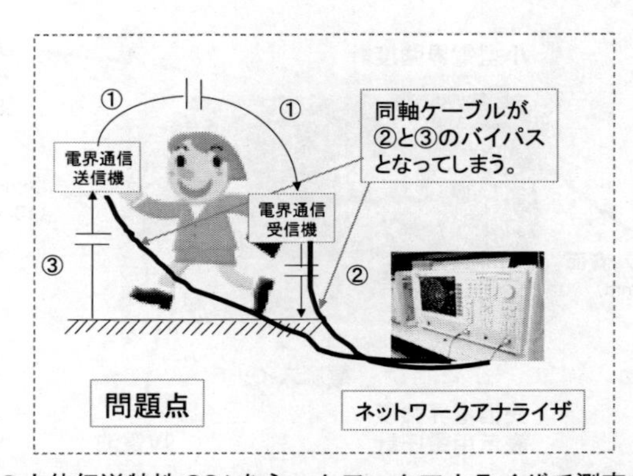

図76　人体通信の人体伝送特性 S21 をネットワークアナライザで測定するときの問題点

したとき，図 81 に送信機と受信機を共に据え置き装置と想定したときの 0～100MHz における人体の周波数特性を示す。

電界方式と電流方式人体通信の違いは，電界方式は通信パスと電流還流パスに介在する電極に人は接触せずに容量結合で通信を行うが，電流方式では通信パスの電極に人が接触して通信を行

図77　電界方式人体通信の人体伝送特性 S21測定概要

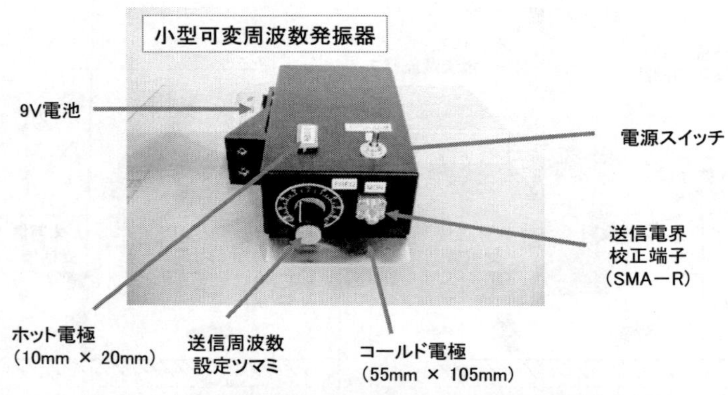

図78　人体通信送信機として用いる小型可変周波数発振器

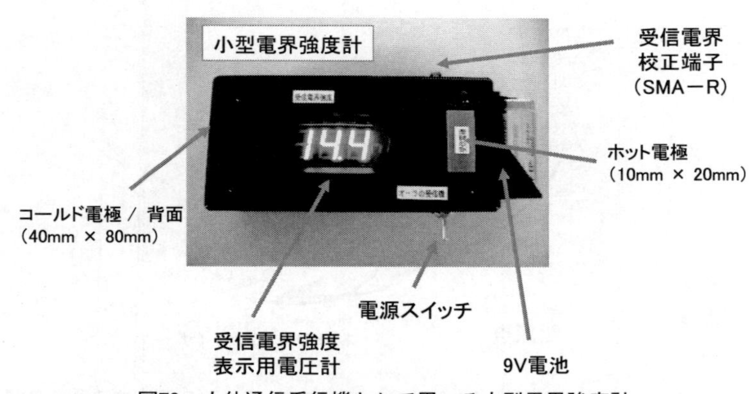

図79　人体通信受信機として用いる小型電界強度計

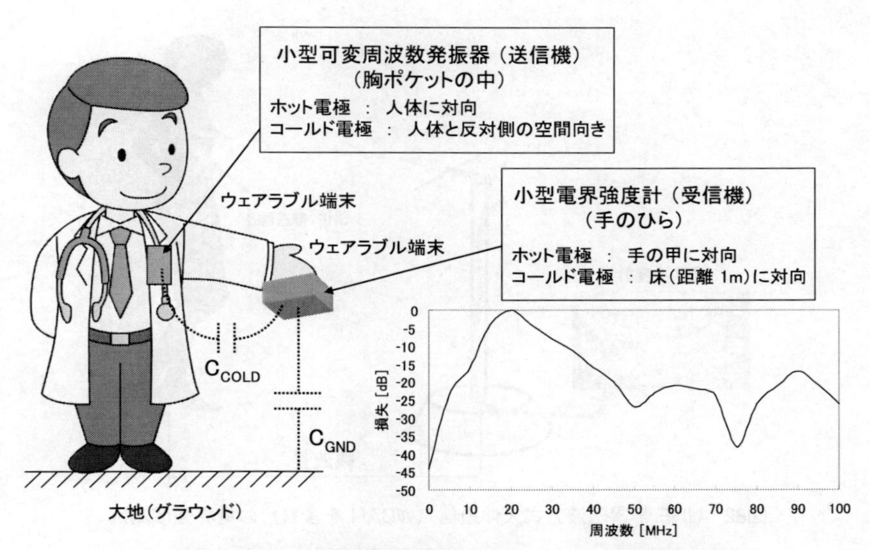

図80　周波数特性（送信機と受信機が共にウェアラブル端末のとき）

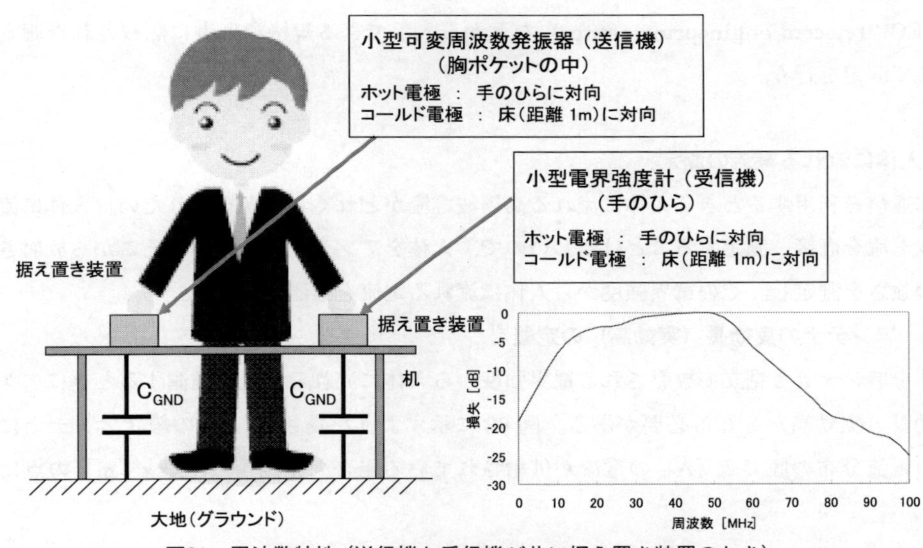

図81　周波数特性（送信機と受信機が共に据え置き装置のとき）

う。したがって，電界方式の評価を行う測定器を使用し，電極に人が接触すれば電流方式人体通信の周波数特性も測定できる。

6.6.2　UHF 電磁波方式人体通信の電界強度測定[4, 17]

UHF 電磁波方式人体通信（WBAN も含む）は，各国の電波法で決められた周波数の電波を用い放射電磁界の領域で通信を行っている。その通信周波数における電界強度の測定を行う測定方法の一例を図 82 に示す。

UHF 電磁波方式人体通信端末の技術適合証明を得るためのデータ取得は，電波産業会

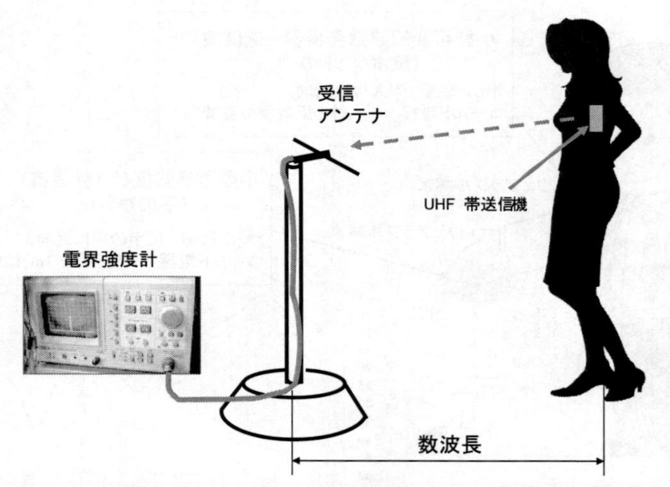

図82　UHF 帯電磁波方式人体通信（WBAN を含む）の電界強度測定

（ARIB：association of radio industries and businesses）やテレコムエンジニアリングセンター（TELEC：telecom engineering center）などから入手できる規格参考書に記載された測定方法に準じて測定を行う。

6.7　人体に流れる電流の測定

人体通信を利用するときに人体に流れる高周波電流がどれくらいかを知りたい。人体に流れる高周波電流を直接，測定することは難しいので，人体をアンテナと見立て，そこから放射される電界の強さを測定し，その電界強度から人体に流れる電流を推測する。

6.7.1　アンテナの実効長（実効高）の定義[18]

人体をアンテナと見立て放射される電界強度から人体に流れる電流を推測するときにアンテナの実効長（実効高）を知る必要がある。図 83 に示すような長さ l [m] の線状アンテナにアンテナの電流分布の腹で I_0 [A] の電流が供給されている場合，先端から距離 x [m] の点に流れ

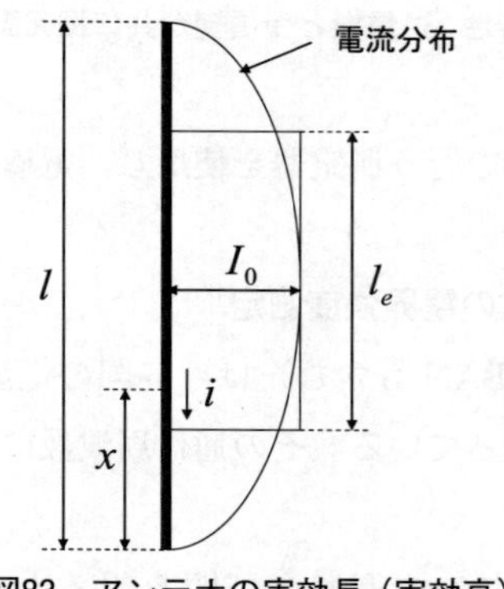

図83　アンテナの実効長（実効高）

る，電流を i［A］とする。このとき，線状アンテナ上の電流分布曲線で囲まれている面積と等しい長方形の一辺の長さ l_e［m］をアンテナの実効長（実効高）という。

$$\int_0^l i dx = l_e \cdot I_o \qquad (10)$$

6.7.2　人体をアンテナと見立てた実効長（実効高）（一般解）

図 84 に示すような実効高 h_e［m］のアンテナに見立てた人体に I_o［A］の高周波電流を供給し，波長 λ［m］の電波を放射する。これを距離 d［m］離れた既知の実効高 h_L［m］のループアンテナで受信すると，ループアンテナ地点での電界強度 E は以下の式（11）のようになる。

$$E = \frac{h_e I_0 \exp\left(\frac{-j2\pi \cdot d}{\lambda}\right)}{j4\pi^2 f \varepsilon_0}\left(\frac{1}{d^3} + j\frac{2\pi}{\lambda d^2} - \frac{4\pi^2}{\lambda^3 d}\right)\sin\theta \quad \left[\mathrm{V/m}\right] \qquad (11)$$

放射抵抗 R_L［Ω］の受信ループアンテナを，人体からの放射が最大感度になる方向に設置し，C_T を調整して測定したい周波数に受信ループアンテナ共振させたときの誘起電圧を V_L［V］と受信電流 I_L［A］の関係は，以下のようになる。

$$I_L = \frac{V_L}{R_L} = \frac{E h_L}{R_L} \quad [\mathrm{A}] \qquad (12)$$

ループアンテナの実効高 h_L［m］は，ループ面積を A［m^2］，巻き数を N［回］とすれば，

$$h_L = \frac{2\pi \cdot AN}{\lambda} \quad [\mathrm{m}] \qquad (13)$$

となるので，これらの式から導いた式（19）を用いて h_e を求めることができる。

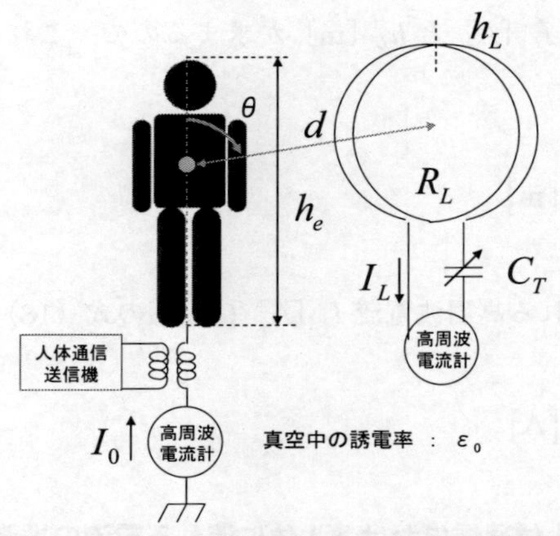

図84　人体をアンテナと見立てた実効長（実効高）
（一般解）

$$h_e = \frac{j2\pi\lambda \cdot f \cdot I_L R_L \varepsilon_0}{\left\{ I_0 \left(\frac{1}{d^3} + j\frac{2\pi}{\lambda d^2} - \frac{4\pi^2}{\lambda^2 d} \right) AN\sin\theta \right\} \exp\left(\frac{-j2\pi \cdot d}{\lambda} \right)} \quad [\mathrm{m}] \tag{14}$$

この式（14）から人体に流れる高周波電流 I_0［A］は以下の式で求められる。

$$I_0 = \frac{j2\pi\lambda \cdot f \cdot I_L R_L \varepsilon_0}{\left(\frac{1}{d^3} + j\frac{2\pi}{\lambda d^2} - \frac{4\pi^2}{\lambda^2 d} \right) AN\sin\theta \cdot h_e \cdot \exp\left(\frac{-j2\pi \cdot d}{\lambda} \right)} \quad [\mathrm{A}] \tag{15}$$

ここで，受信ループアンテナの誘起電圧 V_L［V］を測定すれば，放射抵抗を R_L［Ω］は既知の値なので受信電流 I_L［A］を計算できるので，式（15）から人体に流れる電流 I_0［A］を知ることができる。

6.7.3　電界方式人体通信における人体に流れる電流

電界方式人体通信は，電界方式人体通信が行われる $d \ll \lambda/2\pi$ の準静電界の領域で，放射電界は $1/d^3$ に比例する。また，UHF 帯電磁波方式人体通信が行われる d $\gg \lambda/2\pi$ では放射電磁界の領域で，放射電界は $1/d$ に比例する。

(1)　電界方式人体通信における人体に流れる電流の推測

準静電界の領域で通信が行われる電界方式人体通信において，実効高 h_e［m］のアンテナに I_0［A］の高周波電流を供給し，波長 λ［m］の電波を放射する。これを距離 d（$\ll \lambda$）［m］離れた既知の実効高 h_L［m］のループアンテナで受信するとループアンテナ地点での電界強度 E は $1/d^3$ に比例する。

$$E = \frac{30\lambda h_e I_0}{\pi \cdot d^3 \varepsilon_0} \sin\theta \quad \left[\mathrm{V/m} \right] \tag{16}$$

式（12）と式（13）より I_L［A］と h_L［m］が求まるので，これと式（16）から h_e を求めることができる。

$$h_e = \frac{\lambda d^3 I_L R_L \varepsilon_0}{60\pi \cdot I_0 AN\sin\theta} \quad [\mathrm{m}] \tag{17}$$

この式（17）から人体に流れる高周波電流 I_0［A］は以下の式（18）で求められる。

$$I_0 = \frac{\lambda d^3 I_L R_L \varepsilon_0}{60\pi \cdot h_e AN\sin\theta} \quad [\mathrm{A}] \tag{18}$$

(2)　UHF 帯電磁波方式人体通信における人体に流れる電流の推測

放射電磁界の領域で通信が行われる UHF 帯電磁波方式人体通信において，実効高 h_e［m］のアンテナにI_0［A］の高周波電流を供給し，波長λ［m］の電波を放射する。これを距離d（≪λ）［m］離れた既知の実効高h_L［m］のループアンテナで受信するとループアンテナ地点での電界強度Eは$1/d$に比例する。

$$E = \frac{120\pi \cdot h_e I_0}{\lambda d \varepsilon_0} \sin\theta \quad \left[\mathrm{V/m}\right] \tag{19}$$

式（12）と式（13）よりI_L［A］とh_L［m］が求まるので，これと式（16）からh_eを求めることができる。

$$h_e = \frac{\lambda^2 d I_L R_L \varepsilon_0}{240\pi^2 I_0 A N \sin\theta} \quad [\mathrm{m}] \tag{20}$$

この式（20）から人体に流れる高周波電流I_0［A］は以下の式で求められる。

$$I_0 = \frac{\lambda^2 d I_L R_L \varepsilon_0}{240\pi^2 h_e A N \sin\theta} \quad [\mathrm{A}] \tag{21}$$

文　献

1）根日屋英之，塚本信夫 共著，「DSPの無線応用」，（オーム社），東京，ISBN4-274-03473-9
2）根日屋英之，植竹古都美 共著，「ユビキタス無線工学と微細RFID（第2版）」，（東京電機大学出版局），ISBN 4-501-32420-1
3）根日屋英之，「高周波・無線教科書」，（CQ出版社），東京，ISBN 978-4-7898-541-3
4）根日屋英之，小川真紀 共著，「ワイヤレスブロードバンド技術」，（東京電機大学出版局），ISBN 4-501-32530-5
5）根日屋英之，「ワイヤレス通信の最新技術」，国際技術情報誌 M&E，2009年12月号，（工業調査会），p.86〜p.90
6）「高速通信を実現するためのPLC技術」，PLC-Jホームページ，http://www.plc-j.org/about_plcsys3.htm
7）根日屋英之，「人体通信の概要と将来展望」，CIAJ Journal，2009年3月号，（情報通信ネットワーク産業協会），p.22〜p.27
8）根日屋英之，「人体通信の最新技術動向」，CHOFU Network，Vol. 21-2，（電気通信大学同窓会 目黒会），p.8〜p.10，2009年11月
9）根日屋英之，「人体通信の最新技術」，電波技術協会報 FORN，No. 272，（電波技術協会報），p.24〜p.27，2010年1月
10）根日屋英之，「人体通信技術」，月刊機能材料，2010年1月号，（シーエムシー出版），p.30

～p.37
11）　山内雪路,「スペクトラム拡散通信」,（東京電機大学出版局）, ISBN 4-501-32210-1
12）　山内雪路,「スペクトラム拡散技術のすべて」,（東京電機大学出版局）, ISBN 4-501-32240-3
13）　根日屋英之, 小川真紀 共著,「ユビキタス無線ディバイス」,（東京電機大学出版局）, ISBN 4-501-32450-3
14）　三枝健二, 根日屋英之,「スペクトル拡散のPN符号を利用した物体の反射特性の一測定法」, 電子情報通信学会論文誌, Vol.J93-B, No.3, p.86～p.96, 2010年3月
15）　根日屋英之,「進化している『人体通信』」, ネイチャーインタフェイス, 43号, 2009年9月,（ウェアラブル環境情報ネット推進機構）, p.8～p.9
16）　横尾兼一, 電界通信モジュールの開発『伝える新・時代,『電界通信』』, ネイチャーインタフェイス, 43号, 2009年9月,（ウェアラブル環境情報ネット推進機構）, p.12～p.13
17）　根日屋英之, 小川真紀 共著,「ユビキタス時代のアンテナ設計」,（東京電機大学出版局）, ISBN 4-501-32500-3
18）　長谷部望,「電波工学」,（コロナ社）, ISBN4-339-00631-9
19）　根日屋英之,「微細RFIDとリーダ／ライタ」, RFタグの開発と応用Ⅱ,（シーエムシー出版）, p.263～p.285, ISBN 4-88231-446-0 C3054
20）　根日屋英之,「明解　無線工学大辞典」, レッツハミング,（マガジンランド）, p.75～p.106, 1994年10月号
21）　根日屋英之,「混変調に強い受信機の設計法」, レッツハミング,（マガジンランド）, p.67～p.71, 1995年1月号
22）　前山利幸, 高崎和之, 唐沢好男,「人体を伝送路とする高速通信方式」, 通学技報, A-P 2006-105,（電子情報通信学会）, p.53～p.58, 2006年12月
23）　加納唯, 駱美玲, 北越愛菜, 石川郁弥, 前山利幸,「人体通信における周辺環境の一考察」, 通学技報, AP2010-64,（電子情報通信学会）, p.149～p.153, 2010年7月23日
24）　加納唯, 駱美玲, 前山利幸, 清水優輝, 田中稔康,「人体通信用ファントムの開発」, 通学技報 AP2010-119,（電子情報通信学会）, p.7～p.12, 2010年12月17日

第5章　人体通信用ファントム

田中稔泰*

1　ファントムの概要

人体通信用ファントムは，携帯電話等で使用されるSAR（Specific Absorption Rate：比吸収率）ならびに伝搬特性の測定目的とした疑似人体ファントム（以下ファントム）とは異なり，人体を伝送媒体とした通信の評価・測定を目的として開発されたものである。

携帯電話等で使用されるファントムは，主に頭部を模擬したものが多い。人体通信用ファントムも同様に，通信箇所として想定される部位，例えば手・腕・肩などをモデル化している。しかし，これらの部位は均一な組成で構成されておらず，さらに周波数帯により比誘電率・導電率が異なり，単純なモデル化は非常に難しい。また，携帯電話等のSAR試験のように，ファントムの電気定数の規格化や測定法等も確立されていない状況である。このように，現在は測定法・評価法ならびにファントムの電気定数などが検討されており，人体通信用ファントムは，多くは開発段階である。

ここでは，ファントムの種類，構造など市販あるいは開発中の製品について述べる。また，参考のため，人体通信用として明示されていないが，ファントムの種類として記載している。

2　人体通信用ファントム

人体通信で検討されている通信方式は，接触または近接状態での通信を目的としていることから各部位のファントムの電気定数として，比誘電率と導電率が重要となる。ここで，一般的な人体部位の誘電率と導電率は，以下のような数値（図1）で示されている。従って，人体通信用ファントムは，人体部位の電気定数に近似するように設計されることが望ましいが，通信方式などによってはすべての生体の電気定数を満足する必要はなく，電波が伝搬する通信部位においての伝搬特性が模擬できるような電気定数を設定することが重要である。

3　ファントムの種類

人体通信用ファントムとしてはまだ開発検討中であるが，大別すると，電気定数に合わせた水溶性の溶液を樹脂型に充填したリキッドタイプと，寒天，シリコン，ポリウレタン，セラミック

---

*　Toshiyasu Tanaka　マイクロウェーブ ファクトリー㈱　代表取締役

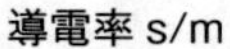

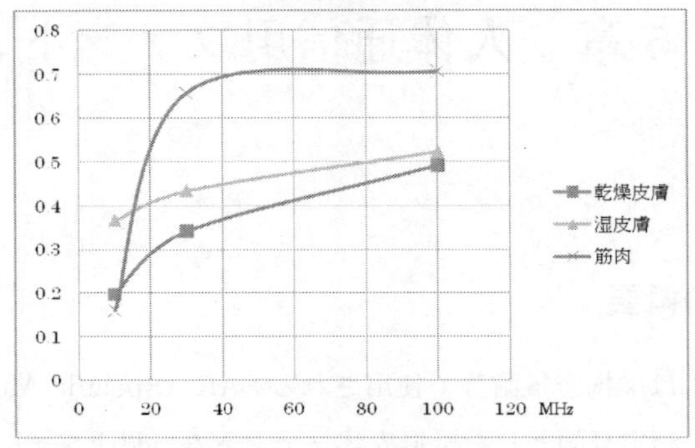

誘電率 ε1（実装部）

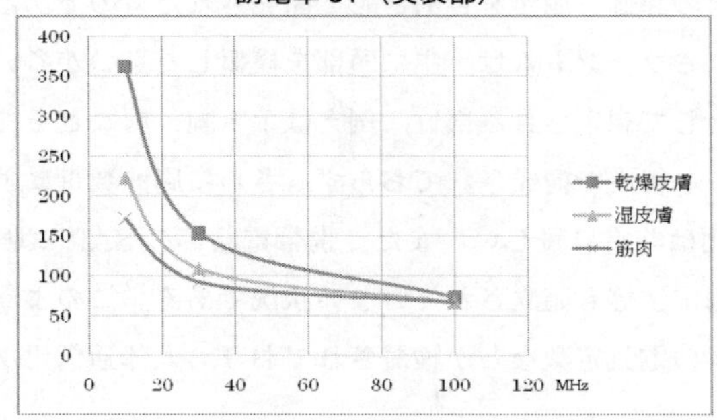

誘電率 ε2（虚数部）

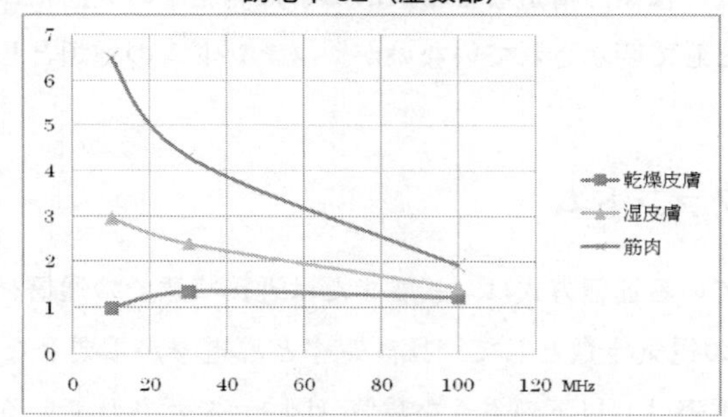

図１　人体の比誘電率と導電率計算値
(http://niremf.ifac.cnr.it/tissprop/htmlclie/htmlclie.htm)

のような硬質な材料を基材に含浸し乾燥させたタイプの２種類がある。両構成方法も優劣つけがたいが，人体通信のような皮膚の表面を伝搬する方式であれば，皮膚の導電性を模擬したものが主流となると考えられる。

3.1　リキッドタイプ

樹脂製の人体型容器の内部に電気定数を調整した溶液を注入し製造されたもので，電気定数の基準を忠実に調整できる特徴がある。水溶液は，生理食塩水と糖類などで構成される。水溶液のため，保存状態よっては定数の変化があるとともに，落下などによる樹脂性容器の破損で溶液が漏れる，また一部には使用する周波数毎に溶液の交換が必要であり，取り扱いが難しい問題がある。

3.2 ジェル（ゲル）タイプ

ジェランガムやポリアクリルアミドに，食塩・スクロース・アルコールで製造されたものや，寒天・水・炭酸カルシウム・ポリエチレン粉末・食塩などを含浸させ電気定数を調整し耐熱ビニール型に充填製造されたものがある。

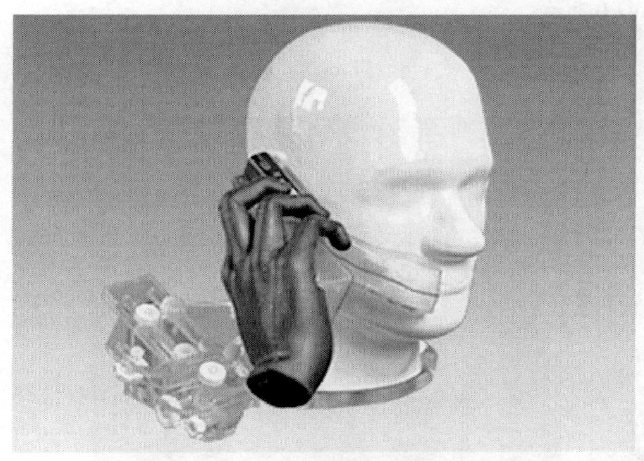

図2
（INDEX SAR社HPより）

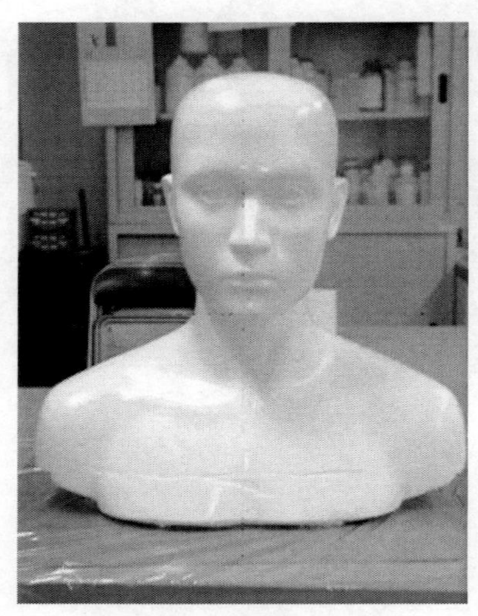

千葉大学　伊藤研究室提供

寒天ファントムの組成例（2GHz）

材料名	重量（g）
脱イオン水	335.5
寒　天	114.6
塩化ナトリウム	21.5
デヒド酢酸ナトリウム	2.0
TX-151	57.1
ポリエチレン	548.1

NTTDoCoMo テクニカルジャーナル Vol. 13, No.14より

図3

ポリエチレンにより比誘電率，食塩により導電率を調整できるので，材料特性がそのまま電気定数として現れるため，基準値に対して非常に良く合致する特徴がある。一方，生体温度とも合わせることができることから，保存状態を確保できればファントムに適した材料と言える。しかしながら，水分の蒸発を避けるための環境条件の調整が必要であり，状況によりライフタイムが短くなることがある。

3.3 セミハードタイプ

シリコンにカーボン繊維またはカーボン粉末などの損失材を含有させることで，電気定数を調整したものである。加工のしやすさから，人体の細部まで造形することが可能であり，人体に近い関節等を有するものもある。

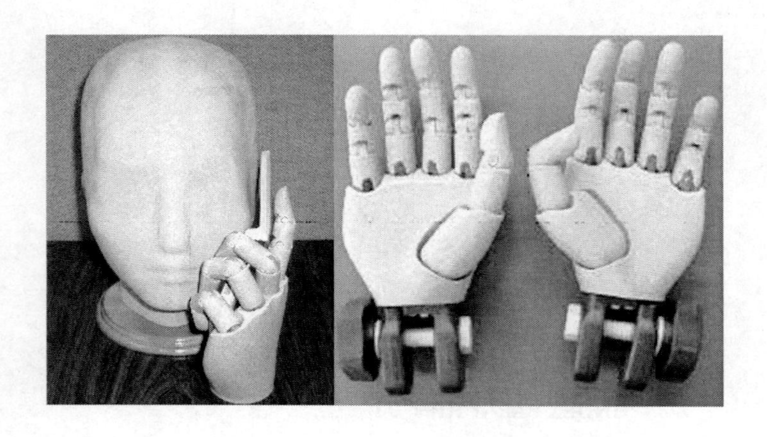

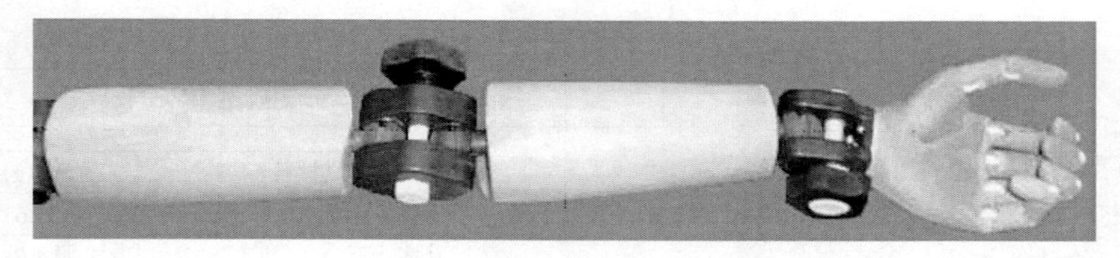

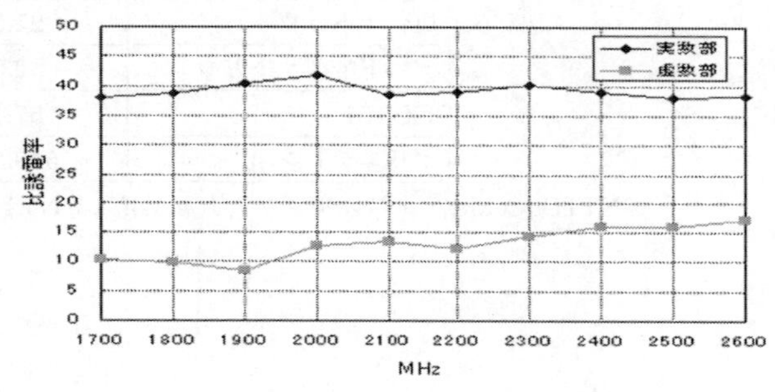

図４
（E&Cエンジニアリング㈱カタログより）

しかし，シリコン型など製造過程が複雑となり，比較的，高価である。

3.4　ウレタンタイプ

ウレタンフォームに，カーボン粉末などを含浸させ乾燥させたものである。従来の高周波電波吸収体の製造方法で製作できることから，低価格であるとともに非常に軽量となり扱い易い。

人体通信においては，簡易型ファントムを試作し評価した結果，伝搬特性が実測値とほぼ同等な特性を有していることがわかっている。

3.5　ソリッドタイプ

セラミックのような硬質材料で製作されたファントムで，主にフッ素樹脂，チタン酸バリウム（セラミック粉末），カーボン粉末で構成されている。材料の特性上，電気定数は安定的な調整が可能であるが，基材がセラミックであるため，ファントムの重量が重く取り扱いが容易ではない。しかし，液体・ジェルファントムに対して経時変化が少ない特徴を有する。

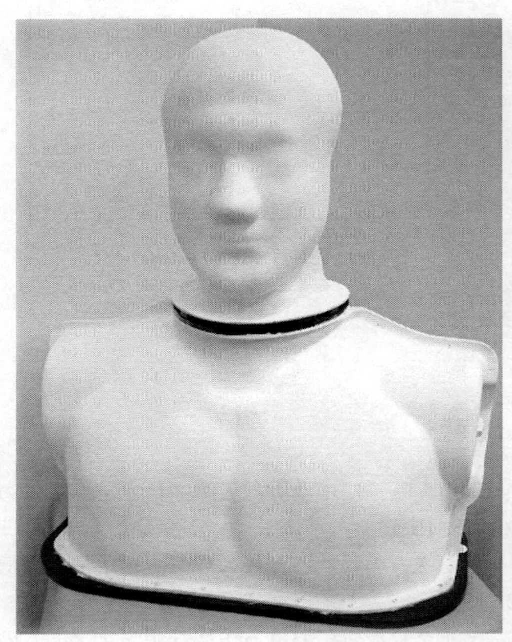

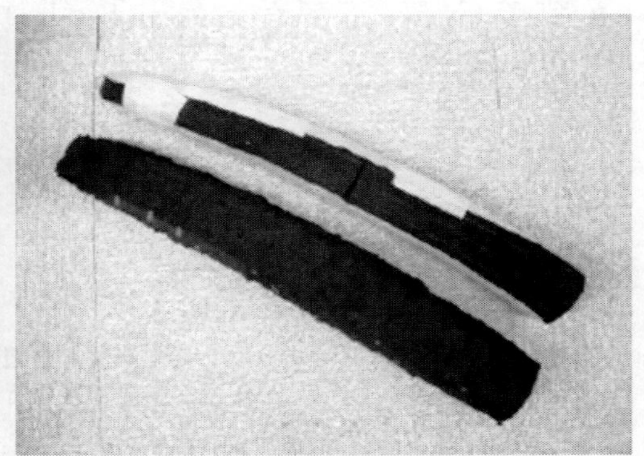

拓殖大学　前山研究室提供

マイクロウェーブファクトリー株式会社提供
Ultra Light Carbon Phantom®

図５

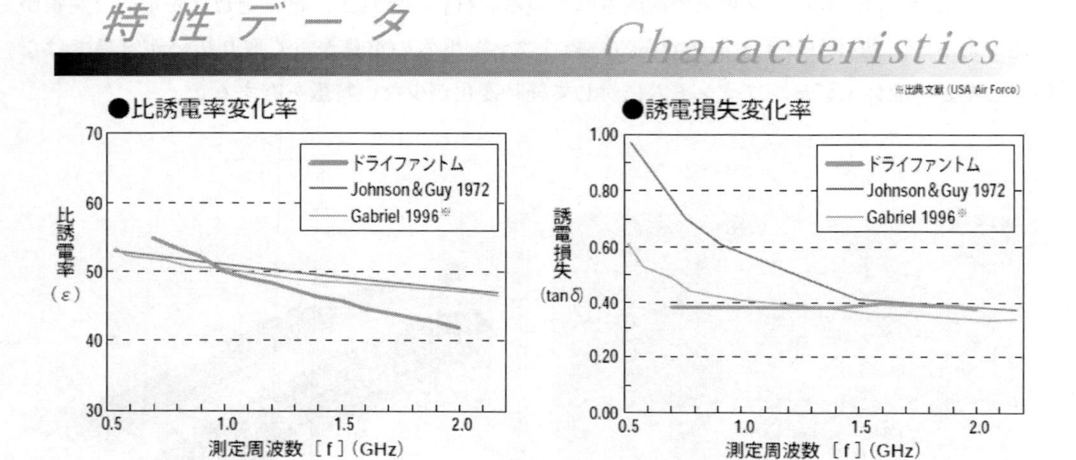

図6
(㈱村田製作所カタログより)

文　　献

1) 加納　唯，駱　美鈴，前山利幸，清水優輝，小山友裕，田中稔泰，人体通信ファントムの開発，信学技法 IEC Technical Report AP2010-119

2) 伊藤公一，河井寛記，斉藤一幸，生体等価ファントムの現状と今後の展望，電子情報通信学会論文誌 B，Vol. 5，pp. 582-596 (2002)

3) 伊藤公一，古屋克己，岡野好伸，浜田リラ，マイクロ波帯における生体等価ファントムの開発とその特性，電子情報通信学会論文誌 B-Ⅱ，Vol. J81-B-Ⅱ，No. 12，pp. 1126-1135 (1998)

4) 宮川道夫，保科紳一郎，自立型頭部高分子ゲルファントムによるSAR分布の可視化，電子情報通信学会論文誌 B，Vol. J85-B，No. 5，pp. 715-718 (2002)

5) 新井宏之，山口　広，清水優輝，田中稔泰，電波吸収体を用いた軽量人体ファントムの周波数特性と応用，電子情報通信学会技術研究報告，**109** (35)，pp.41-45 (2009)

第6章　人体通信のセキュリティ

大木哲史*

1　はじめに

人体通信は特別な動作を必要とせずにデータのやり取りができることから，従来よりも利便性の高いサービスの実現が期待される。現在，人体通信の適用サービスとして大きく期待されているのが入退室管理など，人体通信のオフィスシステムにおけるセキュリティ製品への応用である[1, 2]。しかし，利便性とセキュリティを両立したサービスの実現には考慮すべき課題が多く存在する。本章では，より安心・安全な人体通信システムの実現のために考慮すべきセキュリティ対策について詳しく説明する。

2　人体通信の通信モデル

図1は人体通信の通信フローを簡略化したモデルである。人体通信では，ICカードなどの可搬型ユニットとしてユーザが所持する人体通信クライアントからデータを送信し，ユーザから人体通信で送信されたデータを人体通信サーバが受信，処理する。このように，人体通信は人体通信クライアントと人体通信サーバからなるクライアント・サーバモデルと言える。

人体通信の方式によっては，クライアントもしくはサーバの片方のみが能動的にデータを送信し，もう一方は受動的に動作する方式と，双方が能動的に通信を行う方式の2種類が存在する。

3　人体通信におけるセキュリティ上の脅威

人体通信のようなクライアント・サーバ型の通信モデルでは，悪意ある第三者が介在することにより，秘匿すべき情報が不正に入手される，またそれを用いて正規の利用者になりすました不

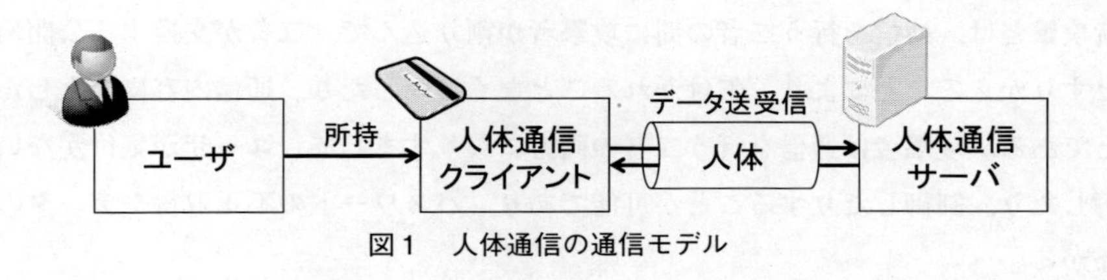

図1　人体通信の通信モデル

*　Tetsushi Ohki　早稲田大学　理工学研究所　次席研究員

正が行われる，さらにはサービス自体が継続不可能になる，といった脅威が存在する。ここではその代表的な例として，盗聴，データの改ざん，データの挿入，中間者攻撃，データの漏えいといった脅威について解説する。

3.1 盗聴

人体通信クライアントと人体通信サーバ間は人体を通した通信が行われる。このため，近距離無線通信と同様盗聴の脅威が存在するが，人体通信では攻撃者が通信経路である人体に近接する必要があり，人体から遠ざかるほど信号が急激に減衰する[3, 4]。このため，近距離無線通信と比較して盗聴が困難な技術と言える。しかし，

・ 攻撃者による意図的な接触（盗聴を行いたい相手に直接触れる）
・ 意図しない接触の誘発（床面へ電極を隠しておくなど）

といった利用者が気付きにくい手法によって通信経路を確立することは可能であり，このようにして確立された通信経路を用いて盗聴が行われる可能性がある。

3.2 データの改ざん

攻撃者は，データを盗聴するだけでなく，通信中のデータを改ざんすることも可能である。簡単なデータ改ざん手法は，送信者から送信されたデータを遮断（受信者へ届かないようにする）した後，送信者となりすまして受信者へデータを送信する，といった方法で実現できる。

3.3 データの挿入

双方向の通信を行う方式において，クライアント—サーバ間のデータ交換中に攻撃者が意図しないデータを割り込ませることで，不正な処理を引き起こしたり，通信そのものを不可能にしたりする攻撃である。例えば，受信者が送信者からレスポンスを受け取る前に攻撃者がレスポンスを偽装して受信者へ送信する。この場合，偽装されたレスポンスと，その後に受け取ったレスポンスのどちらが正しいレスポンスなのかを受信者が判定できなくなる可能性がある。クライアント—サーバ間の通信に長い時間がかかる場合このような脅威が存在する。

3.4 中間者攻撃

中間者攻撃とは，通信を行う二者の間に攻撃者が割り込んで，二者が交換する公開情報を自分のものとすりかえることにより，気付かれることなく盗聴したり，通信内容に介入したりする手法のことである。攻撃者は通信を行う二者の両方になりすまして，ユーザが気付かないうちに通信を盗聴したり，制御したりすることが可能であり，パスワードの不正取得やデータの盗聴の脅威につながる。

図2は中間者攻撃のモデルを簡略化して示したものである。図2において，Alice と Bob はお互い正常に通信を行っていると思っているが，実際はお互いに Eve と通信を行っており，通信

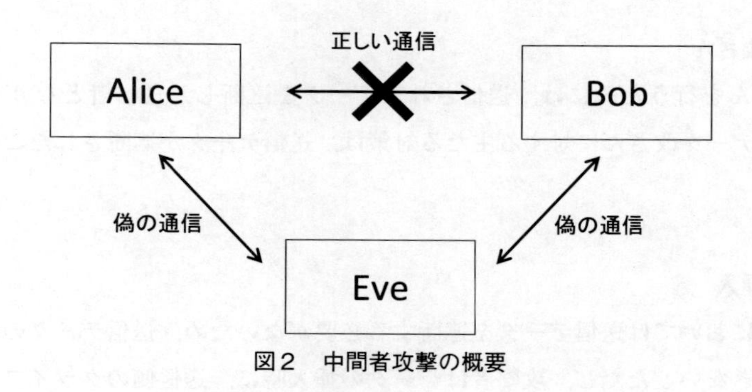

図2　中間者攻撃の概要

している内容もEveが作成した偽の通信内容である。また，AliceとBobが通信内容の盗聴を防ぐために暗号通信を行う際にも中間者攻撃の脅威が存在する。例えば，暗号鍵を共有するためにAliceとBobが通信する際に，中間に存在するEveはAliceとBobの通信を盗聴・遮断した後に，AliceとBobに異なる鍵を渡すことで，その後のAliceおよびBobの暗号通信を盗聴したり，通信データを改ざんしたりすることが可能となる。

3.5　データの漏えい

人体通信クライアントもしくは人体通信サーバに保管された情報が何らかの理由で漏えいし，それらを用いてなりすましや不正な通信が行われる脅威である。漏えいの脅威は人体通信クライアント，人体通信サーバでそれぞれ異なり，

- 人体通信クライアントの紛失・盗難
- 人体通信サーバに対する侵入
- 人体通信サーバからの情報漏えい

といった脅威が存在する。特に，人体通信クライアントは一般に可搬型のデバイスであるため，人体通信サーバとは異なり，紛失や盗難によるなりすましの脅威が存在し，入退室管理などの認証システムへの適用に際して深刻な脅威となる可能性がある。

4　脅威に対する対策

4.1　盗聴

人体通信の技術そのものでは，通信路上の盗聴を防ぐことは困難である。このため，通信経路をセキュアチャネルとして，通信を行うことが必要とされる。セキュアチャネルによる通信とは，人体通信クライアント，人体通信サーバ間で事前に暗号化を行うための鍵を共有し，その鍵を用いて通信データを暗号化する仕組みのことである。暗号化方式としては3DESやAESといった方式がよく用いられる。

4.2 データの改ざん

データの改ざんを行うためには，送信されたデータを遮断し，送信者となりすます必要がある。このため，データ改ざんに対する主たる対策は，送信データが遮断されたことの検知を行う技術となる。

4.3 データの挿入

データの挿入においては送信データを遮断する必要がないため，送信データの検知のみで対策を行うことができない。ただし，攻撃者はデータの挿入時に，送信側のクライアントになりすますことが必要となる。このため，暗号化やメッセージ認証等を用いたなりすまし対策がデータ挿入に対する対策技術となる。

4.4 中間者攻撃

図2において，Eveが中間者攻撃によってAliceからBobへ送信されるデータを改ざんするには，

① Aliceのデータを盗聴

② AliceからBobへの送信データを遮断

③ Bobへ偽のデータを送信

という3つの処理を行う必要がある。すなわち，前述したデータの盗聴，データの改ざん（遮断），データの挿入といった技術に対する対策が行われていれば，中間者攻撃による脅威は存在しないと言える。

4.5 データの漏洩

人体通信サーバへの侵入対策はサーバのセキュリティ・運用管理など多岐に渡るため，本節では省略する。セキュリティ，運用管理を万全に行ったとしても，管理者による不正等，漏えいの可能性をゼロにすることは極めて困難である。このため，サーバに保管する情報に関しては，利用目的に応じて必要最低限とし，かつ，漏えいしたとしても解読が困難な状態で保管することが望ましい。

人体通信クライアントの紛失・盗難によって生じる最大の脅威は人体通信クライアントを用いたなりすましである。このため，紛失・盗難に際しては，該当する人体通信クライアントを失効し，新たな人体通信クライアントを発行することが望ましい。しかし，紛失・盗難に気付かない，もしくは気付くまでに時間がかかるケースは多く，失効までの期間におけるなりすましの脅威が避けられない。

このため，近年では人体通信クライアントだけでなく，人体通信クライアントの所持者（ユーザ）を認証することで，セキュリティの向上を図る試みなどが行われている。これらの認証技術については後述する。

5　人体通信における本人認証技術

5.1　可搬型カード認証

入退室管理など，人体通信のオフィスシステムへの応用を想定した場合，本人認証技術が重要な要素となる。入退室管理などに人体通信を用いる場合，IC カード等の可搬型の機器と一体化したクライアント内に本人 ID を保管し，人体が電極に近接もしくは接触した際にクライアント内の ID をサーバに送信し，サーバ側で ID に対応づけられた権限を確認することで受理，棄却を決定する（図 3）。対象機器に対してカードの提示が必要な非接触 IC カードと比較して，人体通信を用いた本人認証では，人体通信クライアントが体の一部に近接かもしくは接触しているだけでよいため，利便性の向上が期待できる。

5.2　多要素認証による安全な人体通信

人体通信クライアントは IC カード等の可搬型の機器等が用いられることが多く，このため非接触 IC カード認証と同様に人体通信クライアントの紛失や盗難によるなりすましのリスクが存在する。

これらの問題に対する対策として，カードによる認証に加えて他の認証手段を用いてカードの利用者（ユーザ）が本人であるかを確認することが有効である。ここでは，他の認証手段の例としてパスワードおよび生体認証を取り上げる。

5.3　パスワード認証との組み合わせ

人体通信によるカード認証と同時にクライアントは本人確認用のパスワードを提示する。人体通信サーバはあらかじめ人体通信によって取得した ID がデータベース内に登録されているかを確認した後，ID に対応づけられたパスワードと提示されたパスワードが等しいかどうかを確認

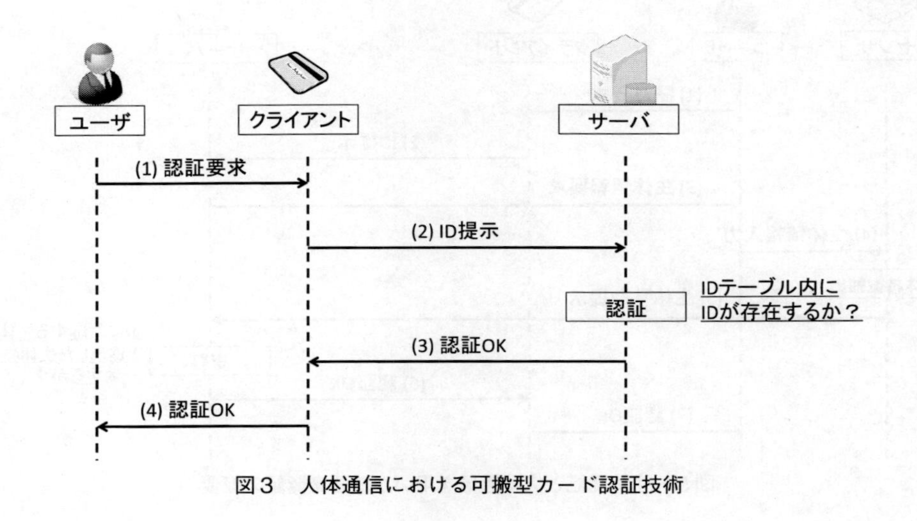

図３　人体通信における可搬型カード認証技術

することで，受理・棄却を決定する（図 4)。認証時にパスワードの入力を促すことで，カードの紛失・盗難時のなりすましを防止することができるが，パスワードの忘却時に認証が行えない，といった問題が残る。

5.4　生体認証との組み合わせ

人体通信によるカード認証と同時にユーザは生体情報を提示する。生体情報としては指紋，顔，血管パターンといった個人の身体的特徴や筆跡，音声といった身体的特性などが用いられる。サーバはあらかじめシステムに登録・保管されている情報（以下，テンプレート）と比較を行い，受理・棄却を決定する（図 5)。パスワードやカード認証と比較して忘却や紛失の心配がなく，生体特徴によっては人体通信同様センサへの提示の手間が少なくて済むといった長所をも

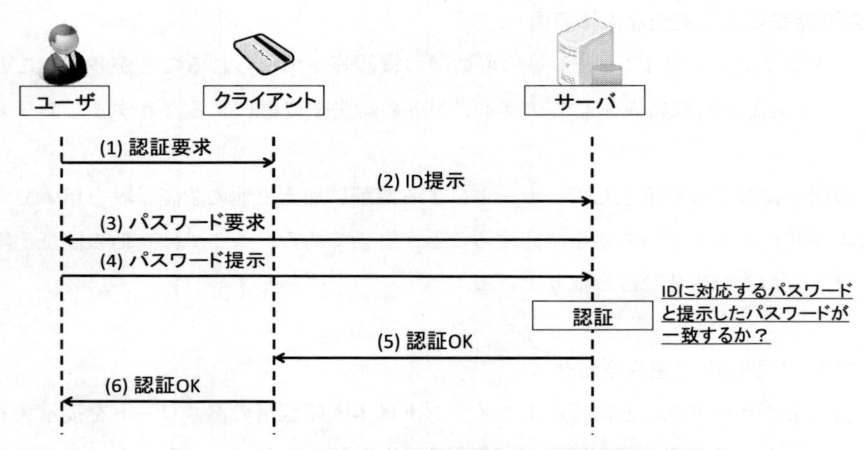

図４　パスワードと人体通信を用いた二要素認証の概要

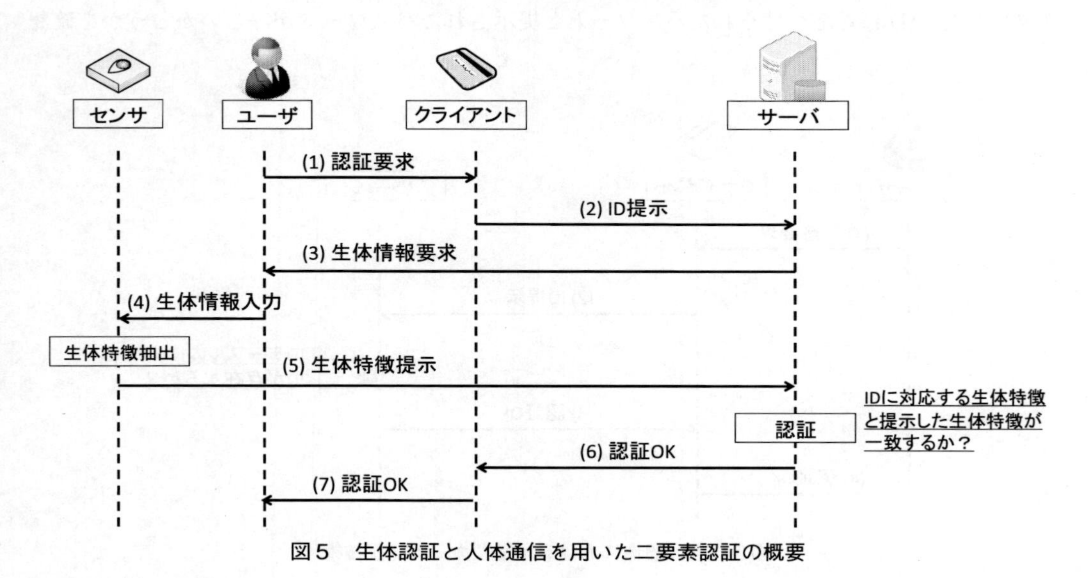

図５　生体認証と人体通信を用いた二要素認証の概要

ち，人体通信の利便性を活かした安全な認証を行うことが期待できる[5)]。ただし，システムに保管されるテンプレートは個人の生体情報であり，テンプレートが漏洩した際に推定攻撃等により本人を特定される危険性がある。

5.5　生体認証におけるテンプレートの保護

前節で延べたように，生体認証を認証手段として用いる場合，あらかじめ登録するテンプレートが漏えいした際の対策を考えることが重要となる。近年ではそのような対策が可能な生体認証手法としてテンプレート保護型生体認証という手法がある。ここではテンプレート保護型生体認証の一例としてバイオメトリック暗号を紹介する。

バイオメトリック暗号は，登録時に作成した補助データと照合時に提示された生体情報から，秘密情報を生成し，鍵の正当性を検証することで認証を行う手法である[6)]。

人体通信とバイオメトリック暗号の連携により，補助データは安全な形式でシステムに保管されるため，人体通信クライアントや人体通信サーバからのテンプレート漏えい対策となる。また，秘密情報として公開鍵暗号の秘密鍵を生成し，外部鍵サーバにあらかじめ登録しておいた公開鍵と生成した秘密鍵とで検証を行うことが可能である（図６)。これにより人体通信クライアントの真正性を確認すると同時に，人体通信クライアントの所有者であるユーザの真正性を第三者により保証できる。

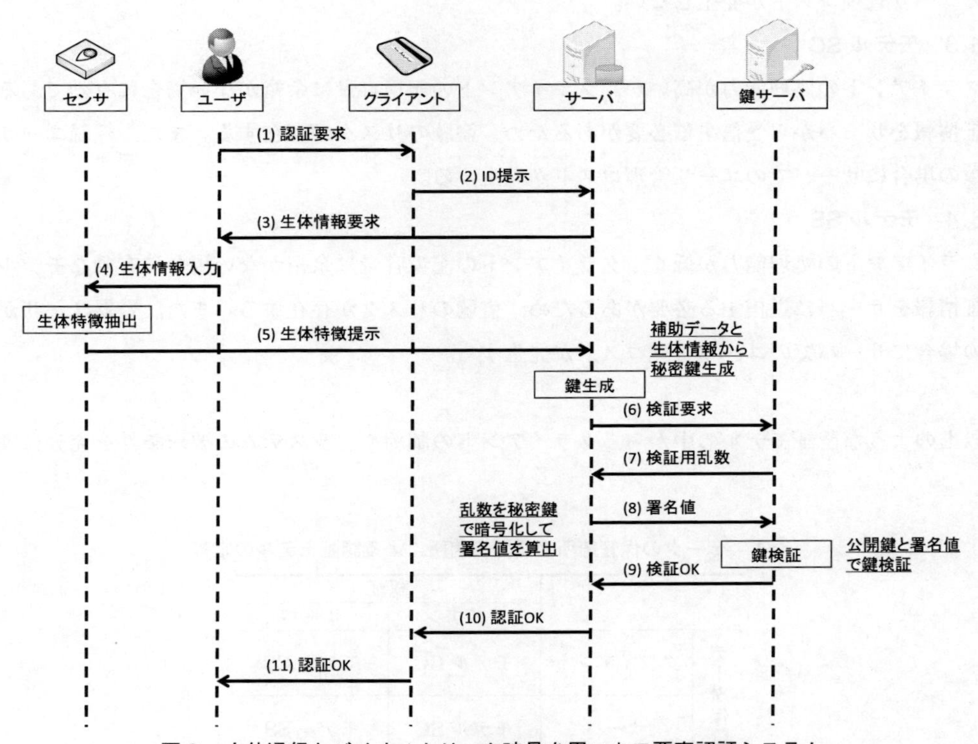

図６　人体通信とバイオメトリック暗号を用いた二要素認証システム

5.6 クライアント・サーバの認証モデル

図3〜図6で解説したモデルはいずれも，サーバ上にユーザの登録情報（IDや生体情報）が存在し，サーバ上で認証を行うモデルである。しかし，人体通信クライアントの処理能力や記憶容量の制約次第では，これらの一部をクライアントに任せることで，より安全，利便性が高いシステムを構築できる場合がある。人体通信におけるクライアント・サーバの処理モデルは，データの保管箇所と認証を行う箇所の観点から四つに分類できる（表1）。

5.6.1 モデルCC

クライアントに登録データを保管し，クライアントで認証処理を行うモデル。クライアントの処理能力が高く，クライアントの記憶容量に充分な余裕がある場合に有効である。認証情報をサーバに送信する必要がないため，盗聴の危険がないが，認証結果の改ざんには注意すべきである。また，登録ユーザが多数の場合でもサーバでのユーザ管理コストが発生しない。各モデルの中でもセキュリティを高く保つことに有効なモデルではあるが，高機能なクライアントを多数配布しなければならないコストの問題も存在する。

5.6.2 モデルCS

クライアントに登録データを保管し，サーバで認証処理を行うモデル。クライアントの処理能力が低いが，クライアントの記憶容量に充分な余裕がある場合に有効である。認証情報をサーバに送信しなくてはならないため，盗聴のリスクが存在する。登録ユーザが多数の場合でもサーバでのユーザ管理コストが発生しない。

5.6.3 モデルSC

クライアントの処理能力が高いが，クライアントの記憶容量に余裕がない場合に有効である。認証情報をサーバから受信する必要があるため，盗聴のリスクが存在する。また，登録ユーザが多数の場合にサーバでのユーザ管理コストが発生する。

5.6.4 モデルSS

クライアントの処理能力が低く，クライアントの記憶容量に余裕がない場合に有効なモデル。認証情報をサーバに送信する必要があるため，盗聴のリスクが存在する。また，登録ユーザが多数の場合にサーバでのユーザ管理コストが発生する。

以上のような認証モデルの中から，クライアントの制約や，システムの要求条件を充分に理解

表1　データの保管箇所と認証の箇所による認証モデルの定義

		認証	
		クライアント	サーバ
データ保管	クライアント	モデルCC	モデルCS
	サーバ	モデルSC	モデルSS

し，利便性と安全性のトレードオフを考慮した上で，最適な適用モデルを選択することが重要となる。

文　　献

1) 土井謙之，西村篤久，“人体を伝送路とする高信頼性通信方式，” パナソニック電工技報，Vol.53, No.3，http://panasonic-denko.co.jp/corp/tech/report/533j/pdfs/533_12.pdf
2) 日本電信電話株式会社，“Redtacton，” http://www.redtacton.com/
3) 多氣昌生，鈴木敬久，渡辺恭平，“電界カップリングによる人体通信機器に関する曝露評価，” *IEICE technical report. Electro-magnetic compatibility*, vol.107, no.226, pp.25-30 (2007)
4) 古谷彰教，美濃谷直志，品川満，“電界を用いた人体近傍の emc 評価，” *IEICE technical report, Electromagnetic compatibility*, vol.107, no.371, pp.31-36 (2007)
5) 大木哲史，小松尚久，川辺秀樹，細田泰弘，“電界通信を用いた本人認証へのバイオメトリック暗号技術の適用，” ライフインテリジェンスとオフィス情報システム，*IEICE technical report*, 109 (39), pp.79-84 (2009)
6) Juels A, Sudan M, “a fuzzy vault scheme，” proc IEEE International Symposium on Information Theory, p.408 (2002)

第7章　人体に対する安全性

松木英敏*

1　はじめに

人体を伝送媒体として通信を行う人体通信においては，体内に誘導される電界強度が人体に与える影響の可能性について常に関心が寄せられている。実際は極めて微弱な電界を皮下に誘導するのみなので，健康影響を議論するまでもないことは想像がつくが，基礎知識として，電磁界・電磁波の生体に対する健康影響と防護ガイドラインの考え方について，事実上のグローバルスタンダードであるICNIRP（International Commission on Non-Ionizing Radiation Protection：国際非電離放射線防護委員会）のガイドラインをもとに説明する。

2　生体影響の考え方

一口に生体影響といってもここで議論されていることは，人間の健康に対する有害な影響からの防護であり，EMC/EMIには立ち入らないことはもとより，心臓ペースメーカに代表される埋込型医療機器との電磁的干渉も考慮されていないことに注意を要する。それらについては別のガイドラインが設定されている（たとえばIEC 2005b）[1]。

また，扱われる周波数範囲は電波以下であり，いわゆる電離放射線は含まれていない。電離放射線からの防護についての基本は生体に対する確率的な影響である。発症確率（たとえば10万人年あたりの発症率など）をパラメータとし，それをいかに抑え込むかに関心が払われて閾値が導き出され，それに安全係数を乗じて防護ガイドラインが設定されている。

これに対して，1998年に示されているICNIRPのガイドラインでは，電波以下の周波数の電磁波・電磁界を対象とし，曝露量の増加と共に重篤度の増加する決定論的な影響が取り上げられ，影響が生じなくなるレベルを閾値とし，さらに安全係数を乗じて防護ガイドラインとしている。

低周波では神経系への刺激作用が主であり，100kHzを超える高周波では，電磁エネルギー吸収による熱作用を根拠としている。また，100kHzまでの低周波については2010年に改訂されたので，本章では，低周波については2010年のガイドラインについて説明し，高周波については1998年のガイドラインについて紹介する。高周波についても現在，改訂作業が進められている。

---

*　Hidetoshi Matsuki　東北大学大学院　医工学研究科　医工学専攻　教授

3　ICNIRP ガイドライン

3.1　100kHz までの低周波電磁界[2)]

3.1.1　基本制限（Basic restriction）

遵守すべき値として ICNIRP が示す値は「基本制限」と呼ばれ，この値を満足するような曝露電界，曝露磁界を「参考レベル」という（3.1.2 参照）。100kHz までの周波数領域では表面電荷作用による知覚や不快感と，時間変動磁界による末梢神経刺激や磁気閃光が考慮すべき影響となる。磁気閃光とは，時間変動磁界の曝露によって，視野の周囲に曝露周波数に応じた点滅光を知覚する現象のことをいう。電気閃光も存在するが，いずれも網膜周囲の誘導微弱電界による作用であり，低周波において，最も閾値の低い現象と認められている。

低周波における人体はかなりの良導体であり，体内への誘導電界の大きさは外部曝露電界よりかなり小さく，商用周波数帯では 5～6 桁ほどの差がある。

磁界に関しては，人体の透磁率は空気と同等であり，曝露磁界がそのまま体内磁界となり，時間変動磁界では，ファラデーの法則により体内に電界が誘導される。したがって，電界，磁界のいずれの場合も体内誘導電界が主パラメータとなる。2010 年に改訂された ICNIRP の低周波ガイドラインはこの考え方に基づく。

表 1 に頭部と体部の全組織に対する基本制限を示す。以下に共通する区分として「職業的曝露」と「公衆の曝露」がある。職業的曝露は，曝露電界・磁界の値が既知の状態である業務活動中に曝露される成人に適用されるものを指す。これに対して，公衆の曝露は，種々の健康状態にあるすべての年齢を含む集団で，かつその人々は曝露の存在を意識していない「一般公衆」の場合に適用される。

なお，基本制限が周波数 10MHz まで示されているのは，後述する 1998 年のガイドラインにもあるように，100kHz から 10MHz までは刺激作用と熱作用の両者の基本制限が設定されているためである。この周波数帯で刺激作用に基づく現象に対しては表 1 が適用され，熱的作用については後述の表 5 が適用されることになる。したがって，現実的には両者の参考レベルの低い方が目安となる。

表 2 は磁気閃光現象を避けるための基本制限である。表 2-1 は職業的曝露，表 2-2 は公衆の曝露の場合である。いずれの場合も 10Hz から 25Hz までの誘導電界強度を制限している。誘導電界の評価は 2 × 2 × 2mm^3 の体積における電界ベクトルの平均値を基本としている。時間的

表 1　頭部と体部の全組織に対する基本制限

周波数帯 (Hz)	内部誘導電界強度	
	職業的 (V/m)	公衆 (V/m)
1～3k	0.8	0.4
3k～10M	$2.7\times10^{-4}f$	$1.35\times10^{-4}f$

f：周波数［Hz］

表２－１　磁気閃光を避けるための基本制限（職業的曝露）

周波数帯 (Hz)	内部誘導電界強度 (V/m)
1～10	$0.5/f$
10～25	0.05
25～400	$2\times10^{-3}f$
400～3k	0.8
3k～10M	$2.7\times10^{-4}f$

f：周波数［Hz］

表２－２　磁気閃光を避けるための基本制限（公衆の曝露）

周波数帯 (Hz)	内部誘導電界強度 (V/m)
1～10	$0.1/f$
10～25	0.01
25～1000	$4\times10^{-4}f$
1000～3k	0.4
3k～10M	$1.35\times10^{-4}f$

f：周波数［Hz］

には実効値を用いている。

図１は表1～表2-2を図としてまとめたものである。図中の電界値4V/mは神経に対する刺激閾値であり，職業的曝露においてはこの閾値の1/5の値を採用し，公衆の曝露においては閾値の1/10を採用している。ただし，10～25Hzにおいては職業的曝露については，磁気閃光の閾値を採用し，公衆の曝露においては閾値の1/5とした。これは，磁気閃光現象そのものは健康への有害な影響とは見なされておらず，かつ，磁気閃光以外で脳機能に対して起きる可能性のある一過性の影響の閾値は，磁気閃光の閾値よりも高いことが認められているためである。

なお，改訂前の低周波ガイドラインでは，誘導電界によって体内に誘導される電流密度を基本制限としていた。今回の改訂で基本制限値が電流密度から誘導電界に変更されたことになる。

3.1.2　参考レベル（Reference level）

3.1.1に示す基本制限値が守るべきガイドラインであるが，実際には体内の誘導電界を直接知ることは困難である。そのため，信頼のある数学的モデルを用いて，人体との結合が最も大きくなる条件で基本制限を遵守する曝露電界や曝露磁界の値を導き出したものを「参考レベル(Reference level)」と呼ぶ。この計算には結合の周波数特性やドシメトリの不確かさが係数とし

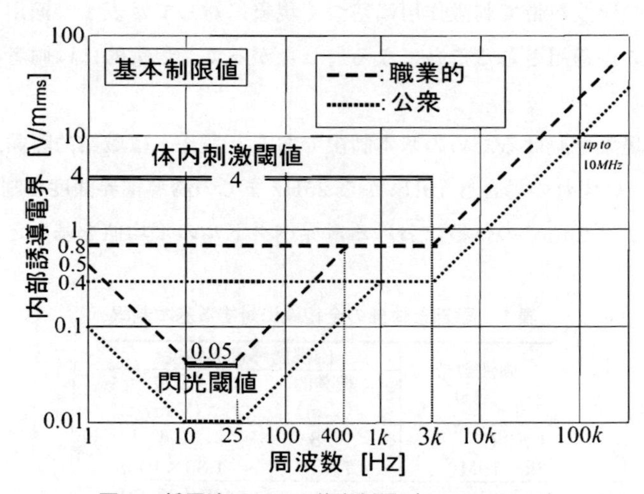

図１　低周波における基本制限（ICNIRP2010）

て考慮されている。

すでに述べたように，参考レベルは信頼のある数学的モデルを用いて，曝露電界や磁界と，人体との結合が最も大きくなる条件で基本制限を遵守する値として導き出したものであり，体が占める空間における曝露電界や曝露磁界が一様な場合を想定して求められている。電磁界発生源からの距離が近く，空間的に一様な電磁界とみなせない場合は，空間平均値を参考レベル以下とし，局所では参考レベルを上回ってもよいとする。ただし，その場合でも基本制限値は遵守する必要がある。

表3は低周波電界，磁界に対する参考レベルを示した表であり，図2はそれらをグラフで表したものである。

3.1.3　接触電流の参考レベル

表4は導電性物体からの点接触による接触電流に対する参考レベルである。図3はそれをグラフで示したものである。いずれも，痛みのある電撃からの回避を想定したレベルである。子供での閾値は成人の約1/2であるため，公衆曝露の参考レベルは職業的曝露の1/2に設定されている。

表3-1　低周波電界に対する参考レベル

周波数帯 (Hz)	曝露電界強度 職業的 (kV/m)	公衆 (kV/m)
1～25	20	5（～50Hz）
25～3k	500/f	250/f(50Hz～)
3k～10M	0.17	0.083

f：周波数［Hz］

表3-2　低周波磁界に対する参考レベル

周波数帯 (Hz)	曝露磁束密度 職業的 (mT)	公衆 (mT)
1～8	200/f^2	40/f^2
8～25	25/f	5/f
25～300	1	0.2（～400Hz）
300～3k	300/f	80/f(400Hz～)
3k～10M	0.1	0.027

f：周波数［Hz］

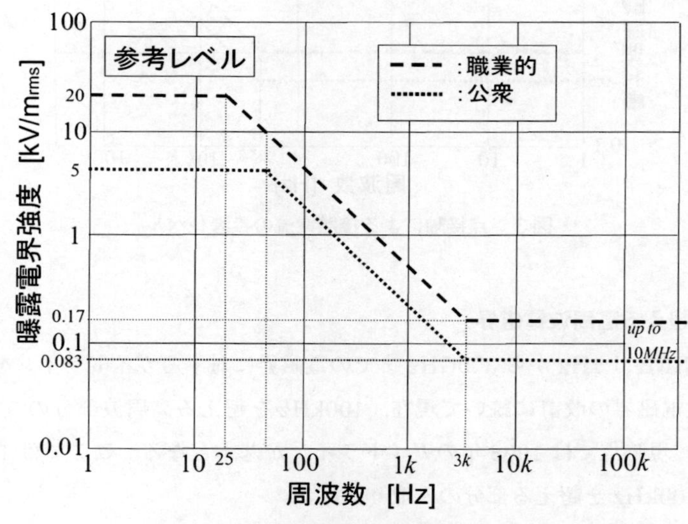

図2-1　低周波電界に対する参考レベル

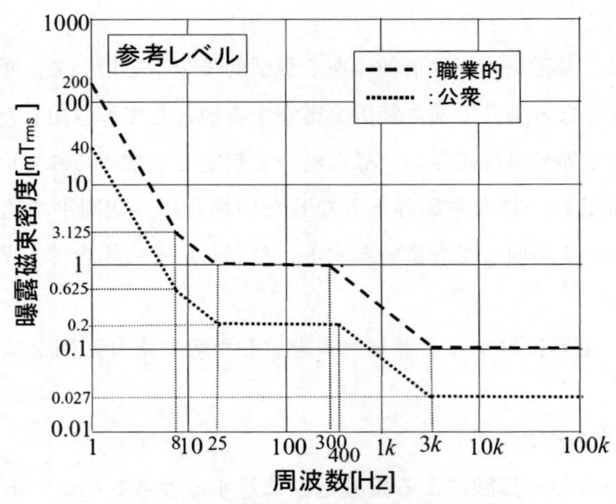

図2-2　低周波磁界に対する参考レベル

表4　接触電流（点接触）に対する参考レベル

周波数帯（Hz）	最大電流（mA）	
	職業的曝露	公衆曝露
～2.5k	1.0	0.5
2.5k～100k	0.4*f*	0.2*f*
100k～10M	40	20

f：周波数（kHz）

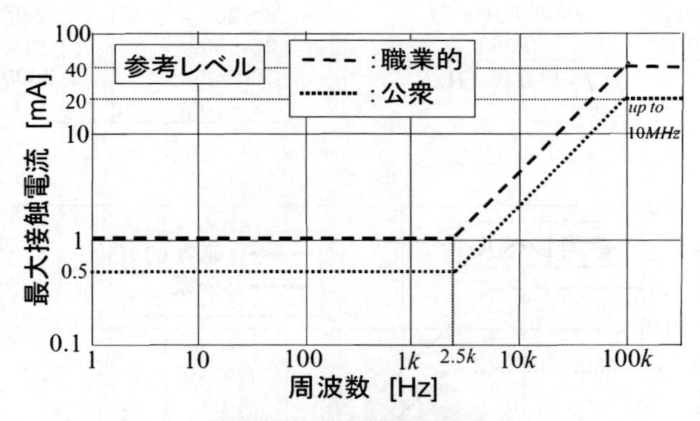

図3　点接触による接触電流の参考レベル

3.2　100kHzを超える高周波電磁界[3)]

1998年にICNIRPは1Hzから300GHzまでの電磁界に対するガイドラインを公表しており，2010年の低周波電磁界の改訂に続いて現在，100kHzを超える高周波部分の改訂作業が進行中のようであるが，現時点では1998年のガイドラインが基本となる。ここでは1998年のガイドラインのうち，100kHzを超える部分のみ取り上げる。

3.2.1　基本制限

1998年のICNIRPのガイドラインでは，周波数1Hz～10MHzにおける基本制限は神経系機能への影響に着目した電流密度として定められている。一方，100kHz～10GHzでは比エネルギー吸収率（SAR）が採用されている。したがって，100kHz～10MHzの周波数帯では電流密度とSAR共に制限が設けられていることになる。この事情は2010年の改訂でも同様であるので，表5中で10MHzまでの電流密度は，表1の誘導電界で置き換えねばならない。10GHz～300GHzでは，電力密度（面密度）が基本制限である。

1998年のICNIRPのガイドラインでは，数Hzから1kHzでは，100mA/m^{2}の電流密度が神経系に対する閾値であることから，職業的曝露ではその1/10の10mA/m^{2}を，公衆の曝露では閾値の1/50の2mA/m^{2}を基本制限としている。

10MHzから数GHzにおいて熱作用の閾値は全身平均SARで4W/kg（30分曝露で1度の体温上昇）であり，職業的曝露ではその1/10の0.4W/kgを，公衆の曝露では閾値の1/50の値である0.08W/kgを基本制限としている。

表5は100kHzを超える電磁界における1998年の基本制限をまとめたものであり，図4はそれをグラフで示したものである。ただし，表5中の10MHzまでの電流密度値は表1の内部誘導電界に置き換えなければならない。

3.2.2　参考レベル

表6は100kHzを超える周波数帯における参考レベル（表6-1は職業的曝露，表6-2は公衆の曝露）である。図5は電界の参考レベルをグラフ化したものであり，図6は磁界の参考レベルを示したものである。

3.3　静磁界に対するガイドライン[4)]

人体通信の分野では直接的な関連は薄いと思われるが，参考までに静磁界に対するガイドラインを最後に紹介しておく。これは2009年にICNIRPによって改訂されたものである。

表5　100kHz～300GHzにおける基本制限

周波数帯 f (Hz)	頭部・体幹 電流密度 (mA/m^2)	全身平均 SAR (W/kg)	局所SAR 頭部・体幹 (W/kg)	局所SAR 四肢 (W/kg)	電力密度 (W/m^2)
職業的					
100k～10M	f/100	0.4	10	20	−
10M～10G	−	0.4	10	20	−
10G～300G	−	−	−	−	50
公衆					
100k～10M	f/500	0.08	2	4	−
10M～10G	−	0.08	2	4	−
10G～300G	−	−	−	−	10

SAR値は任意の6分間平均値
局所SARは10g平均値

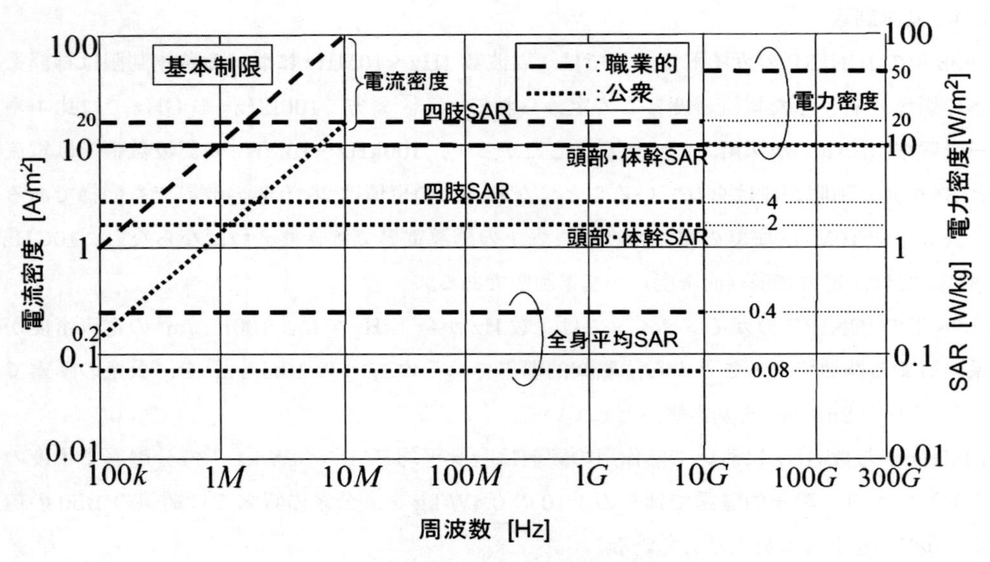

図4 100kHz～300GHz における基本制限

表6－1 100kHz～300GHz における参考レベル（職業的曝露）
時間変動電磁界に関する参考レベル（職業的曝露）

周波数範囲	電界強度 V/m	磁束密度 μT	等価平面波電力密度 W/m²
0.065～1MHz	610	$2.0/f$	－
1～10MHz	$610/f$	$2.0/f$	－
10～400MHz	61	0.2	10
400～2000MHz	$3f^{1/2}$	$0.01f^{1/2}$	$f/40$
2～300GHz	137	0.45	50

f：周波数　範囲の欄に示す単位

表6－2 100kHz～300GHz における参考レベル（公衆の曝露）
時間変動電磁界に関する参考レベル（公衆曝露）

周波数範囲	電界強度 V/m	磁束密度 μT	等価平面波電力密度 W/m²
3～150kHz	87	6.25	
0.15～1MHz	87	$0.92/f$	－
1～10MHz	$87/f^{1/2}$	$0.92/f$	－
10～400MHz	27.5	0.092	2
400～2000MHz	$1.375f^{1/2}$	$0.0046f^{1/2}$	$f/40$
2～300GHz	61	0.20	10

f：周波数　範囲の欄に示す単位

それによると，職業的曝露では，頭部，躯体部において 2T，四肢においては 8T とされ，公衆の曝露では，体の任意の部分で 400mT とされている。もちろん，ここでも埋込型の医療機器に対しては対象外である。

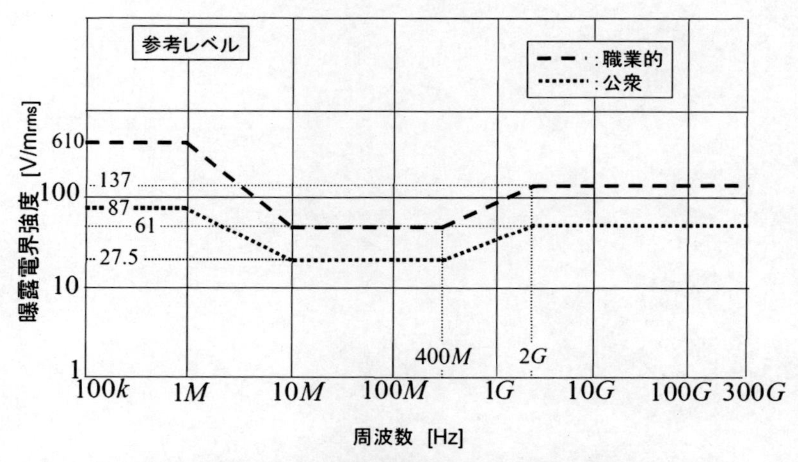

図５　100kHz を超える周波数帯における電界の参考レベル

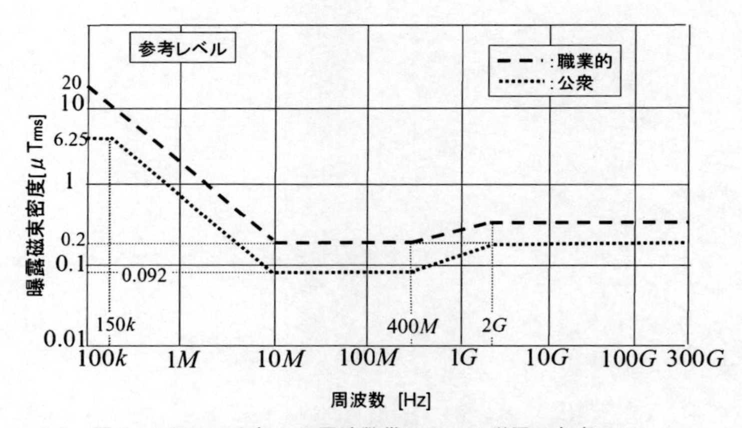

図６　100kHz を超える周波数帯における磁界の参考レベル

文　　献

1）　IEC 2005b IEC60601-1-2

2）　ICNIRP, *Health Phys*, **99**, 818-836（2010）

3）　ICNIRP, *Health Phys*, **74**, 494-522（1998）

4）　ICNIRP, *Health Phys*, **96**, 504-514（2009）

【第2編　人体通信のアプリケーション】

第8章　電界式人体通信モジュールの開発

—伝える　新・技術「人体通信」—

横尾兼一*

1　概要

当社における「人体通信」への取り組みは，2007年10月ごろから本格的な研究・開発をスタートした。人体通信の通信方式として主に「電流方式」と「電界方式」があり，今後想定されるアプリケーションを考慮した場合に，電界方式の方が人体通信としての特徴を出せると判断し，「電界方式」にて開発を進めることとした。

当社は採用した通信方式にちなみ「電界通信」として，以降ビジネスの確立を目標にモジュールを開発。双方向通信が可能な「電界通信モジュール」として，民生機器及びヘルス・ケア機器への搭載を目指し，マーケティング活動及び拡販活動を行っている。

開発当初は，電界通信の原理を確認するため，ディスクリート部品を基板に実装した通信原理サンプルを作成し原理検証を行っていたものの，評価基板のサイズが大きく，機器に組み込んでの検証が困難な状況であった。そのため，エンジニアリングサンプル（ES）の開発では，機器への組み込みが可能なサイズの基板設計と性能向上を主眼に，実機検証を行ってきた。

CEATEC JAPAN 2007において出展して以来，当社プライベートショーALPS SHOW 2010（2010年9月開催）や，CEATEC JAPAN 2010（2010年10月開催）に，「電界通信モジュール」を搭載したアプリケーションデモを展示。大きな反響と共に，多くの引き合いをいただいている。

これら展示会への出展で，機器に組み込むアプリケーションを開拓する一方で，モジュールの完成度を上げるべく製品開発にも注力してきた。

量産目前のモジュールには，当社が独自に開発した電界通信専用のカスタムICや，微弱な信号を検出するための独自センサ，専用ICに実装するソフトウェアを新規に開発。また，当社がもっている高密度の部品実装技術を駆使し，小型化を実現することに成功した。

2　電界通信の位置付け

「電界通信」は，当社の製品群において縦軸を伝送レート，横軸を通信距離とした場合に図1に示す位置付けとなっている。

＊ Kenichi Yokoo　アルプス電気㈱　HM＆I事業本部　第2商品開発部　第1グループ　グループマネージャー

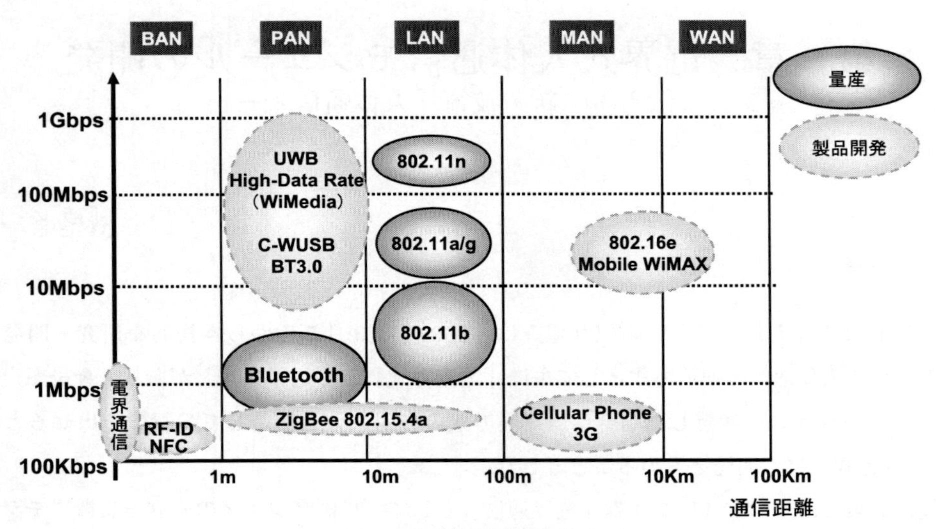

図1　開発製品の位置付け

当社製品群のうち，すでに量産しているものはLAN（Local Area Network）のカテゴリでは無線LANモジュールの11a，11b，11g，11nに対応した製品を，PAN（Personal Area Network）のカテゴリではBTモジュールをラインアップとして持っている。また，開発中の製品としても，PANのカテゴリではUWBモジュールを，WAN（Wide Area Network）及びMAN（Metropolitan Area Network）のカテゴリでは，WiMAXや3Gの携帯電話モジュールをラインアップに加えるべく，製品化に向け取り組んでいる。

これら，通信分野における様々な製品群を持つなかで，電界通信はBAN（Body Area Network）のカテゴリに対応した製品となる。転送速度は100Kbpsから数Mbpsと決して高速ではないが，近距離に限定した通信が可能であり，「電界通信」が製品群に加わることで，BANエリアからWANエリアまでをカバーできる，幅広い製品の提供が可能となった。

3　開発の背景

通信ネットワークは，市場ニーズとともに発達しWAN（Wide Area Network）⇒LAN（Local Area Network）⇒PAN（Personal Area Network）と，より小規模なネットワークが構築できるシステムが注目されてきた。そのなかでも特に，PANと呼ばれる数m～数十m以内の範囲で通信が可能なネットワークが注目されており，より近距離のBAN（Body Area Network）と呼ばれる人間の手が届く範囲の通信についても一層の関心が集まっている。

このPANよりも近距離の通信範囲となるBANにおいては，機器同士の接続性はより安全でしかも誰にでも簡単に使用できるという快適さが求められている。

その要求を満たすことができるBAN（図2）として，人体をイーサーネットのLANケーブル

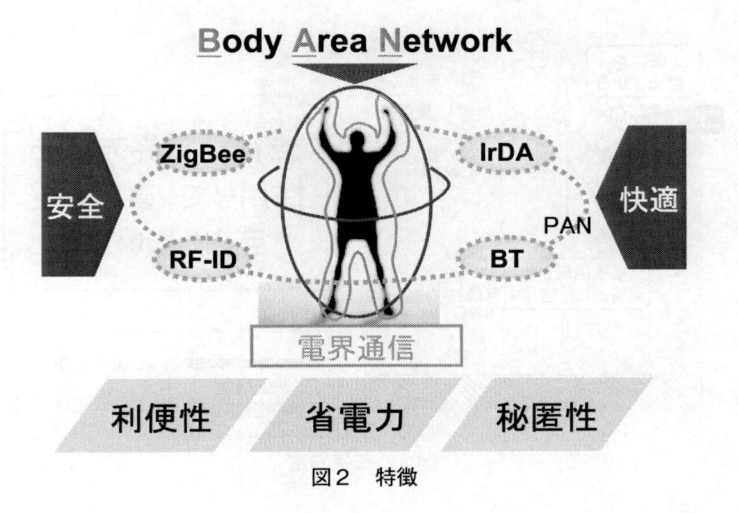

図2　特徴

のような伝送路として使用した，究極の通信技術とも言われるのが，昨今，TVや雑誌などのメディアにも取り上げられる機会が多くなった，人体通信と呼ばれる技術である。

その特長としては，自分が通信したいという意思で触れた際にデータのやり取りを行うため，電波のようにデータを飛散させることが少なく秘匿性が高いという安全面と，データを遠くまで飛ばす必要性がないことで，省電力化，ならびに周辺機器への影響を低減させることも可能であるという点が挙げられる。また，人体通信は，“触れる”という動作と連動することで，自然な動作のなかから，自分の意思でデータを伝送することが可能となる。

4　通信方式とモジュール開発

4.1　通信方式

人体通信には様々な通信方式があり，方式ごとに長所や短所があるなかで，当社は電界方式を採用して，製品開発を進めてきた。

電界方式を採用した理由は，図３のように信号電極と体が必ず接触しなくても通信が可能というところに着目し，適用できるアプリケーションの幅を広げることができるのではないかと考えたためである。

4.2　モジュール開発の遷移

モジュールは図４のような遷移で開発が行われてきた。

開発当初，双方向通信原理サンプルとして，ディスクリート部品を基板に実装して構成したモジュールを作成した。このモジュールを使用して通信動作を確認するデモ機の作成を行い，実際に電界通信がどのような振る舞いをするのかについて，原理検証を行った。

その後，様々な機器にモジュールを組み込み，動作検証を行う必要性が出てきたため，原理サ

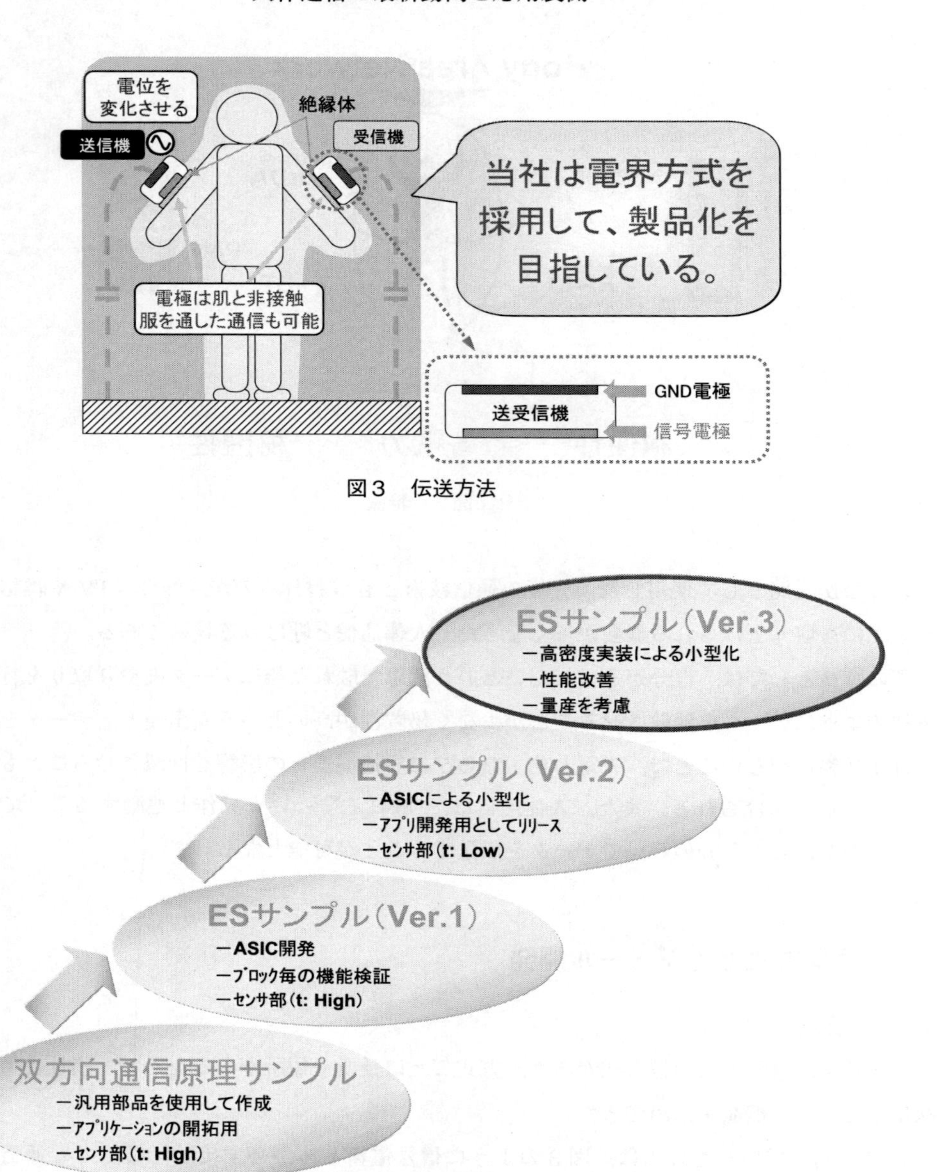

図3　伝送方法

図4　モジュール開発の経緯

ンプルではサイズ的に問題があり，モジュールを小型化する必要が出てきた。しかし，汎用部品だけでは，小型化に限界があったため，電界通信専用のICを開発することで，モジュールの小型化の実現に目処が立った。

ESサンプル（Engineering Sample）（Ver.1）は，ASICに搭載した個々のブロック機能の確認と，電界を検出するためのセンサを一つの基板に実装した場合に，通信が行われるかの検証を行う目的で作成した。このサンプルでは，モジュールの厚みがあり，サイズ的に課題を残すこととなった。

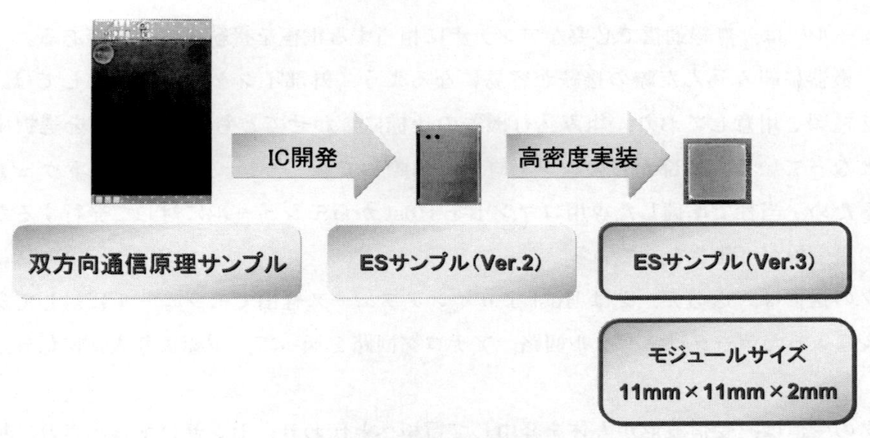

図５　モジュールの形状

ESサンプル（Ver.2）は，（Ver.1）で課題となった，モジュールサイズ及び動作検証で見つかったASICのバグを改善する目的で作成した。更なる，モジュールの小型化・低背化を目指し，センサ部の改善とASIC周辺に搭載する部品についても大きく見直しを行った。そして，アプリケーション開発用としてリリースし，実際の機器に搭載した検証を行った。

ESサンプル（Ver.3）は，（Ver.2）を元に，さらなる高密度実装と性能改善を目的に作成した。現在，このサンプルを元に量産に移行する準備を進めている。

現在のモジュールに至るまでのモジュールサイズの変更は，図５に示すとおりである。

4.3　モジュールの構成（ブロック図）

図６に，電界通信モジュールのブロック図を示す。

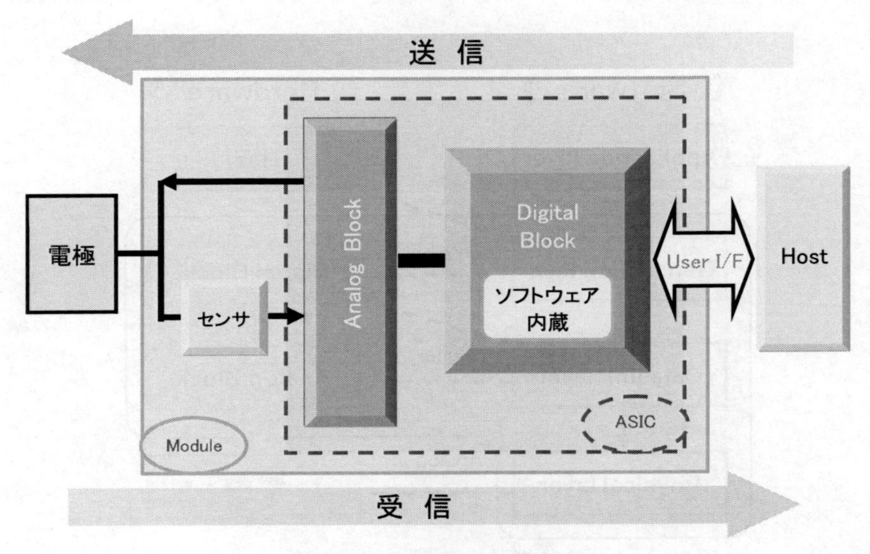

図６　モジュールの構成

モジュールには，無線通信で必要なアンテナに相当する電極を接続する必要がある。

また，機器に組み込んだ際の接続が容易になるよう，外部インタフェースとしては，I2CとSCIの2種類を用意しており，組み込む機器の仕様に合わせてどちらかを一方を選択することが可能となっている。外部からのコントロールに際しても，モジュールにソフトウェアを搭載しているため，当社で準備した専用コマンドをHostからモジュールに対して発行するだけで，データの送受信が可能となっている。

データの送信は，送信データはHostよりインタフェース経由でモジュールに対して送り，モジュールに入ったデータはデジタル回路，アナログ回路を通って，電極より人体に信号が伝えられる。

データの受信は，受信波形が人体を経由して電極へと伝わり，センサにて検出され，検出された信号はアナログ回路，デジタル回路を経由して，インタフェースからHostに送られる。

4.4 モジュールに実装されているソフトウェア

モジュールに実装しているソフトウェアは，開発したASICに合わせて自社で開発したものである。ソフトウェアとハードウェアの関係は，図7に示す。

次に，ソフトウェアとハードウェアの詳しい関係について説明する。

ASIC内部のアナログブロックを制御するアナログインタフェースは，ソフトウェアのフィジカルレイヤでサポートし，同じデジタルブロックを制御するデジタルインタフェースは，データリンクレイヤでサポートしている。モジュールを組み込んだ際に，外部インタフェースにて機器からモジュールを制御するホストインタフェースは，トランザクションレイヤでサポートしている。

当社では，フィジカルレイヤからトランザクションレイヤまでをモジュールに搭載したソフト

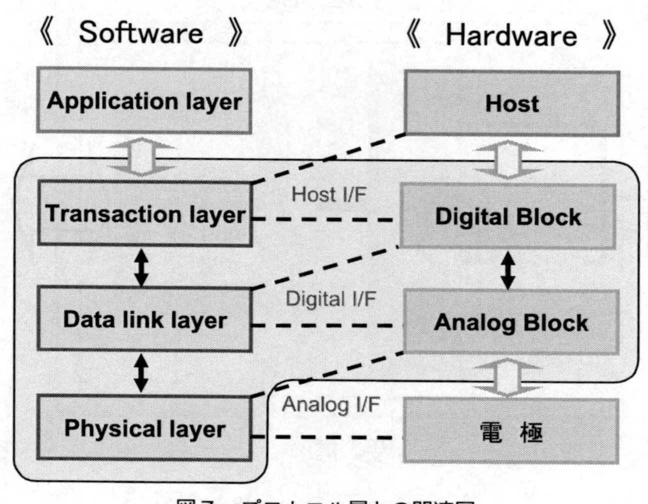

図7 プロトコル層との関連図

ウェアでサポートするが，アプリケーションレイヤについては，モジュールを組み込んだ機器側で準備する必要がある。

なお，アプリケーションレイヤで準備して貰う必要があるコマンド類については，当社が準備したソフトウェア仕様書に基づいてソフトウェアを作成して貰うこととなる。

5　電界通信に関する取り組み

5.1　評価キット及び評価サンプル

電界通信の評価が簡単にできるように，図８のように評価サンプルを有償で準備している。左から，評価キット，モジュールを実装した評価基板，サンプルモジュールの３種類を用意しており，顧客からの要求や評価内容に応じて提供している。

5.2　電界のシミュレーション

電界通信の伝送原理の解明のため，電磁界シミュレータによる解析を行っている。図９は，電界通信で使用している，10 MHz 帯域で通信した際の人体に発生する電界の様子をシミュレーションしたものになる。右手に送信機を持ち，左手に受信機を持った状態をモデル化した。このシミュレーション結果から，次のことがわかった。

①電界は人体周辺に発生する。

アルプス電気から提供できる評価サンプル
評価 Kit→モジュール付き評価基板→モジュール

図８　評価サンプル

図９　電界の発生シミュレーション

②通信に使用する周波数を高くすると，空間への電界放出は大きくなる。

③電界は体の端で強く発生する。

シミュレーションによる検証は今後も継続し，更に精度を上げていく。

5.3　微弱無線設備性能証明

電界通信に関する規格は，現時点では存在していないため，当社の判断で，電波法の微弱無線設備性能の証明書を取得した。図 10 が取得した証明書と，測定時の写真になる。モジュール単体では試験できないため，カードケースにモジュールとバッテリを入れ，疑似人体に装着した状

微弱無線設備性能証明書

証明を受けた者	アルプス電気株式会社
無線設備の名称	電界通信送受信装置
型式名	UGBJ1
製造番号	No. 3.3
製造会社名	アルプス電気株式会社
証明番号	ZTB09001
認証をした年月日	平成 21 年 9 月 17 日
備考	報告書番号：Z101C-09033

上記の通り，電波法施行規則第 6 条第 1 項第 1 号に規定する発射電波が著しく微弱な無線局の無線設備であることを証明する。

平成 21 年 9 月 17 日

株式会社 ザクタテクノロジーコーポレーション

ZACTA

カードサイズ：
54(W)＊85(D)＊6.5(H) mm

図10　電波法（微弱無線）

態で試験を行った。

6　今後の取り組み

現在，より幅広いアプリケーションへの対応を目指し，ESモジュールの開発と並行して，次世代機の開発を進めている。図11のように，次世代の電界通信モジュールについて，原理試作用の基板を作成し，数Mbpsの通信が可能であることを確認した。また，原理試作の評価も概ね完了したため，小型基板の準備を進めている。今後は，この小型基板にてマーケティング活動を行い，市場ニーズを把握した上で，次世代モジュール開発を進めていく予定である。

次世代原理試作基板

図11　次世代原理試作

第9章　医療分野への応用

―植込み型補助人工心臓装着患者の在宅遠隔モニタリングの必要性と人体通信技術を用いたモニタリングシステムの構想について―

柏　公一*

1　はじめに

近年，心臓移植までのつなぎ（Bridge to Transplant；BTT）として，重症心不全患者に補助人工心臓（ventricular assist device；VAD）を装着するという治療が積極的に行われつつある。しかし，本邦において心臓移植は重症心不全に対する標準的な治療になっておらず，心臓移植者の平均待機期間は2年を超えているのが現状である[1]。また，2011年3月末現在，本邦で使用可能なVADは体の外に血液ポンプを設置するタイプのもの（体外設置型）しかない。このVADの駆動装置は，大型で非常に重く，消費電力も大きいため，VADを装着した患者は入院治療を余儀なくされてきた（図1）。このような背景から，本邦におけるVAD治療は個室入院ベッ

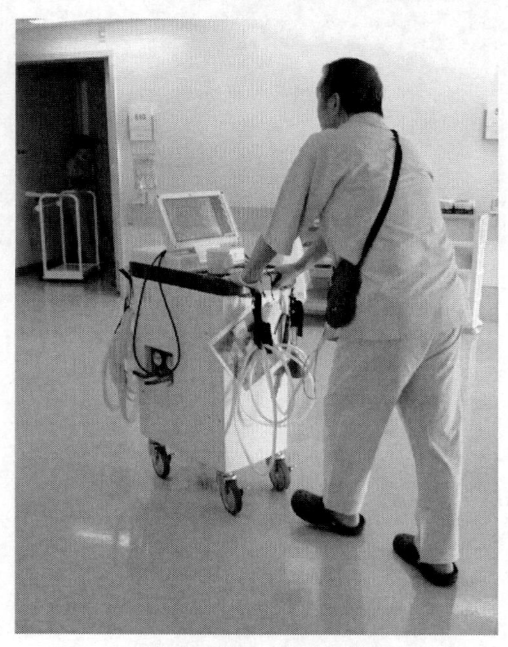

図1　体外設置型のVADを装着した患者
体外設置型のVADを装着した患者は，長期に渡る入院治療を余儀なくされている。

* Koichi Kashiwa　東京大学医学部附属病院　医療機器管理部　臨床工学技士　人工心肺担当主任

ドの占有，想像を絶する医療コストといった大きな問題をかかえている。さらに，長期に渡って入院治療を余儀なくされている患者の生活の質（quality of life；QOL）が非常に低いことも問題視されている。このような状況を打破すると期待されているのが，体の中に血液ポンプを植え込むタイプのVAD（植込み型VAD）であり，今後のVAD治療の中心的な存在になるであろうと思われる。植込み型VADのコントローラーは非常に小型でバッテリー性能も優れているため，自宅で日常生活を送ることはもちろん，就学や就業など社会復帰を果たすことも可能であり，医療経済の負担軽減やVAD装着患者のQOLの向上につながると考えられている。

今まで，東大病院では４機種の植込み型VADの臨床治験を行い，計10名の植込み型VAD装着患者の在宅療養を支援してきた。この臨床治験を通じて，VAD装着患者のQOLの向上など植込み型VADのメリットを感じることができた。しかしながら，在宅療養における様々な問題点が浮き彫りになったのも事実である。そのうちの一つが，在宅療養中の患者の状態やVADの駆動状態をどのようにモニタリングするかということである。この問題点を解決するために筆者らは，在宅遠隔モニタリングシステムの構築の必要性を色々なところで訴えてきた。そして，最近，人体通信技術を用いることによって簡便にこのシステムを構築することができるのではないかと考え，㈱アンプレットと共同で，その実用化に向けた検討を行い始めたところである。

手を触れるだけでドアが解錠できる，利用者がカードをリーダーにかざさなくても個人の識別や認証ができるなど，人体通信技術はセキュリティーの分野ではすでに実用段階に至っているが，現在のところ，医療分野で人体通信技術が応用された例はない。本稿では，筆者らが思い描いている植込み型VAD装着患者の在宅遠隔モニタリングシステムを例にとり，人体通信技術の医療分野での応用の可能性について考えていきたいと思う。

2　VAD治療とは？

我々の間では浸透してきた感があるVAD治療ではあるが，この治療に馴染みのない方も多いと思う。まずは簡単にVAD治療について紹介したい。

現在，循環を補助する装置としてよく用いられているのは大動脈バルーンポンピング（intra-aortic balloon pumping；IABP）（図２）と経皮的補助循環装置（percutaneous cardio-pulmonary support；PCPS）（図３）であるが，いずれも長期に渡る循環補助には向いておらず，1～2週間程度しか使用できない。また，その補助効果にも限界がある。一方，VADは比較的長期に渡り循環補助を行うことができ，自己心の機能を完全に代行することも可能であるという特徴をもっている。

長い年月の間，本邦で保険償還された長期使用型のVADは体外設置型のニプロVADしか存在しなかった（図４）。ニプロVADは1982年に初めて臨床使用されたVADであり，日本のVAD治療において長年大きな役割を果たしてきた。しかし，１節はじめにでも書いた通り，長期に渡る入院治療を余儀なくされるため，医療経済や患者のQOLといった点を考えるとニプ

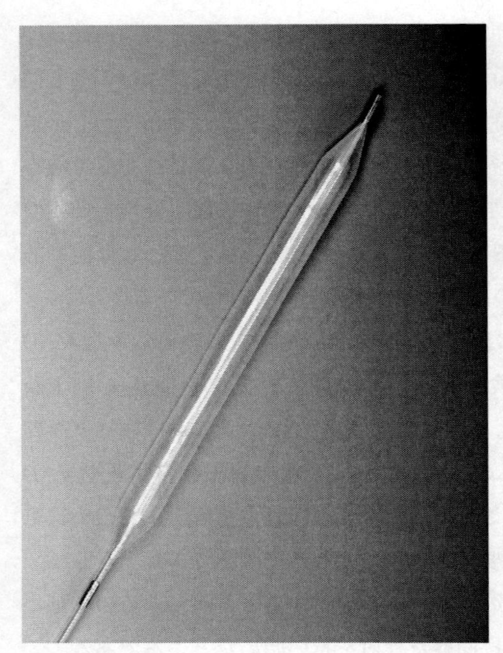

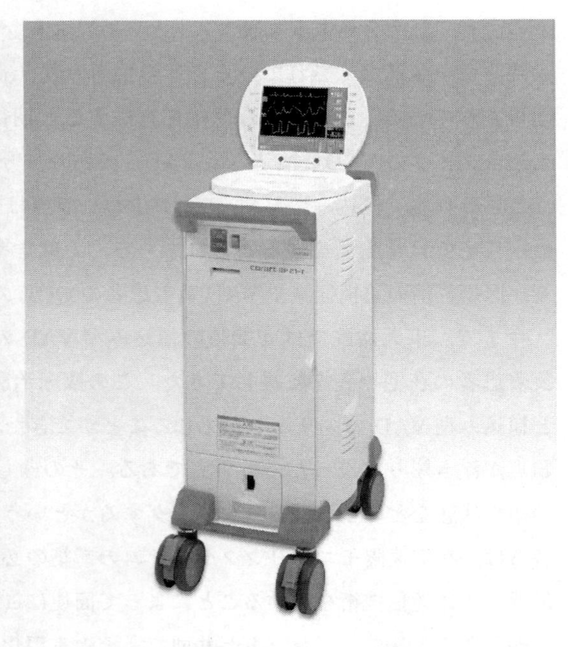

図２　大動脈バルーンポンピング（IABP）
下行大動脈に留置されるバルーン付きカテーテルと，バルーンにヘリウムガスを送る駆動装置からなる。心電図や動脈圧に同期して，バルーンの収縮と拡張が繰り返される。

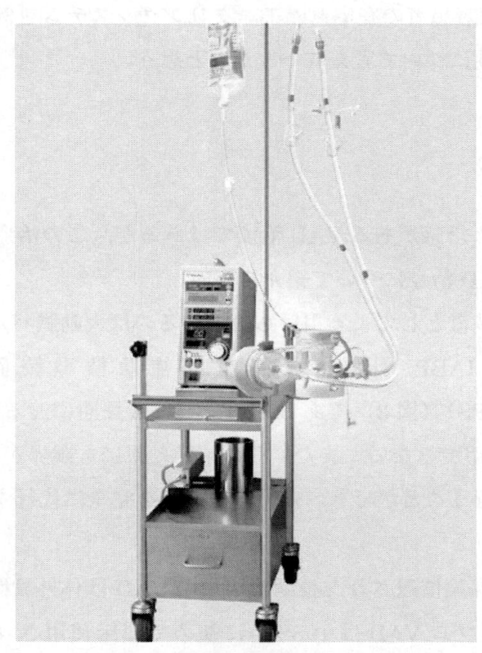

図３　経皮的補助循環装置（PCPS）
右心房から静脈血を体の外に導き，人工肺でガス交換された血液を大腿動脈に送血する体外循環システム。

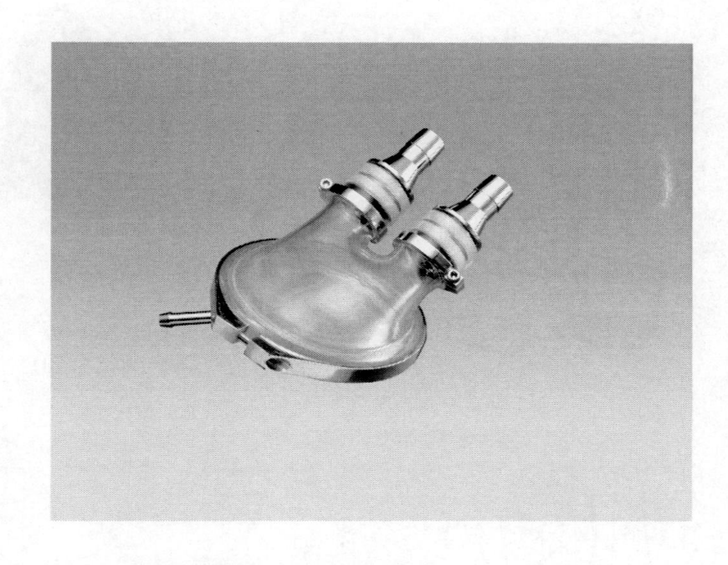

図4　ニプロ VAD の駆動装置と血液ポンプ

ロ VAD による VAD 治療は限界に達している感がある。この問題点を解決すると期待されているのが，植込み型 VAD であり，2006 年末から EVAHEART^{TM}，Jarvik2000，Duraheart^{TM}，HeartMate$^{®}$ II（図 5）の臨床治験が次々に行われてきた。これらが市販されれば，本邦における VAD 治療は在宅療養を軸とした治療となり，大きな転機を迎えることになるのは間違いないと思われる（2011 年 4 月頃，上記 4 機種のうち 2 機種の植込み型 VAD（EVAHEART^{TM}，Duraheart^{TM}）の市販が開始される予定である）。

3　VAD 装着患者の在宅療養における問題点

臨床治験中，筆者らは在宅療養中の VAD 装着患者に発生した様々なトラブルに対処してきた。トラブルが発生したときに重要なのは，トラブル発生時の状況をいかに的確に捉えるかということである。東大病院では患者やその介護者からの電話連絡を 24 時間 365 日体制で受け付けているが，電話連絡だけで正確な情報を入手し，適切な判断ができるかどうかは非常に疑わしい。そこで，トラブル発生時の患者の状態を的確に捉えるための一つの手段として，在宅遠隔モニタリングシステムが必要であると筆者らは考えている。

このシステムの必要性を一つ例にとって説明したい。心室頻拍などの重篤な不整脈を発症すると VAD の流量は徐々に低下し，全身状態の悪化を招くことがある。しかしながら，発症時には気分が悪いなど患者の訴えが明確でないことが多く，電話連絡を受けた医療スタッフも判断に迷うことがある。しかし，その場で患者の心電図波形が手に入れば，不整脈発作なのかそうではないのかすぐに鑑別することが可能であり，医療スタッフはその訴えに対してどのように対

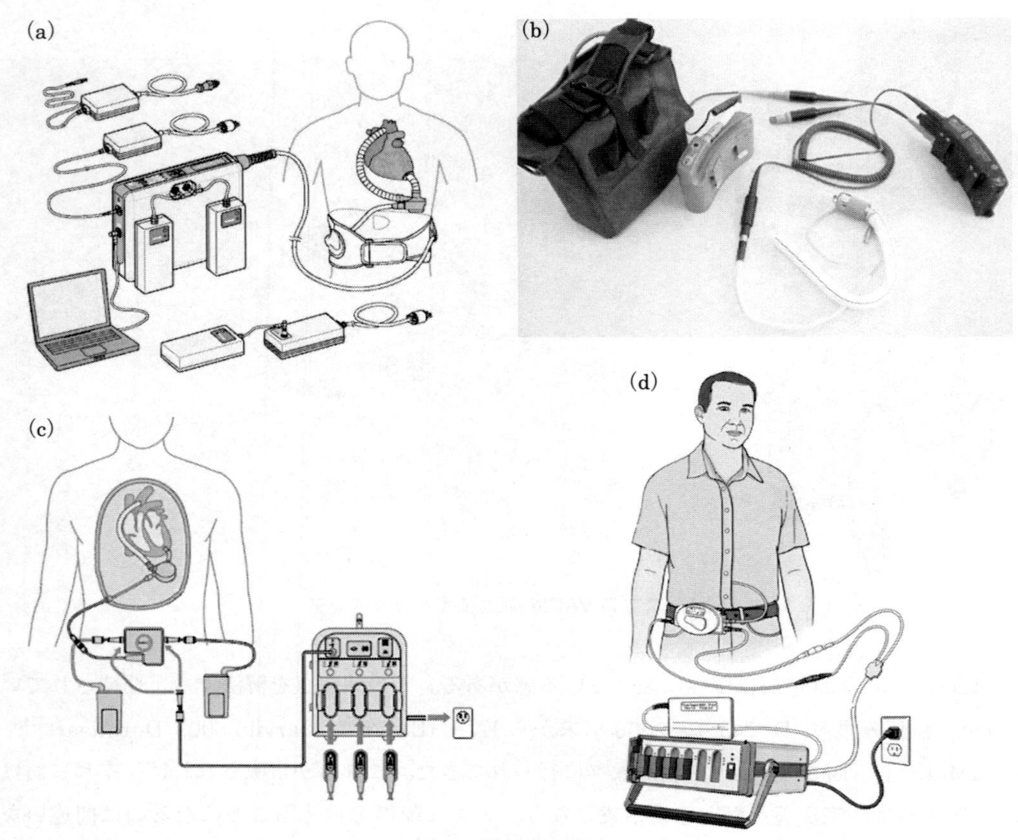

図5　植込み型 VAD
2006年末から本邦において臨床治験が行われた各種植込み型 VAD。これらが市販されれば，本邦におけるVAD 治療は在宅治療を軸とした治療となり，大きな転機を迎えることとなるのは間違いない。
(a) EVAHEART™, (b) Jarvik2000, (c) Duraheart™, (d) HeartMate® Ⅱ。

処すべきか適切に判断することが可能となる。現在，メドトロニック社は心臓ペースメーカや植込み型除細動器（implantable cardioverter defibrillator；ICD)，両室ペーシング機能付き除細動器（CRT-D（cardiac resynchronization therapy；CRT, defibrillator；D)）を装着した患者のための在宅遠隔モニタリングシステムを構築し，医療機関向けにサービスを提供している（Medtronic CareLink® Network）[2]。これは対処を必要とするイベントの早期発見と早期治療の実現のために構築されたシステムであり，在宅療養中の患者の機器の状態や心電図などの生体情報が電話回線を介してネットワーク上のサーバーに保存され，医療スタッフはその情報を Web 上で閲覧することができる。植込み型 VAD 装着患者でメドトロニック社の心臓ペースメーカや ICD，CRT-D を装着している患者では，このサービスを利用して在宅遠隔モニタリングを行うことが可能である（臨床治験では，このサービスを利用して１人の患者に対し在宅遠隔モニタリングを行った)。しかし，当然のことながら，全ての VAD 装着患者に用いることができるサービスではない。また，現在までに筆者らは，VAD 装着患者に携帯型心電計を持たせ，動悸や突然の倦怠感出現時にはただちに患者自身で心電図検査を行ってもらい，インターネットを介してそのデータを転送してもらうことによって，遠隔診断を行ってきた。しかし，データの転送に手間がかかるなどの問題点があり，全ての患者に用いることはできなかった。

4　人体通信技術を用いたモニタリング装置

今後は，全ての植込み型VAD装着患者に対して用いることができる在宅遠隔モニタリングシステムを構築することが求められる。そして，このシステムを構築するにあたって最も重要視しなければならないことは，データの送信が容易に行えるということである。ここで筆者らが注目したのが人体通信技術である。図６は，アルプス電気㈱が開発した人の体を伝送媒体として通信するための通信用モジュールである。このモジュールをモニタリング装置に組み込むことによって，生体情報をモニタリングする機能とその情報を送信する機能を一体化させることができる。このモニタリング装置を使用すれば，CareLink® Networkのように電話回線を使用してデータを伝送する装置を患者の自宅に設置し，それに触れたときに患者の生体情報が医療機関に送信されるようなシステムを構築することが可能である。また，データ送信にWireless LANを用いたシステムを構築すれば，遠隔地にいる患者の生体情報を常時モニタリングすることも可能になるかもしれない。いずれの場合もデータの送信に患者やその介護者の手を煩わすことはない。現在までに，電界通信用モジュールを組み込んだモニタリング装置として，心電計と脈波計が試作されている（図７）。心電図や脈波は患者の状態を知る上で重要な情報であり，まずはこれらのモニタリング装置を使用して在宅遠隔モニタリングシステムを構築し，在宅療養中のVAD装着患者の安全管理に貢献したいと考えている。

図６　アルプス電気㈱が開発した電界通信モジュール
このモジュールをモニタリング装置に組み込むことによって，生体情報をモニタリングする機能とその情報を送信する機能を一体化させることができる。

(a)

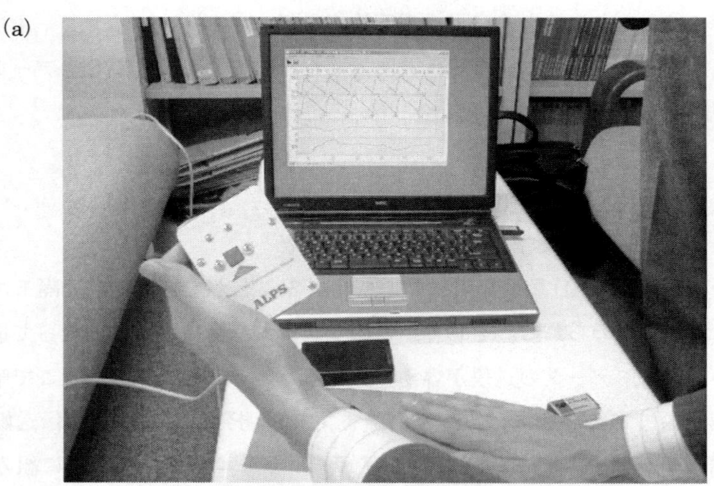

(b)

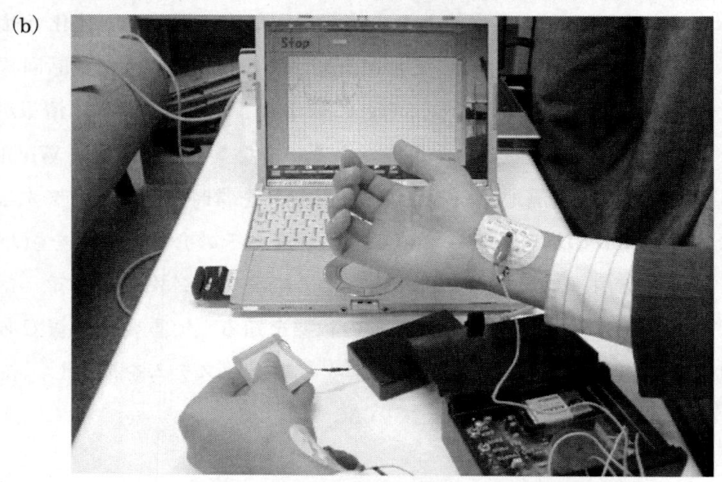

図７　電界通信モジュールを組み込んだ心電計と脈波計
(a) 脈波形，(b) 心電計。

5　おわりに

海外において，植込み型VADはBTTとしてだけではなく，終末医療（Destination Therapy；DT）の目的でも使用されている[3~5]。将来的には，本邦でもDTの目的で植込み型VADが使用されていくと思われる。本章では，今後増えると予想されている植込み型VAD装着患者の在宅遠隔モニタリングシステムの必要性と人体通信技術を用いたモニタリングシステムの構想について述べた。この遠隔モニタリングシステムを構築することができれば，VAD装着患者だけでなく，在宅医療を必要としている患者の状態を把握することにも用いることができる。その他にも患者認証など医療安全の領域でも人体通信技術を用いたシステムを構築することは可能であろう。最近，話題になっている人体通信技術ではあるが，医療分野で応用されるかどうかはこれから次第である。まずは，この技術を医療従事者や病院関係者にアピールし，医療分野でのニーズを掘り起こすことから始めることが必要であろう。

文　　献

1)　㈳日本臓器移植ネットワーク．NEWS LETTER 2010; 14

2)　M. Santini, R. P. Ricci, M. Lunati, M. Landolina, G. B. Perego, M. Marzegalli *et al.*, Remote monitoring of patients with biventricular defibrillators through the CareLink system improves clinical management of arrhythmias and heart failure episodes, *J Interv Card Electrophysiol*, **24**, 53-61（2009）

3)　Long JW, Healy AH, Rasmusson BY, Cowley CG, Nelson KE, Kfoury AG *et al.*, Improving outcomes with long-term "destination" therapy using left ventricular assist devices, *J Thorac Cardiovasc Surg*, **135**, 1353-1360（2008）

4)　Badiwala MV, Rao V. Left ventricular device as destination therapy: are we there yet?, *Curr Opin Cardiol*, **24**, 184-189（2009）

5)　Daneshmand MA, Rajagopal K, Lima B, Khorram N, Blue LJ, Lodge AJ, *et al.*, Left ventricular assist device destination therapy versus extended criteria cardiac transplant, *Ann Thorac Surg*, **89**, 1205-1209（2010）

第10章　人体通信とナビゲーション

中嶋信生*

カーナビの普及に比べると，人のナビゲーションはまだ一般的になっていない。携帯電話端末かPND（Personal Navigation Device）に地図が表示される形式で，基本はカーナビとほとんど変わらない。しかしながら，表示部がダッシュボードに固定されているカーナビと違って，歩行者は端末を手に持たねばならず，他に荷物を持っているときや雨で傘をささねばならないときは極めて不便である。このように，カーナビ技術の転用は人のナビゲーションとしては必ずしも十分ではない。

そこで考えられるのが，ウェアラブル機器の一つであるHMD（Head Mount Display）の応用である。利用者はHMDを装着し，その画面に地図を表示する。HMDの例を図1に，使用形態の例を図2に示す。これならば手がふさがることがなく，カーナビに近い使い方ができる。HMDは目を完全に覆ってしまうFull face型よりも，視界をじゃませずにその一部に映像が表示されるタイプ（図1（a））が望ましい。

データ処理部にはGPS受信機と画像処理部が組み込まれる。データ処理部はPNDやナビ機能のある携帯電話端末でも代替できる。HMDとデータ処理部は有線で結ばれ，信号のインタフェースは，PCで用いられるアナログRGBかビデオ信号となる。ただし，ビデオ信号ではやや解像度が不足するであろう。画面の変化は通常の動画ほどではないので，独自の通信プロトコルを開発すれば，通信速度は下げられる。

現在のHMDに用いられているケーブルは直径が2～3mm程度のものが多く，ややじゃまである。携帯音楽プレイヤーのイヤホンくらいのケーブルになれば，使用感も向上するので，それ

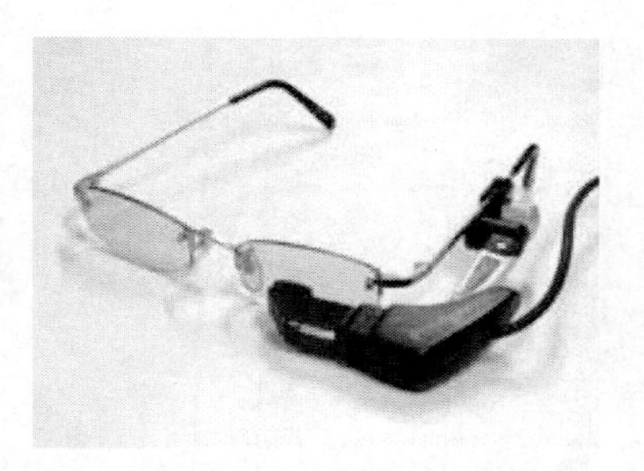

(a) 視野の一部に表示するタイプ

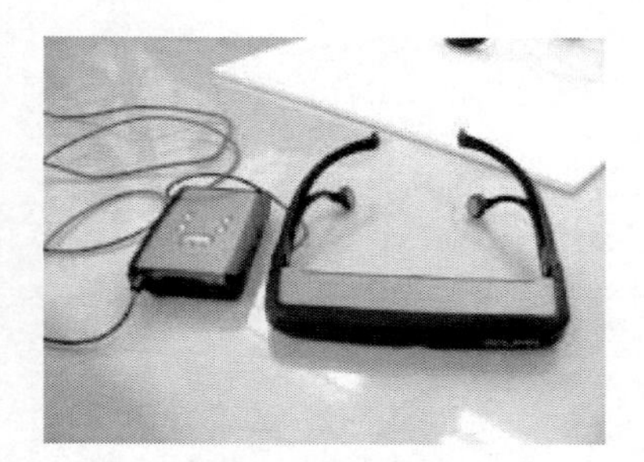

(b) 視野全面を遮って表示するタイプ

図1　HMD

*　Nobuo Nakajima　電気通信大学　総合情報学専攻　教授

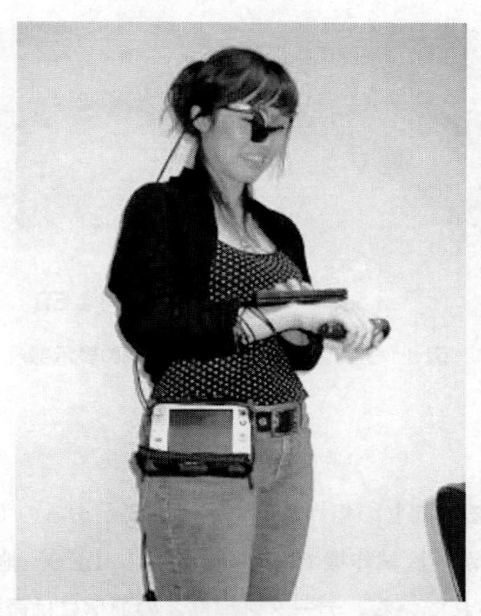

図2　HMDを用いたナビゲーションの様子

がまず第一の課題であり，実現すれば携帯音楽プレイヤーをよく利用する人達にはあまり抵抗なく受け入れられるだろう。しかし，それでもわずらわしさが消えたわけではない。本格的に普及させるにはケーブルレスすなわち無線化が不可欠である。

無線方式としては，Bluetooth，Zigbee（IEEE802.15.4），特定省電力無線，微弱無線それに人体通信の適用が考えられる。求められる条件は，通信品質・通信速度，電池寿命，小型・軽量性，耐干渉性などである。どの無線方式でも本質的な欠点はない。ただし，電池寿命は大きな問題となろう。Bluetoothを用いた携帯電話用のイヤホンマイクがあるが，それと同程度あるいはそれ以上の電池寿命が望まれる。利用者が増加してくると干渉が問題になるであろう。その点で人体から外に電波が放射されない人体通信は最も適している。

現在商品化されているHMDが人のナビに適用された例はまだない。それは，現在のHMDが，重量，外観，電池寿命，コストなどの面で応用レベルに達していないためである。また，安全性もよく考慮されねばならない。HMD中の地図に集中することで周囲への注意がおろそかになると危険である。

これらの問題を考慮して，筆者らは簡易型メガネディスプレイを開発した。図3がその表示方式である。微小LEDをメガネのふちに配列し方位表示を行う。GPS機能を有するデータ処理部が目的地の方位を算出し，その方位に該当するLEDを点灯させる。正面なら上のLED，右方向なら右のLEDといった具合である。右端のカラーLEDを用いて，色別でおおよその距離を表示することもできる。

レンズ周囲のLEDが点灯するだけなので，情報量は少ないが，注視する必要がない，外観が通常のメガネとほとんど同じで重くならない，電池の消耗が少ないなど，現HMDの問題点の

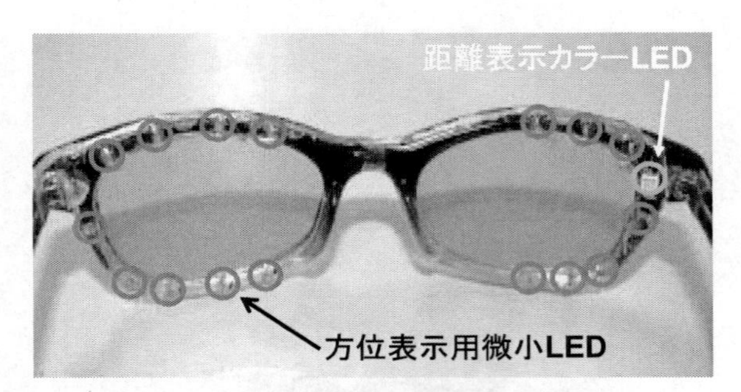

図3　メガネ型ナビゲーションの表示部

多くが解決される。

なお，利用者の向いている方向との相対方位を示す必要があるので，利用者の顔の向きを地磁気センサで検出する。図4が一次試作機である。メガネにLED，地磁気センサ，GPS，データ処理用CPU，電池が搭載されている。データ処理部との通信には微弱無線を用いた。

図5に示す装置構成でナビゲーションの実験を行った結果，LED表示だけでも目的地に間違いなく到着することができることを確認できた。ただし，地図があった方が良いという意見もあった。そのような場合にはPNDと併用すれば良いだろう。歩行中は主にメガネ型ディスプレイを用い，曲がり角などで迷ったらPNDを用いるといったやり方である。

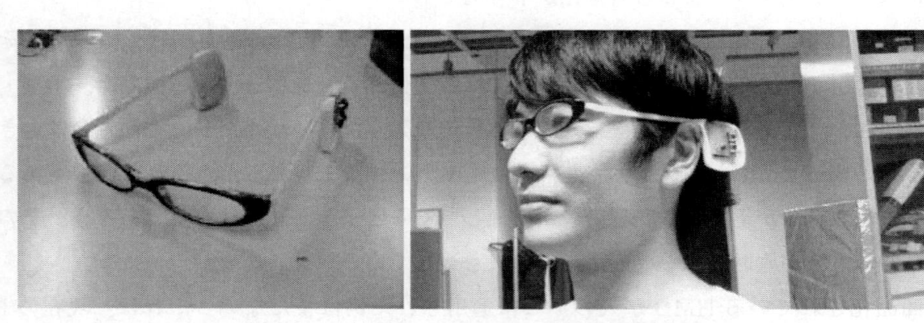

図4　メガネ型ナビゲーション装置一次試作機

図5　メガネ型ナビゲーション装置を実装した様子

一次試作機は重さや外観に問題があったため，メガネ部の機能を必要最小限にして二次試作を行った。完成した装置を図 6 に示す。左後に地磁気センサ，右前にデータ処理，右中に微弱無線受信機，メガネ面に LED，右後に電池を搭載した。一次試作機で問題だった外観上の違和感やバランスの悪さ（一次試作では後ろが重くてレンズ面が持ち上がってしまった）は軽減された。

歩行者を対象にした他のナビゲーション方式として腕時計型が考えられる。HMD の問題はこの方式でも軽減され，メガネをかけない人でも使用することができる。基本的なコンセプトはメガネ型と同じであるが，ナビゲーション情報は図 7 に示すように腕時計上に表示される。図 7 では方位を 12 等分して進むべき方向の LED を点灯している。目的地までの距離を数字で表現するところがメガネ型よりも優れている。例えば 2 桁の場合は小数点を用いて .01km（10m）から 99km までの表示が可能である。全ての機能（GPS，方位表示，データ処理）を携帯時計型端末に集約することも不可能ではないが，端末を小型にするためには，データ処理を別の端末に任せて人体通信を利用することが好ましい。

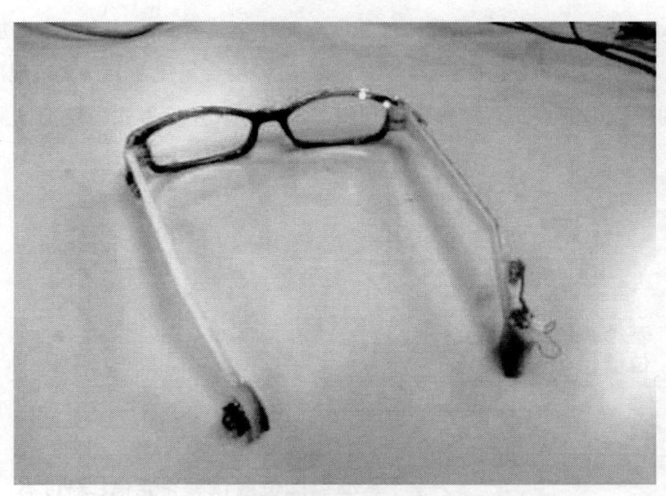

図 6　メガネ型ナビゲーション二次試作装置

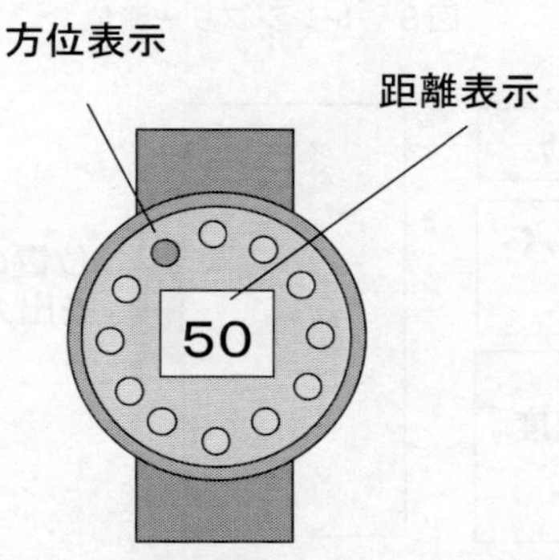

図 7　腕時計型ナビゲーション装置

人のナビゲーションでは，車の場合と違って屋内も対象となる。しかし，現在GPSのような機能を屋内で提供する測位技術は確立されていない。屋内測位方式は各種あるものの，面的な展開にはかなりのコストと時間がかかり今は実用レベルに至っていない。

筆者は，コスト問題を解決するため，レンジフリー測位と自律航法の組み合わせを検討している。サービスエリアの中に離散的にレンジフリー測位のための基地局を置き，その間を自律航法で補間しようというものである。測位インフラは面的配置でなく（複数の）点で済むため，大幅な低コスト化が可能である。

レンジフリー測位とは，三角測量などにより位置を正確に求めるのではなく，図8に示すように基準点から発信している位置情報を受信して自分のおおまかな位置を知る方法である。人の自律航法はまだ確立した技術がないが，簡単に言うと図9に示すように地磁気センサで進む方位を検出し，歩数×歩幅から移動距離を求め，それらから相対的な位置の変化を算出する。レンジフリー測位と組み合わせることで，連続でかつ精度の高い測位が可能となる。但し歩行における移動距離を推定するのが難しい。歩幅を推定に用いた場合，その幅は一定でないため誤差が生じてしまう。体の各部に加速度センサを設置してその検出値から歩行距離を推定する研究がさまざまなされている。図10のように足先に加速度センサを装着して，水平方向加速度の2重積分を行えば，正しく移動距離が推定できる。ただし，この場合足先とデータ処理部とで通信を行わねばならない。利便性の観点から無線化は必須であろう。無線方式の候補は上述と同じである

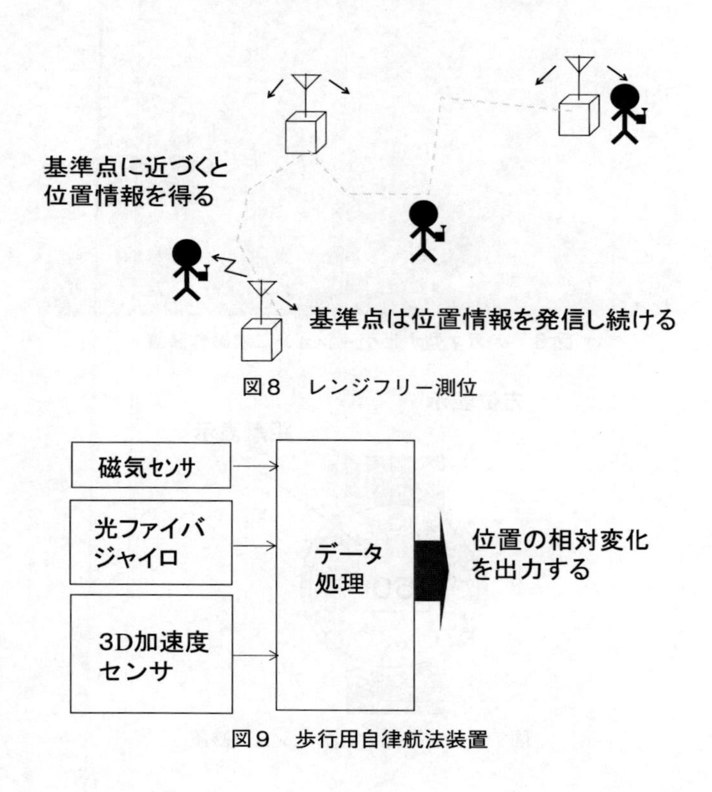

図8　レンジフリー測位

図9　歩行用自律航法装置

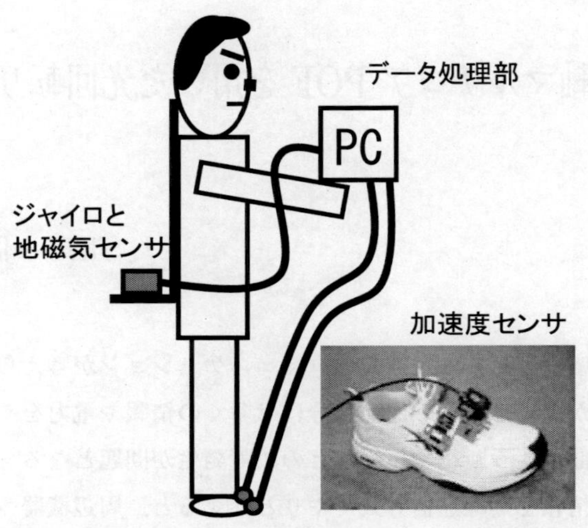

図10　加速度センサを足先に搭載した自律航法実験装置

が，周囲への干渉を考慮すると，やはり人体通信が適している。

ナビゲーションのために人が多くの機器を携行しなければならないのは不便である。最近の携帯電話端末には，GPS 受信機や方位センサ，加速度センサ，Bluetooth が搭載されている機器がある。ナビゲーションに必要な機能はほとんど備えられている。そこで携帯電話端末に必要な機能を組み込み，メガネあるいは腕時計型の表示部とセットでナビゲーションを行って，それらの間を人体通信すれば，ナビゲーション専用デバイスを持たないようにすることも可能である。

ここで紹介した人のナビゲーションは，新たな携帯デバイスであるウェアラブル機器の特徴を活かしたサービスである。そして人体通信の用途として非常に適している。また，今後ウェアラブル機器はナビゲーションのみでなく，携帯電話を用いた各種サービスへのさまざまな応用が期待され，そこでも人体通信は重要な役割を果たすと思われる。

第11章　同軸マルチコアPOFを用いた光回転リンクジョイント

川島　信[*1]，佐生誠司[*2]

1　はじめに

人体通信では，その応用として人と機械のコミュニケーションが考えられる。人と身近な機械としてロボットがあるが，ロボットの関節部分には多くの情報や電力をやり取りするケーブルが必要となり，関節の屈曲に伴う断線や短絡などの故障発生が問題となる。関節部分の無線化も考えられるが，大容量の情報を無線通信方式でやりとりすると，周辺機器への干渉雑音の発生や，他装置からの影響を受けることも考えられる。

本章では，人とロボットのコミュニケーションを広い意味での人体通信ととらえ，ロボットの関節に光ファイバによる通信技術の導入を検討した。本研究では，上述の要求に対し同軸構造のマルチコアプラスチック光ファイバ（Plastic Optical Fiber，以下POF）を導入することにより，高速双方向デジタル通信と電力伝送を可能とする「光回転リンクジョイント（Rotary Link Joint，以下RLJ)」を提案すると共に，提案デバイスの構成法，デジタル伝送特性の実験的解明ならびに理論解析などの検討結果について報告する。

2　外部条件

2.1　光RLJに対するニーズ

近年，産業用ロボットや全方向監視カメラなど，回転体間で情報通信を行う装置に使用される回転リンクコネクタ（RLC）に対する需要が増大している。

従来，回転コネクタによる情報伝送は，狭帯域アナログないしは低速デジタル伝送という需要条件からスリップリングが広く使われてきた。しかし，スリップリングには以下のような欠点があった。

① 接触子の摩耗による特性劣化の発生
② 画像情報等，高速広帯域伝送には不適合
③ 環境条件に弱く劣化し易い
④ 保守性に課題

これらの欠点を克服する新たな回転コネクタの研究が求められてきた。

＊1　Makoto Kawashima　中部大学　工学部　情報工学科　教授
＊2　Seiji Sasho　旭化成イーマテリアルズ㈱

一方，回転リンクコネクタに対する基本的なニーズは極めて高く，その適用領域としては以下のものが挙げられる。

(i)　産業用ロボット

ロボットアームの回転機構等への適用，センサ情報伝送や駆動モータを制御するための情報伝送と電力とを伝送する。

(ii)　監視カメラ

死角を生じない全方向回転監視カメラのへの適用。画像情報の伝送とカメラ制御信号伝送並びに電力供給を行う。

(iii)　金属管内の探傷検査

製管工程における回転探傷カメラの映像情報伝送と制御，カメラへの給電。

(iv)　自動車産業

タイヤの空気圧監視。監視情報の転送と圧力センサへの給電。ハンドルへの情報・制御集約なども適用対象。

(v)　医療機器

回転機構を有する医療機器は多種多様。高速デジタル伝送と大容量電力伝送機能の両者が求められている。

2.2　基本機能条件

前項で述べた各適用領域からの要求条件を満足する回転リンクコネクタの概念を図 1 に示す。この回転リンクコネクタに対する機能条件は概ね以下のように整理できる。

①　回転速度に依らず，安定した双方向非同期デジタル高速伝送が可能なこと。方向別に伝送速度が異なってもよいが，基本的に双方向伝送機能を搭載することが必須条件となる。

②　静止体側から回転体側に対して電力伝送が可能なこと。センサ系への給電，駆動モータなどへの電源供給を行う。

③　可能な限り，小型，軽量であること。

これらの機能条件を満足するためには光通信方式の適用が不可欠であり，以後，この回転リン

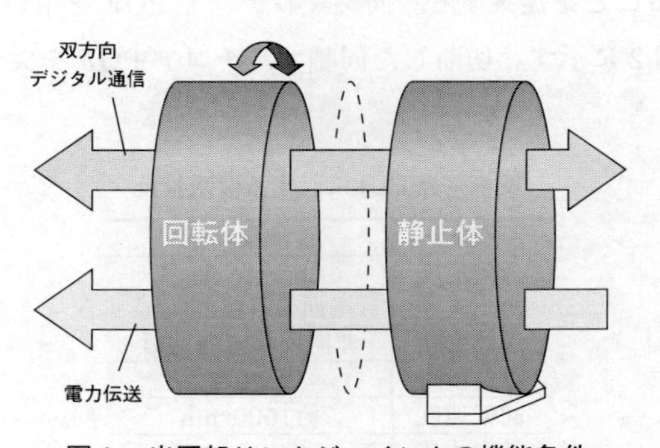

図 1　光回転リンクジョイントの機能条件

クコネクタを光回転リンクジョイント（RLJ；Rotary Link Joint）と呼称し，略称を光RLJとする。

2.3 要求性能

光RLJに対する要求性能は以下の通りとなる。

① 通信速度に対する要求条件は適用領域によって低速（数kb/s）から，高速（数Gb/s）まで様々であり，特定のビットレートに依存しないビットレートフリーであることが望ましい。一例として，監視カメラで無圧縮のフルハイビジョン画像の伝送を想定した場合，約1.5Gb/sのデジタル伝送を実現する必要がある。

② 通信形態は非同期双方向通信の実現が不可欠の条件となる。これは回転体側および静止体側のシステム動作が非同期関係にあっても光RLJを適用可能とするためである。

③ 電力伝送は回転体側の装置がセンサやマイクロプロセッサであれば数W程度で十分であると推定されるが，モータを駆動する産業用ロボットなどの用途では，数十W以上の電力供給が必須となる。

④ 光RLJの自動車タイヤ部分への適用などを考慮すると高速回転に耐える必要があり，高速回転時においても，情報／電力伝送に劣化が生じないことが求められる。

⑤ 外形寸法はより小型であることが望ましく，各種ロボットの指関節への適用などを考慮すると外径は10mm以下とする必要がある。

光RLJに対するこれらの要求性能を整理し，表1に示す。

3 光回転リンクジョイントの構成法

3.1 光RLJの基本構造

前節で述べた光RLJに対する要求条件を満足するためには，従来の回転リンクコネクタ構成概念を抜本的に変更する必要がある。

本研究では，新たに同軸型のマルチコアプラスチックファイバ（Plastic Optical Fiber; 以下，POFと略称）を導入することを提案する。同軸マルチコアPOFを用いた基本的なデジタル双方向通信系の構成概念を図2に示す。切断した同軸マルチコアPOFを突合せることにより，POF

表1 光RLJに対する要求性能

機能	性能条件値
通信速度	Bit rate free （当面の目標2Gb/s）
通信形態	非同期双方向通信
電力伝送	数10W
回転速度	約1000rpm
外形寸法	7mmϕ ×10mm 以下

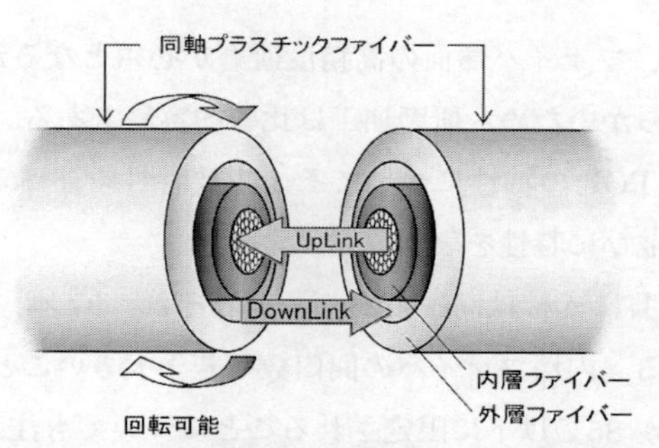

図2　同軸型POFによる相対回転可能な双方向デジタル通信系の形成

間間隙を空間伝搬する光通信系が形成され，この通信系は切断された両POFが回転しても，その幾何学的相対位置が変わらないため，高精度な情報伝送系を構築することが可能となる。

3.2　同軸マルチコアPOFの概要

種々の同軸マルチコアPOFが製品化されているが，ここでは，光RLJに適用するマルチコアPOFの概要について述べる。

3.2.1　マルチコアPOFの特徴

マルチコアPOFのコア材にはポリメタクリル酸メチル樹脂（Poly Methyl Methacrylate，以下PMMA）が用いられているが，PMMAは光RLJを構築する上で重要となる以下の長所を備えている。

① 良好な光伝送特性

② 高い可撓性ならびに切削加工性

③ 安価

3.2.2　同軸マルチコアPOFの構造と特性

光RLJに用いる同軸マルチコアPOFの構造を図3に示す。

同軸マルチコアPOFは内層，外層からなる同軸構造のPOFから構成されており，その中間層にはナイロンを用いた遮蔽層を設けている。内層径は400μm，最外径は1mmである。光

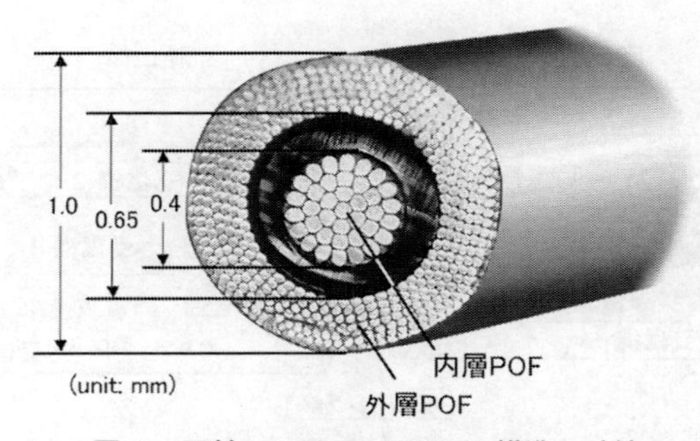

図3　同軸マルチコアPOFの構造・寸法

RLJに適用する場合には，ファイバ端面の高精度研磨が必須となるが，同軸光POFは外形寸法が大きく材料も比較的柔らかいため，研磨加工は比較的容易である。

次に，同軸マルチコアPOFの特性についてその主要特性を述べる。同軸マルチコアPOFの外径寸法等を含めた仕様並びに特性を表2に示す。

内外層コア・クラッド共に素材は同一であり，それぞれ，37本，500本のプラスチックファイバーコアからなっている。内層ファイバの開口数が若干大きいことに留意する必要がある。

さらに，使用環境温度が85℃以下に限定されることについても注意せねばならない。

3.3 同軸マルチコアPOFを用いた光回転リンクジョイントの構成

3.3.1 光RLJの基本構成

同軸マルチコアPOFを切断し，端面研磨を行った後，両者を突合させることにより，双方向のデジタルリンクが形成でき，両者は互いに回転しても，理想上その特性は変わらない。この原理を応用した光RLJの基本構成を図4に示す。

光RLJの重要な機能として，電力伝送機能があり，図4は固定されている静止体側から回転体側への電力伝送機能の概念も含めている。

光RLJへのデジタル信号インタフェースは，伝送特性を保証するため，外部接続機器とは電気信号で受け渡しをし，光RLJにおいてE/O，O/E変換を行って出力する構成をとる。電力伝送機能に関しては，電気接点を主とする伝送，インバータによる伝送，光によるパワー伝送などを横断的に比較検討して決定をする。本研究では後述のように，最も確実に大電力伝送可能な接

表2　マルチコアPOFの主要仕様・特性

項目	内層POF	外層POF
コア材	PMMA	PMMA
クラッド材	フッ素化ポリマー	フッ素化ポリマー
被覆材	ナイロン12	−
コア数	37	500
開口数	0.6	0.5
内径	400±20μm	650μm
外径	600±20μm	1000μm
耐熱温度	−45〜85℃	−45〜85℃

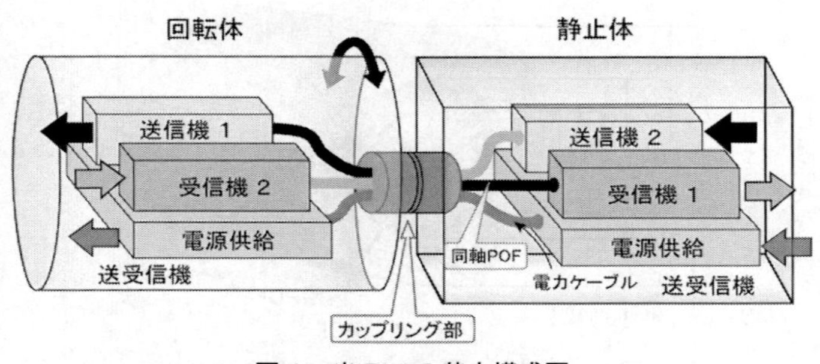

図4　光RLJの基本構成図

触型の電力伝送機構を採用した。

3.3.2 光 RLJ カップリング部の構成

図 4 の基本構成図において，その中心部に配置されるのは光 RLJ の心臓部ともいえるカップリング部である。カップリング部は回転体—静止体相互間に双方向デジタル光リンクならびに，電力伝送系を形成している。

その基本構成を図 5 に示す。まず，デジタル通信系は，図 5 に示すごとく，2 本の同軸マルチコア POF を一定の間隙をあけて固定配置し，精密級ベアリングを用いることにより，両者が互いに回転しても幾何学的相対位置関係が変化しないように，両 POF を保持する構造を採っている。これによって両 POF 間の間隙は後述の最適間隔に固定されると共に POF 端面の相対位置は回転時においても常に一定となる。

次にカップリング部における電力伝送機能の実現法について述べる。本研究では，カップリング部における電力伝送機能について新たにベアリングを介した電力伝送を試みることとした。静止体側から供給される電力は中間に絶縁材（アクリルなど）を挟んだ 2 個の筒型導電体を介し，さらにベアリングの回転球を介して出力側に伝送される。ベアリングの球体並びにそのガイド金具は接触抵抗をもって結合され，電力はこの接触抵抗を介して伝送されることとなる。ベアリングの回転ボールの接触抵抗については，検討を進める必要があるが，一般的にはかなり高い抵抗値を示す。これを低減するためには，導電グリースなど，潤滑性を持たせながら導電率を向上させる材料を適用する必要がある。

電力伝送効率が低い場合，カップリング部における消費電力は熱に変換され，カップリング部の温度上昇を引き起こす。これにより同軸マルチコア POF が 85℃以上の温度に達してしまう場合には POF 材が溶融し，光伝送特性に著しい劣化を引き起こす。従って，高効率の電力伝送技術の適用が必須となる。

光 RLJ のカップリング部は最大外径 1mm の同軸マルチコア POF をベースとして構成されるため，図 5 に示すように，POF のピグテールを除いた部分の大きさは，全体外径 7mm，長さ

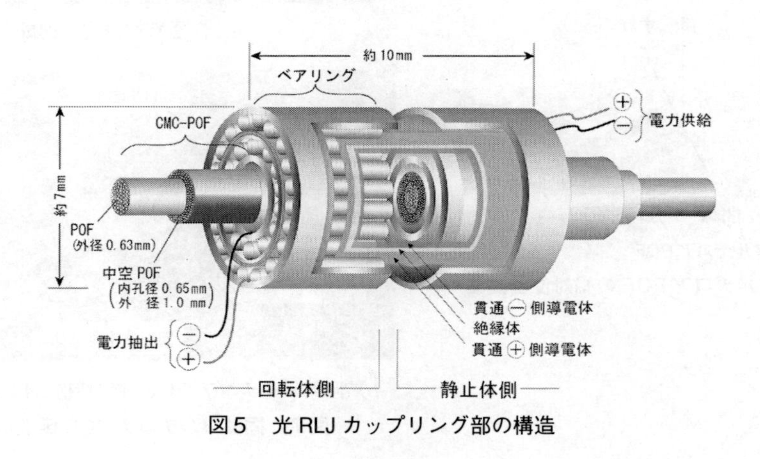

図 5　光 RLJ カップリング部の構造

10mm 程度となる。この大きさであれば，産業用ロボットやヒューマノイドの指関節への適用も可能となって，極めて広範に及ぶ適用範囲への応用が可能となる。結果的に従来の光回転コネクタ（外径 9cm 程）に比べ，1/10 以下のサイズへの低減を可能とした。

4　同軸マルチコア POF による双方向デジタル伝送系の諸特性

本節では，2 本の同軸マルチコア POF を突合せる構造のデジタル伝送系に関する諸特性について実測並びに理論解析により明らかにする。

4.1　同軸マルチコア POF の幾何学的相対位置と伝送特性の関係

光 RLJ は 2 本の同軸マルチコア POF 間を光信号が空間伝播して対向する POF へと伝搬する現象を利用している。即ち，対向する同軸マルチコア POF の端面の相対位置の偏位は，光信号の POF 端面での反射損失，あるいは空間伝搬長による損失増大などを生じ，伝送特性を劣化させる。しかし，製造時偏差，運用時の劣化，経年変化等によって，この相対位置の変化は不可避であり，これら偏位・変化の許容量の明確化は大変重要となる。

伝送損失増大要因となる突合せ POF の相対位置パラメータとして，間隙長，軸ずれ，角度ずれが挙げられる。図 6 は，これら各パラメータを説明するものであり，間隙，軸ずれ，角度ずれは，それぞれ，突合せる POF 間の長手方向間隙長，光軸の平行ずれ，光軸の角度偏移を表している。

これら，相対位置の偏位に起因する光伝送損失特性を測定した。測定系の構成を図 7 に示す。伝送損失評価は時間領域で行い，偏位ゼロ値における損失値を 0dB と規定した。図 7b）に示す如く，バーニヤ計測可能な可動ステージを用いて同軸マルチコア POF に対し，図 6 に示す偏位

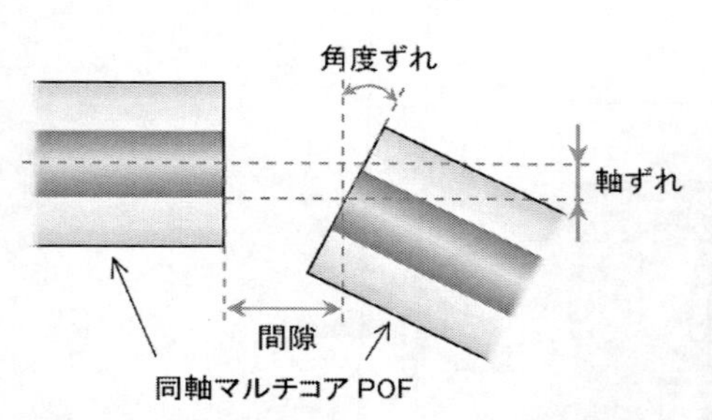

図6　同軸マルチコア POF の相対位置偏位

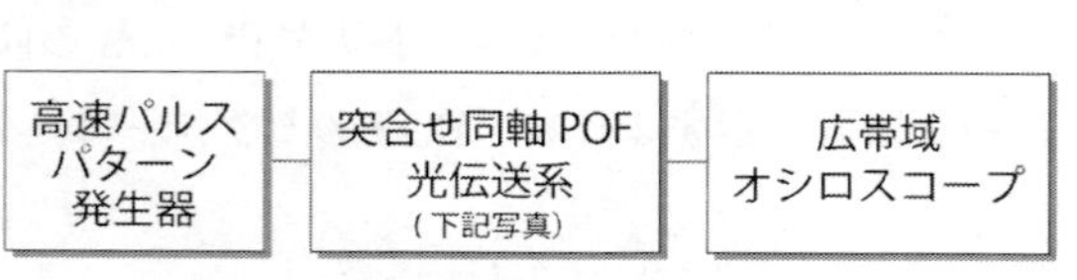

a）伝送特性測定の構成

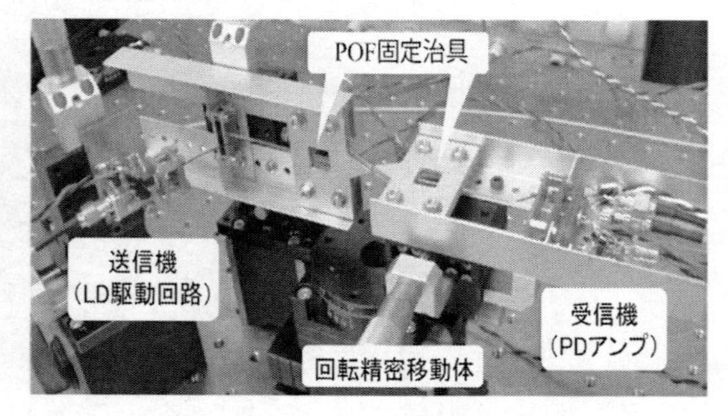

b）同軸マルチコア POF 偏位機構と伝送特性測定系

図7　同軸マルチコア POF 伝送特性測定

を精密に再現させ，偏位量と光伝送損失の関係を実測した。

上記の測定系による測定結果を図 8 に示す。同図の測定結果から，3 劣化要因の中では，軸ずれが最も支配的な伝送損失増大要因となることがわかる。また，角度ずれも 10° 付近から 3dB の損失となることが明らかである。また，間隙長は最も許容範囲が広いことが裏付けられた。

これらの実測結果から，表 1 に示した同軸マルチコア POF を用いて光 RLJ を構築する場合，軸ずれを 80μm 以下，角度ずれは 10 度以内，間隙長は垂直端面研磨であれば 600μm 以下とする必要のあることがわかる。

4.2　幾何学的相対位置と層間干渉特性

同軸マルチコア POF は内外層の 2 層からなっており，同層同士の光伝搬によって双方向デジタル通信を行う。しかし，2 つの同軸マルチコア POF を突き合わせる構造では，両者に間隙を設けることから他層への光伝搬が避けられない。双方向デジタル伝送において，他層への光信号の干渉は，光信号を出力する LD の発振動作不安定や波形歪み等の発生の原因となり好ましくない。

層間における光の干渉発生状況を図 9 に示す。

また，同軸マルチコア POF 間の間隙距離と干渉量の関係の実測結果を図 10 に示す。測定は，

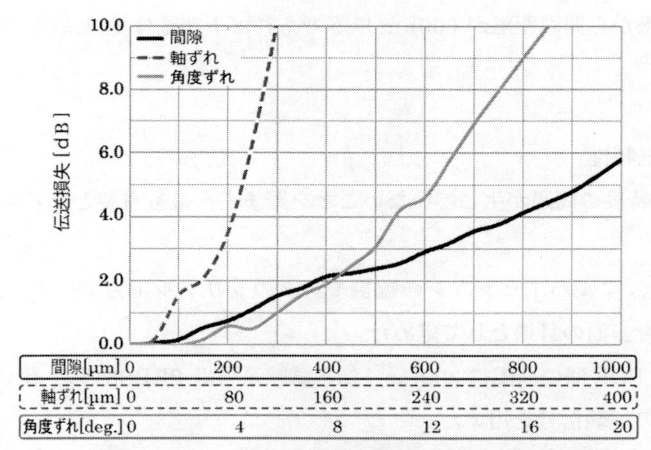

図 8　同軸マルチコア POF の相対位置偏位と伝送損失の関係

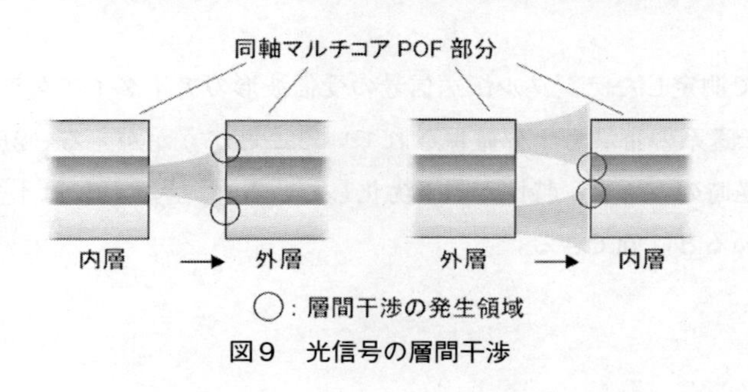

図 9　光信号の層間干渉

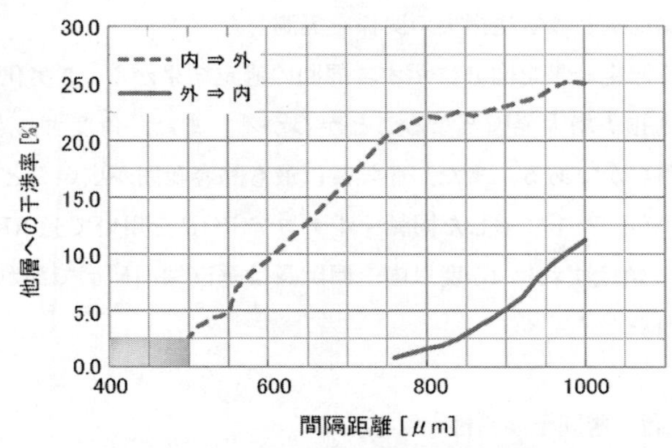

図10　同軸マルチコアPOF間隙距離と層間光干渉特性

干渉を受ける側のデジタル伝送信号受端における受信信号の符号間干渉の増大量を評価したものである。

図10の実測結果は，内層から外層への干渉がその逆に比べ極めて大きくなることを示している。外層から内層への干渉はPOF外に放射される信号光が多く，想定的に干渉が減少する。また，3.2項で述べたとおり，POFの開口数が内層と外層とで異なるが，開口数の大きい内層POFの光ビームの拡大による効果も大きく貢献していると推定される。

図10の実測結果から間隙距離が600μm以下であれば干渉量は10%以下に抑えられることがわかる。

4.3　デジタル伝送特性

伝送損失特性に特段の問題が生じていないことを踏まえ，最も重要となる高速デジタル伝送実験を行った。

伝送速度として，フルハイビジョンの監視モニタのシリアル出力データ（HD-SDI信号）伝送速度，1.5Gb/sを当面の目標として定めた。

同軸マルチコアPOF間の間隙は300μm，伝送試験系列はPRBS31段，伝送速度は1.0Gb/s，1.5Gb/sの2種類の試験信号を用いた。

なお，本試験では同軸マルチコアPOFを回転させずに実施している。回転時の伝送試験については後述する。

これらの条件下で測定したデジタル伝送信号の受信波形のアイダイアグラムを図11に示す。1.0Gb/s伝送では伝送系の帯域も十分確保されていることがうかがえる。2R伝送形式であることから1.5Gb/s伝送時のジッター特性が若干劣化しているが，基本的には十分なアイオープニング特性が得られていると評価できる。

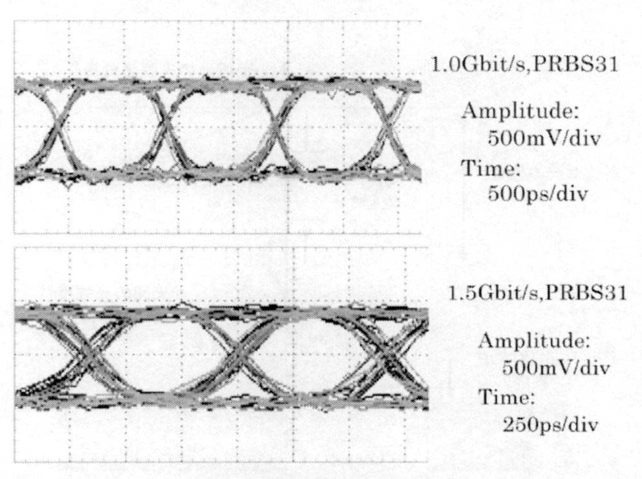

図11　同軸マルチコアPOF伝送における受信アイダイアグラム

5　同軸マルチコアPOFによる光伝送系設計法に関わる理論的考察

5.1　突合せ構造POFの伝送損失の理論的導出

光RLJは同軸マルチコアPOFの突合せ構造により，双方向高速デジタル伝送を実現している。カップリング部における同軸マルチコアPOFの幾何学的位置と伝送特性との関係を解明することは，大変重要なことである。

本節では，最も基本となるPOF間隙長と光伝送損失特性との関係について，数学モデルを確立し，定式化を行って，伝送損失特性の定量的な評価法として確立する。

解析の前提条件としてPOFから放出される光はガウシアンビームを形成すると仮定する。この性質は近視野像と遠視野像が同形となり，どのz位置においても同じ断面形状を持つものとなる。

ガウシアンビームの光強度分布は図12に示す如く，放出光はPOF中心を軸とするガウス形の回転体状の強度分布を示す。間隙内のある面における受光効率はガウス形の回転体形状と受信POFとが重なる体積を求めることにより導出することができ，POF中心からの距離yに対する光強度は次式で表現できる。

$$f(y) = \frac{1}{\sqrt{2\pi}} e^{-\frac{y^2}{2}} \tag{1}$$

ガウシアンビームを円筒（受信側POF径）で切り出した時に円筒内に残る光エネルギーと円筒外のエネルギーとの比を求めることにより，受光効率を算出する。

$$\text{受光効率}\quad \eta = 2\pi \int y \cdot f\ (y)\ dy \tag{2}$$

間隙長z毎の受光効率η_zから伝送損失L_zを算出する。

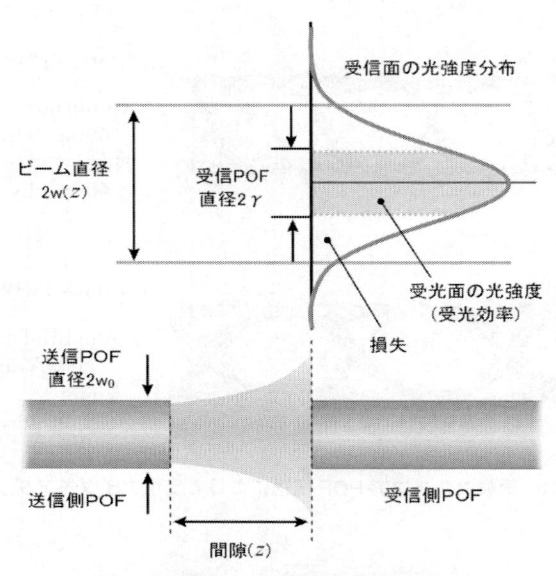

図12　間隙長と伝送損失の算出モデル

伝送損失　$L_Z = -10\log(\eta_Z/\eta_0)$（dB）　(3)

上記の算出式を用い，同軸マルチコアPOFの間隙長と伝送損失の関係を求めた結果を図13に示す。同図には，4.1項で述べた伝送損失の実測値も合わせて示している。この特性から理論モデルと実測結果とは大変よく一致しており，図12のモデルの妥当性が明らかとなった。

この解析モデルをベースに，軸ずれ，角度ずれ等の突合せPOFの偏位に対しても同様のモデル化を行って，実測結果との照合を経たうえで，設計法を確立する。

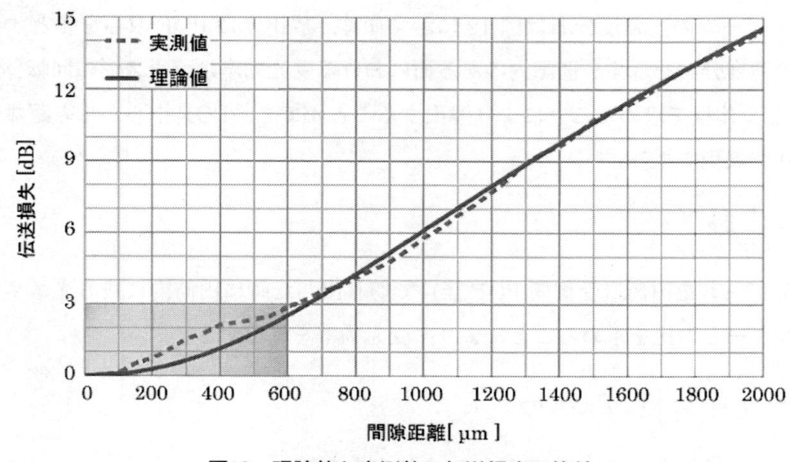

図13　理論値と実測値の伝送損失の比較

5.2　同軸マルチコア POF の突合せ間隙距離

前項までの検討では，光同軸マルチコア POF の端面は垂直研磨を前提として考察，実験を行ってきた。しかし，同軸マルチコア POF 端面をレンズ形状研磨することにより，光信号を高効率で対向 POF に入射させることが可能となる。

本項では，この POF 端面研磨と突合せ POF の間隙距離の設定方法について，近軸光線解析により明らかにする。同軸マルチコア POF 端面の研磨形状を凸レンズ形状とすることにより，端面からの光信号を効率的に対向 POF に伝送することができる。

POF 端面の簡易モデルを図 14 に示す。同図において，右半面が POF を表しており，凸レンズ状に研磨した POF の曲率半径を R，POF の屈折率を n として近軸光線解析を行うと以下のようになる。

点光源 A から出た光線が P で屈折して点 B に達したと仮定する。点 C は端面の曲率中心である。

また，空気中の屈折率を n_1，レンズの屈折率を n_2 とし，α，β，γ はいずれも極小とする。

点 P において，スネルの法則から

$$n_1 \sin\theta = n_2 \sin\varphi \tag{4}$$

$n_1 \approx 1$ とすると

$$\sin\theta = n_2 \sin\varphi \tag{5}$$

θ 及び，φ は以下の通りとなる。

$$\theta = \alpha + \gamma \tag{6}$$
$$\varphi = \gamma - \beta \tag{7}$$

θ，φ は微小であるため，(5) 式を変形すると

$$\theta = n\varphi \tag{8}$$

(8) 式に，(6)，(7) 式を代入すると，以下の式が得られる。

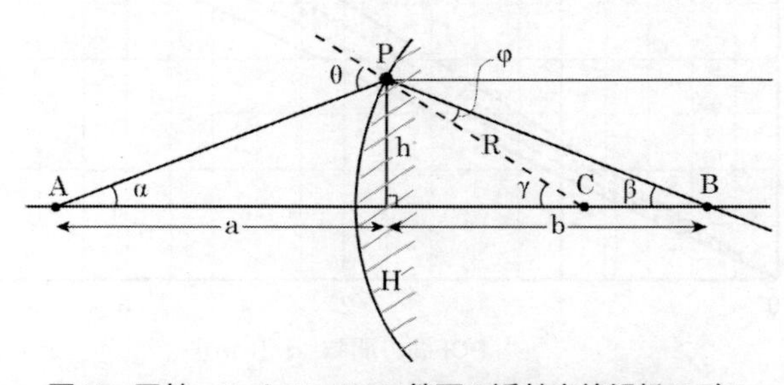

図14　同軸マルチコア POF 端面の近軸光線解析モデル

$$\alpha + \gamma = n(\gamma - \beta) \quad (9)$$

次にα，β，γを導出する。

$$h = \overline{AH}\tan\alpha = a\tan\alpha \approx a\alpha$$

$$\alpha = \frac{h}{a} \quad (10)$$

$$h = \overline{BH}\tan\beta = b\tan\alpha\beta \approx b\beta$$

$$\beta = \frac{h}{b} \quad (11)$$

$$h = \overline{CP}\tan\gamma = R\sin\gamma \approx R\gamma$$

$$\gamma = \frac{h}{R} \quad (12)$$

従って，以下の関係が得られる。

$$\frac{1}{a} + \frac{n_2}{b} = (n_2 - 1)\frac{1}{R} \quad (13)$$

光が屈折して平行光となるため，(13) 式に$b = \infty$を代入すると

$$a = \frac{R}{n_2 - 1} \quad (14)$$

となり，POF 端面の曲率半径Rと POF 間隙（$= a/2$）との相対関係が明らかとなる。

これらの結果から同軸マルチコア POF の端面研磨曲率半径と POF 間隙長の関係を求めると，図 15 に示す特性が得られる。

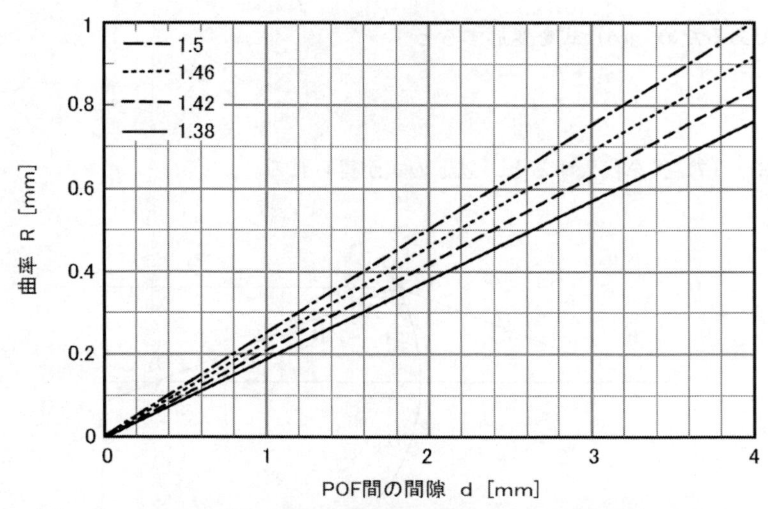

図15 同軸マルチコア POF の端面研磨曲率半径と POF 間隙長の関係

同図から，本研究で用いた同軸マルチコアPOF（屈折率 n_2 = 1.49）の曲率半径を R = 0.2mm（内層POF径の半分に相当）とすると，POF間間隙長は2mmとするのが最適であることがわかる。

こうして，POF端面をレンズ研磨することにより，間隙長を増大させても，前節で述べた理論解析手法とは異なる形で，伝送損失を大変小さく抑えることができる。

上記の検討結果を踏まえ，同軸マルチコアPOFの突合せ状況を図16に示す。同図a）において，外層，内層POF共に曲率半径 R = 0.2mmで研磨を行い，同図b）に示す如く，POF間間隙長2mmを介して突合せ，両者の中間で焦点を結ばせる形で光信号の伝搬を行わせることが，伝送損失を最少とする最適構造となる。

6　光RLJの試作と高精細カメラを結合した監視モニタシステムの構築

前章までに述べた検討結果を総合し，光RLJを試作した。

試作した光RLJのカップリング部の外形寸法は直径5mm，長さ2cmである。その概略構造は以下の通りである。すなわち，内径3mmの銅筒内で，同軸マルチコアPOFを挿入した最内径1mmの精密級ベアリングを300μmのスペーサを介して対向させることにより，図5に示す構造を実現した。

監視モニタシステムの構成を図17に示す。同図に示すように，フルハイビジョンカメラと高性能ビデオキャプチャボードを搭載したPCとを，上記試作光RLJとE/O変換並びにO/E変換

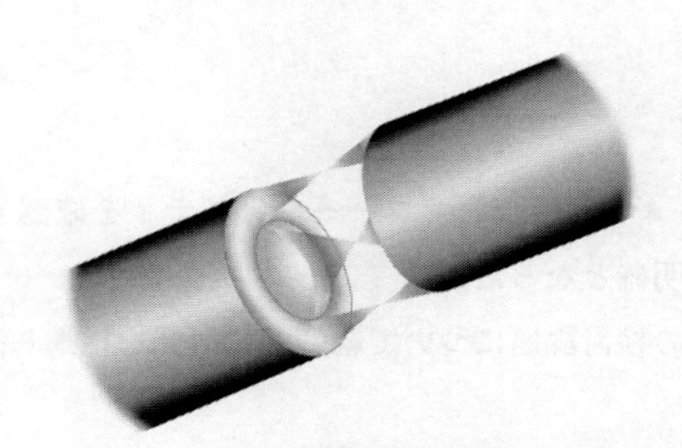

a）突合せPOFの間隙長と光信号の集束

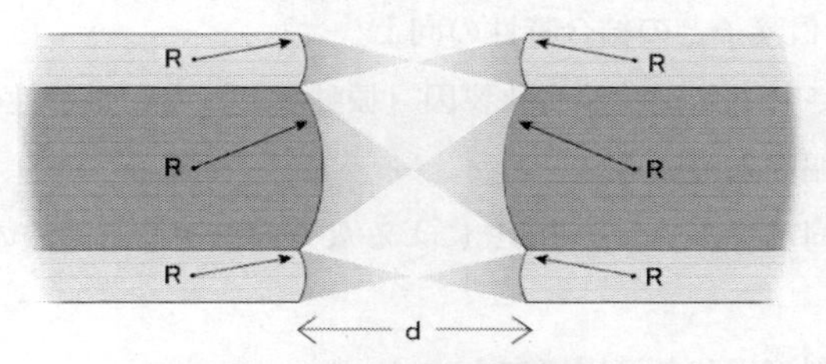

b）内／外層POFの端面研磨曲率半径

図16　同軸マルチコアPOFの端面研磨と間隙長

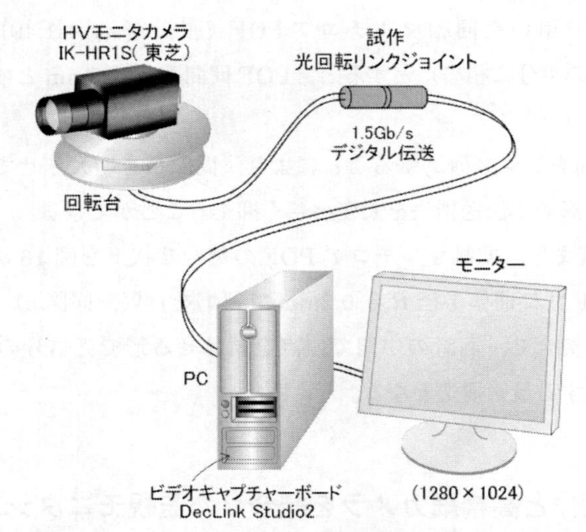

図17　試作光 RLJ とフルハイビジョンカメラを用いた監視モニタシステムの概要

回路によって結合し，高精細モニタによって動画映像を監視するものである。フルハイビジョンカメラの出力は HD-SDI インタフェース規格を採用しており，その伝送速度は 1.5Gb/s である。

試作監視モニタシステムはターンテーブル上のフルハイビジョンカメラを任意の速度・方向で自由回転させることができ，ターンテーブルの中心軸内に試作光 RLJ を搭載している。ターンテーブルは PC 制御されたステッピングモータによって駆動され回転する。実際に本システムを稼働させ，無限に回転するフルハイビジョンカメラの映像を高精細モニタ画面により確認した。

7　今後の検討課題

光 RLJ を試作し，HV カメラと結合してフィージビリティを確認することによって，基本的な動作に問題のないことが明確となった。

しかしながら，尚，以下の検討課題について継続的に研究を推進し，克服していかねばならないと考えている。

①　デジタル通信系

- POF と光送受信素子との結合特性の向上
- 回転時に想定される伝送特性劣化要因（振動など）と伝送特性の関係の明確化
- 伝送速度の大幅向上
- 上記を含めた同軸マルチコア POF による双方向伝送系設計法の確立

②　電力伝送系

- 高導電率潤滑剤適用時の導電率向上
- 新たな電力伝送メカニズムの提案

8　おわりに

本研究では，2 つの回転体相互間において高速双方向デジタル通信機能と電力伝送機能とを実現する光回転リンクジョイント（光 RLJ）の提案を行った。そしてデジタル伝送実験，POF の幾何学的相対位置と伝送損失の関係，間隙距離と伝送損失特性の関係を理論・実験の両面から明確化し，設計法確立に結びつけると共に，同軸マルチコア POF を導入したデジタル伝送系の構築が可能であることを明らかにした。さらに，光 RLJ の試作を行ってフルハイビジョン監視カメラと結合した監視モニタシステムを構築し，実動画像によって，試作光 RLJ が完璧に動作することを確認した。

今後は，通信速度のさらなる高速化，高効率な電力伝送メカニズムの提案，回転時振動のデジタル伝送特性への影響等について解明する必要がある。

文　献

1)　M.Kawashima，S.Kawabata，K.Kaba，and S.Sasho，“Design of Gb/s Rotary Link Joint Adopting Coaxial Multi-core Plastic Optical Fiber”，International Conference, Tokyo, Japan（2010）
2)　蒲和也，川島信 他，“高速双方向デジタル伝送並びに電力伝送を実現する光回転コネクタの構成法”，電子情報通信学会 MICT 研究会，Vol. MICT2010-19（2011）
3)　蒲和也，川島信 他，“同軸マルチコア POF を用いた光回転リンクジョイント構成法に関する研究”，電子情報通信学会 EMD 研究会，Vol. EMD2010-139（2011）
4)　蒲和也，川島信 他，“マルチコア POF を用いた光回転リンクジョイントの構成法に関する研究”，電気関係学会東海支部連合大会，L5-9（2010）
5)　川端俊介，他，“楕円面鏡を導入した高速光無線ロータリーリンクコネクタの研究開発”，電子情報通信学会 EMD 研究会，Vol108 No264 EMD2008-61（2008）
6)　川端俊介，他，“同軸構造 POF を用いたフレキシブル光リンクジョイント構成法に関する研究”，電気関係学会東海支部連合大会，O-262（2009）

第12章　人体通信の介護ロボットへの応用

可部明克*

1　ヒューマンサービスロボットとの親和性

人体通信は，人体を伝送路として通信する「情報通信機器」の応用事例から普及が始まっているが，もともと人体を媒体とした通信であるため，健康・医療・福祉分野など人を対象とするヒューマンサービスのアプリケーションに適していると考えられる（根日屋，2010年）。

また，自動車などユーザが機械を操作する人間-機械システムや，ロボット・FA（Factory Automation）機器など人間とのユーザインタフェースをもち，自律性の高い動作を自動で行う機械システムなどに，広く適用できる可能性がある。さらに，住む“家”，働く“オフィスや工場・商店などの職場”，さまざまな社会サービスを受ける“公共施設や病院・交通機関・商業施設”など，人間を取り巻く環境を「家・職場・街全体のサービス提供側」としてとらえれば，ユーザとサービス提供側との間で，ヒューマンサービスを行うためにさまざまなコミュニケーションが存在する。

このように，人体を媒体とした通信という特徴は，ヒューマンサービスのさまざまな分野でコミュニケーションを必要とする時に活かされる可能性が高いと考えられる。

本章では，介護や福祉に関わるロボットを中心に，応用の可能性と具体的な試作事例を述べる。

2　介護・福祉ロボットと人体通信の融合による市場拡大の可能性

2.1　経済情勢と新たな産業モデルの創造

昨今の経済状況は，経済危機の傷跡は残っているものの，新興国を中心とした成長市場が世界経済を牽引しつつある。

日本でも将来を創る新たな成長モデルを構築して，急激に進むグローバル化に対応した産業構造に早急に変えるべく，「新産業構造ビジョン2010」で戦略産業分野が提示され，新たな枠組みが示された。

(1)　自動車だけに依存せず戦略5分野強化

①インフラ（電力，水，鉄道など）

②環境・エネルギー課題解決

---

*　Akiyoshi Kabe　早稲田大学　人間科学学術院　教授

③文化産業（ファッション，コンテンツ，食，観光など）

④医療・介護・健康・子育てサービス

⑤先端分野（ロボット，宇宙など）

(2)　高品質の単体付加価値型（コンポーネント）ビジネスから，文化付加価値型（トータルシステム）へ転換

(3)　成長制約要因を「課題解決産業」へ

また未曾有の大震災からの復興に向けて，安全・環境重視などがキーワードとなる町づくりによる総合産業のモデル創出も提唱され始めている。その中では，太陽光発電による新たな分散型の電力供給システム，LED照明，通信システムなどの新技術の活用が検討されている（日本経済新聞，2011年）。

ロボットに関する本章は，こうした急激に変化している社会情勢に対応して，これまで日本が培ってきたロボット関連の技術・ノウハウを，健康・医療・福祉や幅広いヒューマンサービスなどに関わる新たな産業のツールとして捉え，人体通信などのヒューマンサービスに適した通信技術との融合を検討する。これは，今後のサービスロボット分野の市場形成に向けて新たなアイデアを生み，多様なアプリケーションを生む出すきっかけとして期待される。

2.2　ヒューマンサービスロボットの役割―20世紀型のオートメーションから21世紀型のオートメーションへ―

このような社会的ニーズに応え，従来の産業用ロボット市場に加えて新たな成長分野となる，サービス産業に貢献するサービスロボットを実現しようと試みが進んでいる。現在，研究機関などを中心にさまざまなコンセプトのサービスロボットが提案され，試作品レベルで開発されている。最終製品として市場に投入されているものはまだ多くないが，ロボットと繋がる機器が増えるとアプリケーションも自然と増加し，最終製品も増えていくと考えられる。

つまり，「ロボットは基本的に半完成品」であり，さまざまな機器や通信装置と組み合わせたシステムとして，最終的に「○○用の機能をもつ専用のロボットシステム」として市場価値を生み出すことができる。

1970年代頃から，自動車産業の生産ラインで溶接・塗装・組み立て・搬送などの産業用ロボットのアプリケーションが多く生み出され，また電機電子産業でも射出成型機のロード／アンロードや電子部品などの組み立て・搬送，半導体・液晶産業でロード／アンロード・搬送・検査などでロボットが活躍しており，技術的な課題解決と共にロボットと繋がる周辺の機器と組み合わせたシステム的な価値を高めて，ビジネスモデルを確立してきた。こうした産業用ロボットは，あくまで金属などの物質を対象とした大量で均一な“ものづくり”で活用されており，ロボットを含むオートメーションシステムでは人間が機械に合わせて動き，生産性を高めている。

一方，ヒューマンサービスロボットの役割は，当然物質が主な対象ではなく，人間が生活するために各種の仕事を行うことが期待されている。そして，ここでも「ロボットは基本的に半完

成品」という現実は変わらない。少子高齢化社会となった21世紀の日本におけるニーズは，健康・医療・介護などの対人サービスが中心であり，柔らかく個体差のあるものが対象である。

個人差や個体差があるものを対象とするため，大量生産を前提にプログラムされたロボット技術・オートメーション技術をそのまま適用することは適切ではない。むしろ，サービスの中でどの部分を人間が行ってサービスの質を維持・向上させて，どの部分を機械で行っても問題はないか，サービスを受けるユーザから継続的にヒアリングしてアプリケーションを具体的に確立し，ヒューマンサービスと総称する各種の個別のアプリケーションを開拓することになる。

このように，介護・福祉用ロボットのアプリケーションは，対象とするユーザの状況，さらには時系列で変化する状態にかなり依存するため，個別の要求に特化した専用機として市場性のあるアプリケーションを確立するか，もしくは特定ユーザに絞って継続的に開発投資を継続することになる。

本章では，人体通信という汎用性が高く多くの応用が期待できる技術とロボットの融合を行うために，汎用の人体通信技術（市販製品）と個別の要求に特化した専用アプリケーションとして介護・福祉ロボットを捉え，応用分野の検討と試作事例について述べる。

2.3　介護・福祉ロボットの多様なニーズと専用アプリケーション候補例

介護・福祉分野では，大きく捉えて

①　身体的支援を行うサービス

②　生活に必要な内容を支援するサービス

③　認知面を含めたコミュニケーションなどのサービス

などが挙げられるが，ユーザの特性や状況，その時点での状態によって多岐にわたる。

①の身体的支援を行うサービスは，ロボットで支援を行う場合は，パワースーツを装着するなどの形で開発・製品化が行われている。システムの構成によるが，ユーザとロボットが一体となって連動し，センサ系と駆動系は，高速なリアルタイム制御をコントローラで行う形が多いと考えられる。

また，実際には①＋②をユーザの要介護度のレベルに応じて，細分化された評価方法に基づき，介護・福祉関係者の人によるサービスが行われる。さらに，③では認知度の状況が併行して変化していくため，その状況に合わせて医療・介護関係者や家族が対応しているのが現状である。

このため，本章では健康・医療・福祉の現場で横断的に使用され，既に単体で広く使用されているユーザのバイタルデータを計測する機器を「半完成品のロボット」に組み込み，ロボットは「付き添いの家族に近い存在」としてユーザの周辺でサポートするアプリケーションとして切り出すことを試みた。

まず，病院・介護施設・在宅医療などでは基本的に体温を計り，病状に応じてパルスオキシメータで脈拍数や SpO_2（血中酸素飽和濃度）を計ることが多い。ユーザが安定した状態か，在宅で療養している際に急いで病院に搬送するべきかなどの判断に，SpO_2の値などバイタルデータをナースセンターに知らせ，相談するケースがある。そこで，本章においてはSpO_2を「付き添いの家族に近い存在のロボット」に組み込み，病院や介護施設のベッドやイスにいるユーザを想定して，汎用の人体通信技術（市販製品）によりナースセンターにバイタルデータを送るシステムの検討とコンセプト試作を行った。

なお，今後の検討のために，非常に多岐にわたる介護ロボットのニーズを，ユーザの視点から列挙する。

日本の65歳以上の人口は，2000年で約17％であったが2014年には25％台まで増加し，2050年には35％に達する。

食事・トイレ・入浴で1日に70分以上の介助を必要とする要介護度の大きい（“Heavy User”）高齢者数は，今では約200万人以上いると考えられる。

また，1日に30分から60分程度の介助が一部必要な要介護度の小さい（“Light User”）高齢者数は，約400万人以上いると考えられる。

例えば，“Heavy User”が必要な介護のレベルおよびその内容は，

(1) 食事・トイレ・入浴に一部介助が必要

(2) 認知症などのため，食事・トイレ・入浴に全面的な介助が必要

(3) すべての面で，全面的な介助が必要

が挙げられる。

こうした内容を，ロボットにより対応しようとした場合，

①　食事支援

②　トイレ支援

③　入浴支援

④　パワーアシストによる動作支援

⑤　認知症の方の記憶支援，生活支援

⑥　一緒に触れ合うことでコミュニケーションの活性化を促進

⑦　独居高齢者を中心としたコミュニケーション支援・見守り

⑧　リハビリテーション支援

⑨　その他

など，非常に多岐にわたるものとなる。その中で，「⑦独居高齢者を中心としたコミュニケーション支援・見守り」などから，既存の通話用製品や家電などに機能を追加する形で徐々に研究開発・製品化が行われてきた。また，「①食事支援」，「④パワーアシストによる動作支援」，「⑧リハビリテーション支援」などのロボットの研究開発も盛んに行われ，製品として市場に広く普及しているものも出てきている。国際福祉機器展で，福祉機器のユーザ・メーカや自治体などが世界中から来訪するが，その中で介護・福祉ロボットについて何度かディスカッションを行っているデンマークの自治体の福祉関係者からは，「③入浴支援」について強く要望されている。

また，現在は「⑥一緒に触れ合うことでコミュニケーションの活性化を促進」する動物型のロボットが介護の現場で活躍し始めている。本章では，「付き添いの家族に近い存在」として，パンダ型や赤ちゃん型による同様の開発中のロボットを，次節以降で題材として取り扱う。

また，赤ちゃん型は「⑤認知症の方の記憶支援・生活支援」を目的として，認知症の高齢者ユーザに赤ちゃんを世話する役割を思い出して頂き，それによって症状を緩和することができないか可能性を探っている。

3　ロボットへの応用検討と試作事例

3.1 「赤ちゃん型ロボット：herby」

早稲田大学人間科学学術院では理工学術院総合研究所産学連携室の「福祉ロボット研究会」の医療・福祉の専門家やメーカの技術者との連携により，さまざまなディスカッションを行いながら試作開発を行っている。

高齢者，特に認知症の方が楽しんで使えることを目指したインタフェースロボットとして，開発を進めている。

オランダで発祥し，現在では世界各国の病院や福祉施設で導入されている，光や音・振動（触感）などの刺激を出して五感に働きかけるスヌーズレンというコンセプトに基づいたデバイスと赤ちゃん型ロボットを組み合わせたシステムでは，5個のスヌーズレンデバイス（バブルユニット，サイドグロウ，スターカーペット，ミラーボール，スヌーズレンの音楽）と組合わせて，ロボットからのトリガーにより，スヌーズレンデバイスに対してプログラマブルコントローラから電源のON/OFF制御を行っている（図1）。

図1　「スヌーズレンルーム＋赤ちゃん型ロボットによるシステム」

このシステムでは，スヌーズレンデバイスによる刺激を楽しみに来ているユーザに対して，部屋の入り口における「案内役」的なインタフェースとしてロボットを位置づけ，ユーザが赤ちゃんを抱っこしてあやしながら，その動作自体がシステム全体の入力信号となるよう機能を組み込んでいる。

最初の試作では，ユーザの生体情報を計測するセンサは，SpO_2 を測定するセンサを内部に，心電図や脈波を計測するセンサを外部のリュック部分に搭載した。

さらに，ユーザが赤ちゃん型ロボットに話しかける際の息を「空気の流れ」として検出する呼気スイッチを内蔵し，ユーザが赤ちゃん型ロボットを抱っこしてロボットの顔の部分にユーザの顔を近づけて話しかける動作により，システム全体の電源が入るように機能を搭載した。

つまり，赤ちゃん型ロボットは，スイッチとセンサからなる大きなユーザインタフェースであり，スイッチが入ったりセンサが検出すると，手足を動かし発声する機能を組み込んだ。

さらに，ロボット本体にジャイロセンサを組み込み，ユーザが赤ちゃん型ロボットをあやす動作をすると，その動きをジャイロセンサが検出して，システム全体のコマンドとなるように機能を組み込んだ。

このシステムでは，赤ちゃん型ロボットに組み込んだセンサで，ユーザのバイタルデータを計測した後に，さらに赤ちゃん型ロボットから外部のシステムコントローラにデータを伝送して，データの表示やシステムの制御を行った。

こうしたケースで人体通信を用いれば次のようなユーザの意思に沿った自然なシステムの制御が実現できる。

① ユーザは，まず赤ちゃん型ロボットに「スイッチ入，○○機能を選択」などの要求を伝える。

② 興味をもっているスヌーズレンデバイスや機器の前に行き，その床面に配置された人体通信の受信電極を経由して，赤ちゃん型ロボットの送信モジュールからの要求コマンドを人体を通じて伝送する。スヌーズレンデバイスは，ユーザからの要求に従って，起動し選択された機能を実行する。

③ スヌーズレンデバイス側から，実行可能な機能の詳細メッセージや情報があれば，それをユーザに伝え，ユーザは詳細を選択してロボットにも実行履歴を残す。

④ ユーザがスヌーズレンデバイスを楽しんだ後に，その場を離れれば自然とスヌーズレンデバイスのスイッチが切れる。

⑤ ユーザは，赤ちゃん型ロボットに「スヌーズレンデバイスの A を楽しんだ後に，機器 B を使って，最後に家電 C を使う」といったシステムの動作シーケンスを伝える必要はなく，その場で臨機応変に自分の意思に基づいて決めることができる。

従来から，生活で使っている各デバイス・機器・家電などには，それぞれ固有の電源や機能選択スイッチ・使用方法の説明情報があり，メーカや機種，使用する言語によって「ほぼ同じもので多少異なるもの」が多数ユーザインタフェースとして混在している。

こうした固有の電源や機能選択スイッチ・使用方法の説明情報を一元化して，しかもユーザの行動に依存する部分はプログラムレスにできる可能性がある。

このように，ユーザを支援する赤ちゃん型ロボットを抱っこして一緒に活動することで，ユーザが「使用したい機器」と接する中で，自然と機器側がユーザの行動に沿って動作することが可能となる。

これまで，物を対象として発展してきたオートメーションは，システム全体の動作シーケンスを複数パターン用意し，センサによるユーザ動作の検出により，ある程度はユーザの意向を反映したパターンで動作シーケンスを実行するものである。これに対して，人を対象として今後発展が期待される人体通信を導入すれば，「ユーザが，どの機器を，いつ，どういう順番で使うか」は基本的に全てユーザの行動に沿って実現できることになり，ロボットを生活環境に合わせたインテリジェンスをもつシステムコントローラのアプリケーション機能群として位置づけ，ユーザ自身が「プログラムレスのシーケンスコントローラ」としての役割を果たす可能性がある。

従来は，デバイス・機器・家電などが個別に乱立した「ユーザが機械に合わせるユーザインタフェース」であり，物が対象の産業用ロボット技術をそのまま人間に適用すると，「ユーザの意向を分析して，全てを事前にプログラミングし，センサを搭載する自動化」が必要となり，個人差や状態が変化する人間を対象とすると頻繁に修正が必要となる。

こうした課題を解決するために，「汎用的なユーザインタフェースとしての赤ちゃん型ロボットと触れ合って共同作業」する中で，ユーザの個人差や話す言語，生活習慣による部分は，基本的にユーザに任せる方法が期待される（図 2)。

次に，赤ちゃん型ロボットに具体的に人体通信のモジュールを組み込んで，赤ちゃん型ロボットに搭載したバイタルデータの計測センサーの値を，人体通信によりユーザの周囲の外部システ

図２　herby（2007版）

ムに伝送するアプリケーションの検討と，一次試作を行った事例について述べる。

具体的には，図3に示すように汎用の人体通信モジュール（アルプス電気製）を赤ちゃん型ロボットの腹部に実装し（図4），パルスオキシメータ（協力メーカー製）を手の部分に装着して（図5（a），（b）），ユーザが赤ちゃん型ロボットを抱っこし，ユーザの指をパルスオキシメー

図3　Herby（2009版）と同型ロボット外装に人体通信モジュールおよびパルスオキシメータを実装

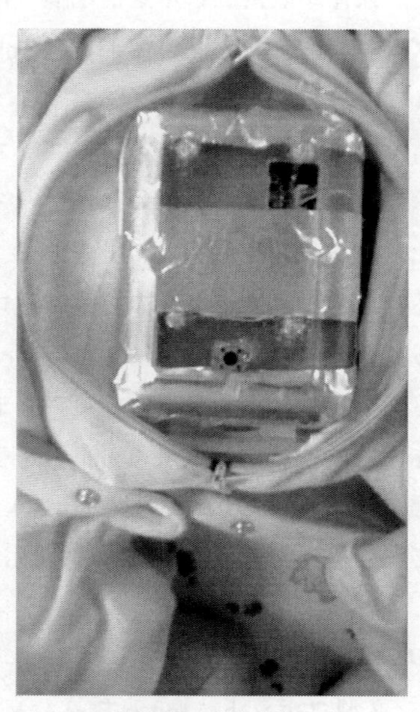

図4　人体通信の送信側モジュール

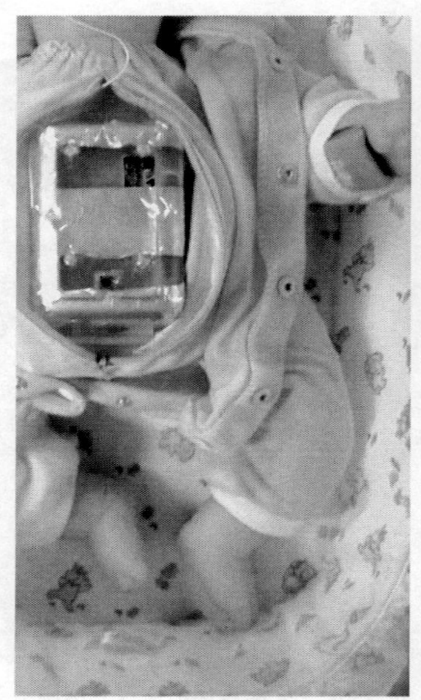

(a)

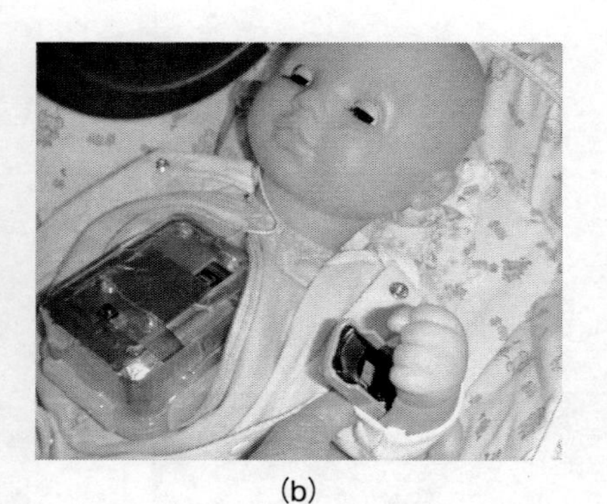

(b)

図5　手の部分へのパルスオキシメータの装着

タに差込み，受信電極を配置した椅子に座ることで，ユーザの人体を通じて，計測したSpO_2の値などがナースセンターに相当するパソコン上に表示される簡単なシステムを試作した。この椅子は，病院や施設ではベッドとしても考えられ，普段の生活の中で実現することを想定している。

なお，人体が直接触れる送信電極（銅箔テープ）は送信モジュールから銅線を引いてSpO_2センサプローブ内に組み込んでおり，SpO_2測定で指をプローブに入れると同時に送信電極に触れるようになっている。

送信モジュールに使用しているプラスチックケースは，ノイズの遮蔽効果を高めること，およびアースの効果を高めるために，ケース外部を銅箔テープで保護している。

また，図6に示すように，送信モジュールのケースに貼り付けられた銅箔テープから銅線を引き込むことで，アースを赤ちゃん型ロボットの頭部表面に配置し，できるだけ伝送路となる人体から遠い位置となるようにした。

さらに，図7に示す受信電極（銅箔テープ）は，ユーザが座る椅子の座布団の中に配置し（図8），赤ちゃん型ロボットからの信号を受信してパソコンに表示するようにした。

受信モジュールのアースは，モジュールを地面に置いて使用したため常にアースした状態となっており，今回の試作では特に処置は行っていない。

3.2 パンダ型ロボット

「パンダ型ロボット：toccoちゃん」は，高齢者の自然治癒力を高め，病気に対する免疫力を向上する手段として「笑い」を提供するロボットで，開発を進めている。

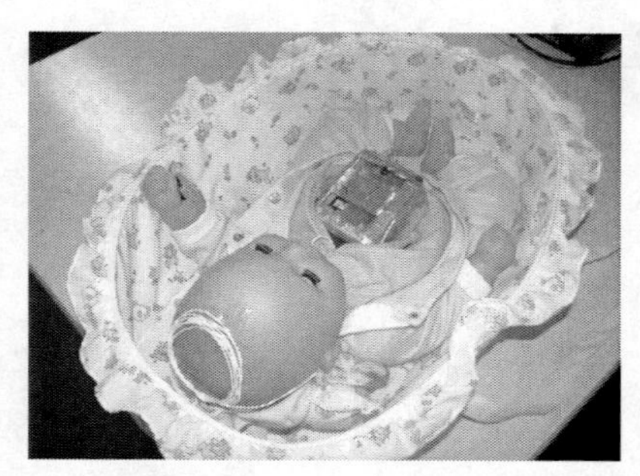

図6　送信側におけるアースの実装（頭の表面部分に装着）

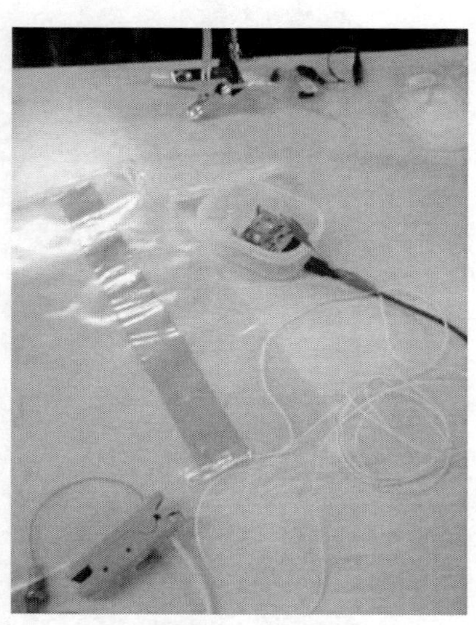

図7　受信電極および受信側モジュール

図８　システム概観（椅子に受信電極配置）

図９　tocco ちゃんの概観
注：ロボット外装は,「だっこしてパンダ」㈱セキグチ製）を使用
（出典：㈱セキグチ）

NK（ナチュラルキラー）細胞の活性化による免疫力の向上に，笑いが一定の効果がある可能性が指摘されており，作り笑いでも同様の効果があるとの主張もある。

今後，多くの検証と評価を経なければならないが，試作品につき国際ロボット展などで来場者の反応を確認し，介護施設にて一次評価を行っている。

基本構成としては，図９のパンダの外装の内部に２足歩行ロボットを内蔵し，センサ処理・音声部への指示および全体の動作計画・指示には小型のプログラマブルコントローラを使用している。両手にあるスイッチや頭の部分にある空圧スイッチにより，手を触ったり頭をたたく・なでるなどのユーザの動作により，ロボットが反応して手足を動かしながら発声する動作を約 30 パターン作成している。

このようなロボットにおいても，人体通信を組み込めば，ユーザ側の何らかの特徴やデータを受信して，双方向のコミュニケーションを行うことができる。

3.3　応用分野の広がり

実装レベルでの一次試作の事例は現段階では限られているが，応用分野としては非常に幅広く考えられる。具体的には，ユーザの安否確認などを「家」,「オフィス」や「街中」で行うなどの応用がまず考えられる。ユーザが通常の生活でも，災害時の避難中でも，特定のポイントに配備したロボットなどのステーションに触れれば，そのユーザの特徴に応じたデータを送受信して，安否確認につなげることができる。

このように，ロボットをユーザの周囲の環境に組み込んで，また既に組み込まれているデバイスとネットワークを組んでいけば,「ユーザが触れることでデータを伝送できる人体通信」のメリットを引き出して，幅広い分野で活用できると考えられる。

文　献

1）根日屋英之，電波技術協会報 FORN，**272**，pp.24-27（2010）
2）大震災と企業（復興への道を聞く），日本経済新聞，4月2日版，p11（2011）

第13章　ヘルスケアとの融合

木下泰三*

1　はじめに

本章では，人体通信をヘルスケアに活用するための融合技術について述べる。特に最近「ZigBee」や「Bluetooth」など無線ワイヤレスを活用したセンサネットが拡大している。センサネットの無線技術の延長に人体通信があり，低消費電力，小型化低価格化などで期待値は大きい。

またセンサネットの有望な市場の一つにヘルスケアがある。ネットワーク型ヘルスケア製品の開発が盛んであり，将来の人体通信に期待できるヘルスケア分野のワイヤレスセンサネット関連技術動向を中心に説明する。

まずヘルスケア分野に適した無線センサネットワーク製品動向について述べ，次にZigBeeやBluetoothなどを活用してヘルスケアに適用する場合の技術動向詳細を述べる。

最後にこれらの無線ネットワークが人体通信に進展した場合のヘルスケアでの活用，融合への期待と将来像について述べる。

2　無線センサネットのヘルスケア応用

2.1　ヘルスケアと無線センサネット

無線センサネットは，物や人に通信機能を持つセンサノードをつけて時々刻々と変わる環境・生体情報を見える化，可視化するシステムである。人につける場合は安心安全のための位置情報や，動作情報などを送る応用もあるが，やはりその大半は生体情報といえる。即ち医療情報やヘルスケア情報が中心になる。

2.2　ネットヘルスケア応用市場

無線センサネット市場は数年後に1.7兆円といわれている。交通や設備監視，環境防災，セキュリティ，ビル管理，など物につけるセンサネット市場は1.2兆円，これに対して主に人につける健康管理や医療応用が5,000億円といわれている。

図1に示すように，医療応用としては，ナースコールや，医療機器管理，医療用テレメータ

*　Taizo Kinoshita　㈱日立製作所　情報・通信システム社　ワイヤレスインフォ統括本部　統括本部長

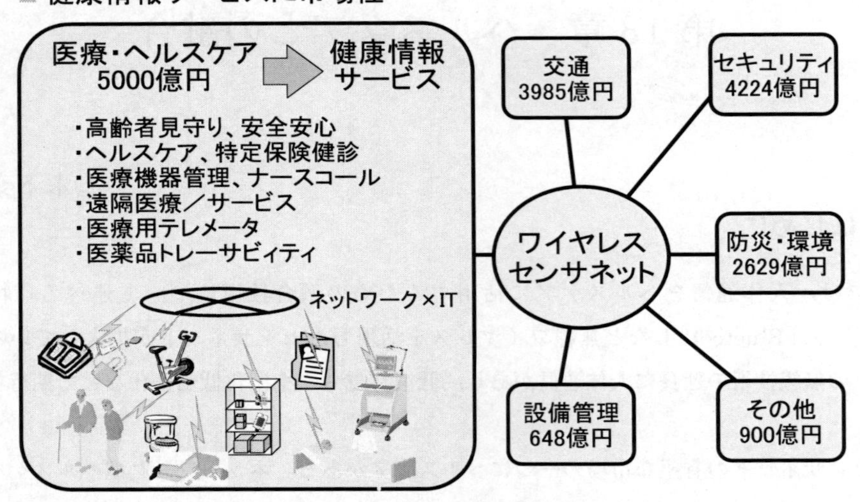

図１　ネットヘルスケア応用市場

や，医療品トレーサビリティ，などがあるが，人につける場合は，「高齢者見守り，介護支援，ヘルスケアや特定保険健診，電子カルテ，遠隔医療サービス」などが中心となり，その場合のセンシング対象は生体センサ，バイタルセンサとなる。

2.3　医療，ヘルスケア用無線システム

図２に示すように，医療やヘルスケア向けの無線システムは，多く存在する。センサネット

■ ヘルスケア、医療をネットワーク化して健康情報サービスを実現

	BAN	PAN：Personal Area Network		LAN：Local Area Netwok		WAN：Wide Area Network	
方式	UWB	ZigBee	Bluetooth	特小無線	無線LAN	PHS	WiMAX
特徴	低電力、位置検出	低電力、小型、低ｺｽﾄ	接続容易（携帯電話）	長期実績	接続容易（特にPC）	長距離、音声通話	高速・長距離
IEEE規格	802.15.4a,6	802.15.4	802.15.1		802.11g		802.16
周波数	4.1GHz	2.4GHz	2.4GHz	430MHz	2.4GHz	1.9GHz	2.5GHz
通信速度	～10Mbps	250kbps	1Mbps	10kbps	54Mbps	64kbps	40Mbps
変調方式	パルス	QPSK	FSK	FSK	OFDM	BPSK	OFDMA
送信電力	0.1uW/MHz	1-10mW	10-100m W	10mW	10-100mW	10mW	200mW
伝送距離	～30m	～50m	～10m	～1km	～100m	～1km	～3km
応用例			ナースコール、ME機器管理				
	ｶﾌﾟｾﾙ内視鏡		健康機器		電子カルテ		
		ﾊﾞｲﾀﾙｾﾝｻ		医療用ﾃﾚﾒｰﾀ			遠隔医療・見守り

BAN:Body Area Network
WiMAX:Worldwide Interoperability for Microwave Access

図２　医療，ヘルスケア用無線システム

という観点では，ZigBeeやBluetoothである。特にZigBeeは低消費電力無線として有名であるが，最近はBluetooth LEという超低消費電力版も欧州中心に活用されている。無線LAN（WiFi）や，超低消費電力版のULP-WiFiも適用の可能性が出てきている。特小電力無線は日本独特の方式である。

IEEE802.15.6はBAN（Body Area Network）として標準化されようとしているもので，UWB（Ultra Wide Band）カプセル内視鏡などの応用用途に検討されている。

図3に無線を活用した医療応用例を示す。携帯電話の広域モバイルでは，PHSやPDC，WiMAXなど，さまざまなモバイル無線が適用可能となる。欧州中心に急浮上しているのは，ANTと呼ばれる無線である。

ヘルスケア用としては上記のように候補はさまざまであるが，キーワードは超低消費電力である。人体通信もその点で非常に有望な通信手段であり，また人体に直接間接に触れていることはバイタルセンサとしての親和性もきわめて大きいと考えられる。

2.4　ZigBee無線システム

上記のさまざまな無線システムの中で，ZigBeeを例にして無線センサネットのシステムを概説する。ZigBeeは，2002年にアライアンスが設立され，世界オープンな省電力無線を目指している。元々医療応用，ヘルケアなどへの適用も対象範囲に入っている。

PHY層と，MAC層がIEEE802.15.4で規定され，ZigBee Allianceで，ネットワーク層，アプリケーション層が規定される。

アプリごとの固有のプロファイルも規定されつつあり，WSA（センサネット），HA（ホームオートメーション），CBA（ビル管理），TA（電子通信アプリ），などと共にHC（ヘルスケア）

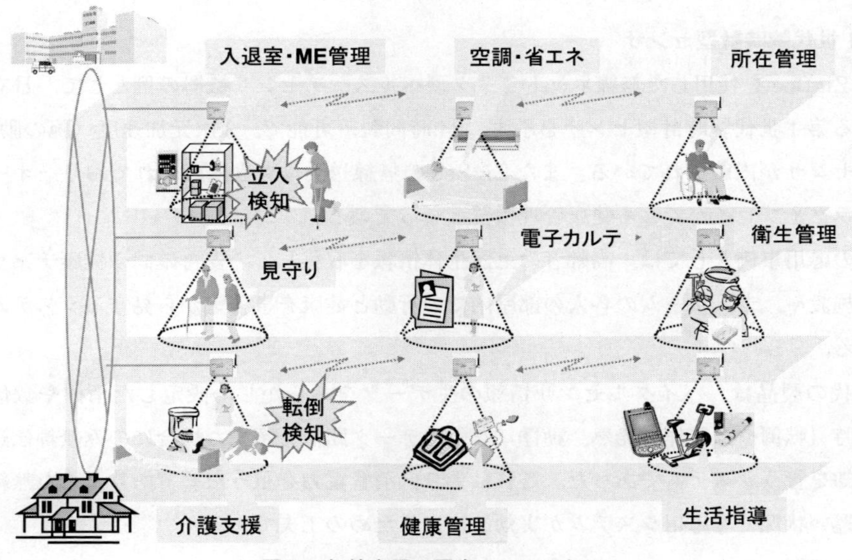

図3　無線応用の医療，ヘルスケア

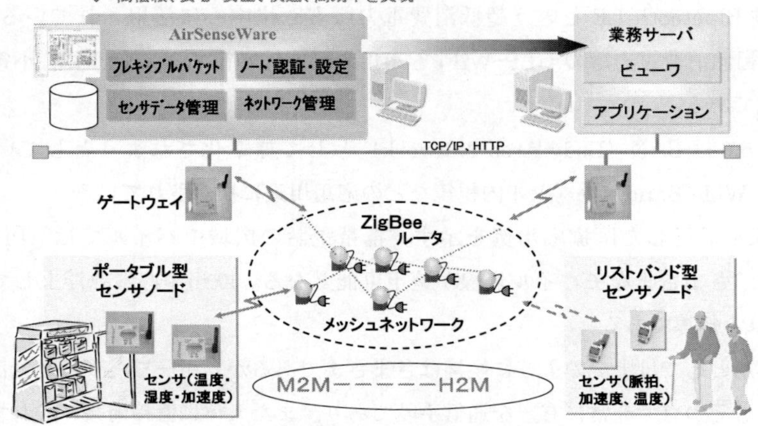

図4　無線センサネットシステム

プロファイルが規定されており，主に生体センサ機器，健康管理機器などに活用されている。

図4には，ZigBeeを活用した無線システム構成を示す。端末はM2M（マシンツーマシン）のポータブル型，H2M（ヒューマンツーマシン）のリストバンド型がある。図のように，基地局，中継器，複数種類のノードと，AirSensewareというミドルウエアソフトでシステム構成されている。H2Mの端末は，バイタルセンサ付きの腕時計型リストバンドセンサノードの形態になる。

3　リストバンド型ヘルスケアセンサ

3.1　第1世代腕時計型センサ

図5にZigBeeを使用した無線ネットワーク型ヘルスケアセンサ機器の例として，日立が製品化している第1世代腕時計型センサを示す。24時間装着可能で，3次元加速度（腕の動き），脈拍，体温センサが内蔵されている。またZigBeeの無線送受信機も内蔵されており，オールインワンでプラグ&プレイができる健康管理機器となっている。

今までの応用事例としては，高齢者の上記生体情報を収集して，安否確認や健康チェックを行い，介護施設や，老人ホームの各人の部屋内での行動と健康を事務室から見守るシステムに使用されている。

第1世代の製品は，バイタルセンサ情報の生データをあらかじめ設定した指標や数値に照らし，異常時（転倒や，発作，発熱，動悸）などのデータ閾値を超えた場合にのみ無線伝送にてセンタに通知を行うシステムであった。これはより低消費電力を狙うためであり，また無線の速度が比較的遅い状況でも応用システムが実効的になるための工夫である。

- リアルタイムの遠隔見守り
  - 24時間装着可能な小型センサ（縦6cm×横4cm×厚さ1.5cm、50g）
  - 加速度＋脈拍、温度センサリアルタイムモニタ（無線ネットワーク）

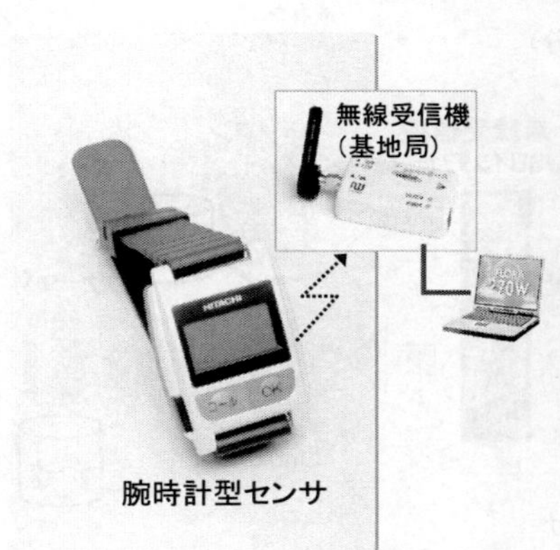

①オールインワン、プラグ＆プレイ
身に付けるだけで、脈度・体動のセンシング、
無線送信、データ表示・蓄積

②小型・軽量でストレスなく装着可能

③豊富な機能
緊急ボタン、電池残量モニタ、電波状態
モニタ付

図５　第１世代腕時計型センサ

3.2　第 2 世代腕時計型センサ

図 6-1，6-2 には，第 2 世代の腕時計型ヘルスケア用バイタルセンサ機器を示す。第 2 世代は更なる高機能化として，小型化と生活防水を実装している。データは生データをそのままサーバに送り，強力な演算能力のあるサーバで複雑な解析やさまざまな目的に合わせた分析を行うシステムとしている。

そのために端末側はミリ秒単位を考慮したスタンバイ処理により 1/10 の超低消費電力化を図っている。また生データをそのまま伝送するため，高効率のデータ圧縮技術により，時間軸の

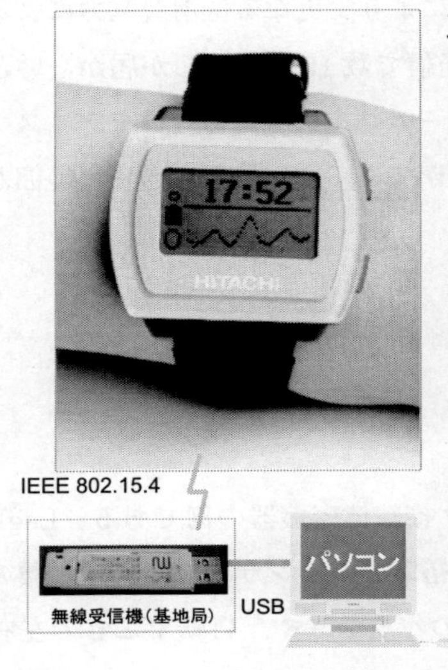

主な仕様

サイズ、重さ
4.3cm×3.5cm×1.5cm、40g　※当社従来品容積1/2

センシング項目
脈拍、加速度（3軸）、皮膚温度

サンプリング周期
50ms（20Hz）

通信プロトコル
IEEE 802.154

電池寿命
50ms周期、24時間連続サンプリング時：約10日

メモリ
全データ記録時：約10日間分

その他：
・生活防水性能（JIS7級相当）、押しボタン×2
・時計機能（パソコンと時刻同期）

図６－１　第２世代腕時計型センサ

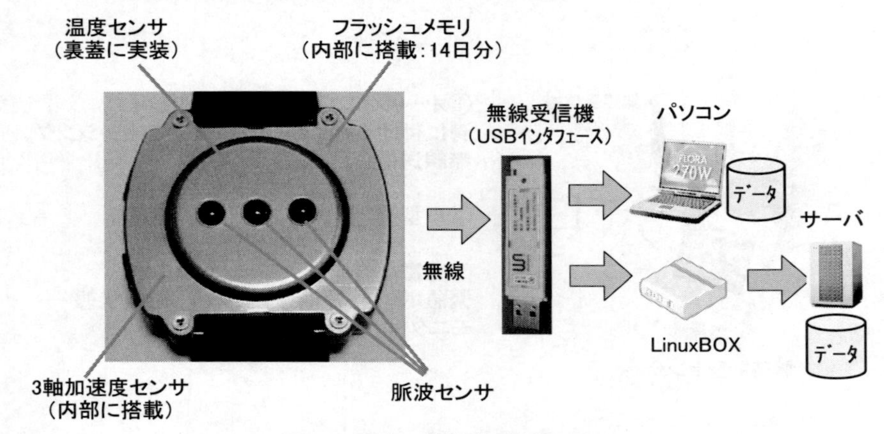

図6-2　第2世代腕時計型センサ

特徴に着目した波形データの符号化を行っている。サイズも第1世代の1/2，電池寿命も24時間連続サンプリング時に10日間の電池寿命である。

これらの3種類のセンサによる大量の生データ解析により歩行が1Hz，走行が2.5Hzのビートなどの特徴を解析し，またデスクワーク，睡眠，TV視聴，軽作業，立ち作業，歩行，運動，などの行動解析も可能となる。

さらには図7に示すように，長時間や長日時の観測により，その人の生活ペースや，生活リズム，癖なども分かってくるようになり，いわばライフタペストリー，ライフログを取るヘルスケア機器としても活用できるようになる。

このZigBee無線の部分を人体通信に置き換えることにより，更なる低消費電力による長寿命化，小型化，と共に基地局のようなゲートウエイとの通信で数10m範囲しか届かないという不便さも解消できる。いつでも人体通信機内蔵のモニタホーム端末に触れるだけでディスプレイでの結果表示や，端末経由でセンタにデータ伝送することができ，広い場所での使用範囲がさらに広がるという利点もある。

4　万歩計型センサ

4.1　メタボレンジャー

図8は日立から製品化している万歩計型ネットワーク接続健康機器の例である。LegLogは3次元の加速度センサを内蔵し，Bluetooth無線モデムを搭載したセンサ端末である。腰のベルトの位置に付けるだけで，リアルタイムで運動中の姿勢のバランスや，自転車こぎの左右バランス，歩行，走行の運動強度，などが分かるものである。フィットネスセンタでの自転車こぎの様

■ 周波数解析により、日々の生活リズムを「像」として可視化

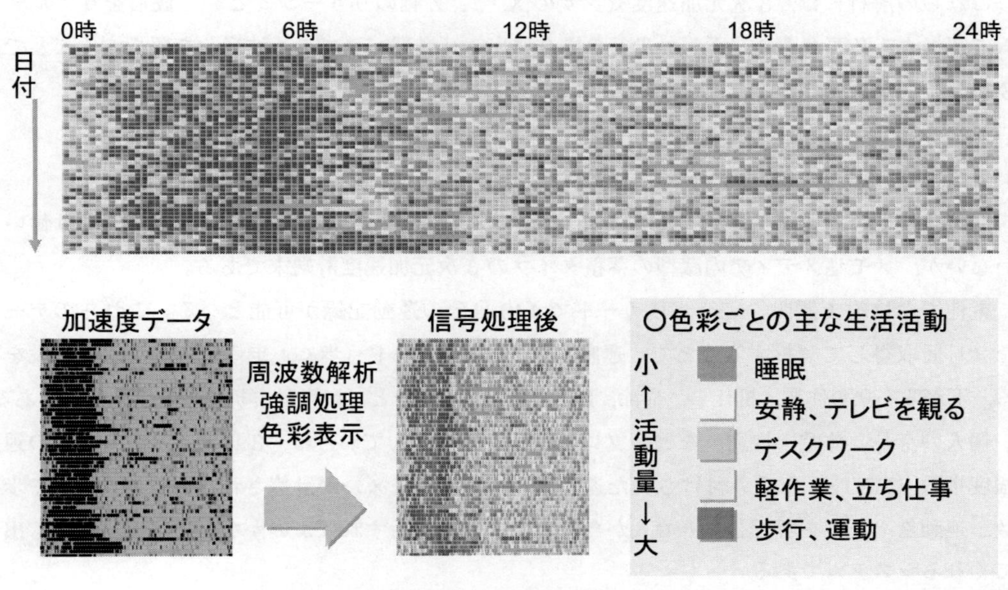

図7　ライフタペストリー

■ LegLOGセンサ：リアルタイム無線加速度センサ（バイセン社共同開発）
● リアルタイムで運動中のバランス、歩行、走行中のバランスを数値化

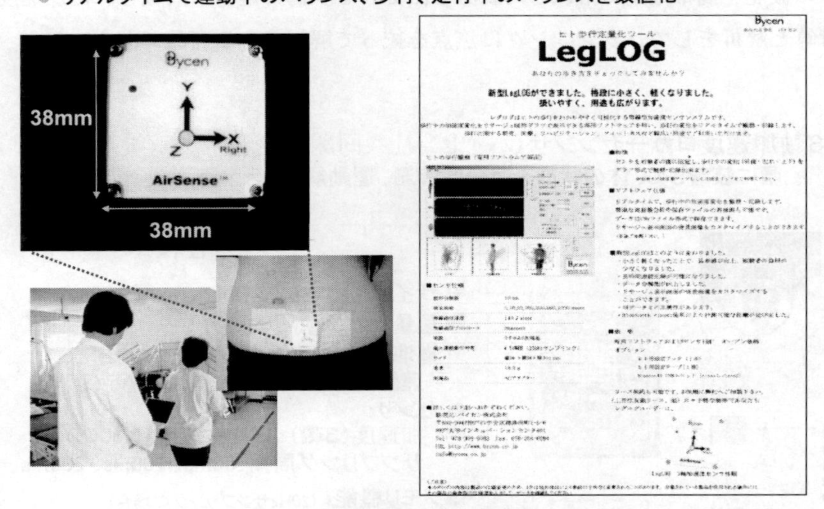

図8　万歩計型センサ（無線型）

子はその場で自転車の前の表示ディスプレイに自分の左右バランスが確認できる。

また歩き方教室では，その場で姿勢の矯正や左右バランスの修正なども可能になる。病院では転倒しやすいことによる老人の大たい骨骨折が非常に多い。さまざまな病気による転送防止のためや，リハビリにはこのセンサで姿勢とバランス，前のめり姿勢の矯正をすることで転倒防止の

改善が図られる。

これらの解析には，3次元加速度センサのX，Y，Z軸のリサージュという波形をリアルタイムで解析する必要があり，正しい歩行の場合に出る「蝶型バタフライ波形」を解析することで，姿勢の特徴が把握できるようになる。

4.2 健康管理アプリケーション

図9は同じく日立から製品化しているメタボレンジャーという商品で，無線モデムは付いていないが，メモリメディア内蔵型の蓄積タイプの3次元加速度計端末である。

電池寿命は約1週間，microSDカードで140日分の運動記録が可能となる。これらのデータを3日間取得して解析することで，運動状況を10数モード（歩く，走る，運動する，階段を上る，下がる，立ち作業，机仕事，掃除，PC仕事，寝る，など）に自動解析できるシステムである。

個人の身長，体重，性別，などのプロファイルを設定しておけば，3日間で，各モードの運動強度指数（METS）と重み付けされた運動量（エクササイズ）が計算され，消費カロリーや歩行数，運動量，などを解析し，その人が今後どのように生活すればよいかなどのアドバイスも出してくれるシステムである。

特定健診市場は，図10に示すように，これらの機器をネットワーク接続したシステムとなる。

これらの機能を携帯電話に搭載した製品も出ている。携帯電話に内蔵された加速度センサで，同様の計算と解析をして，ランニングに焦点を絞って解析できる商品である。

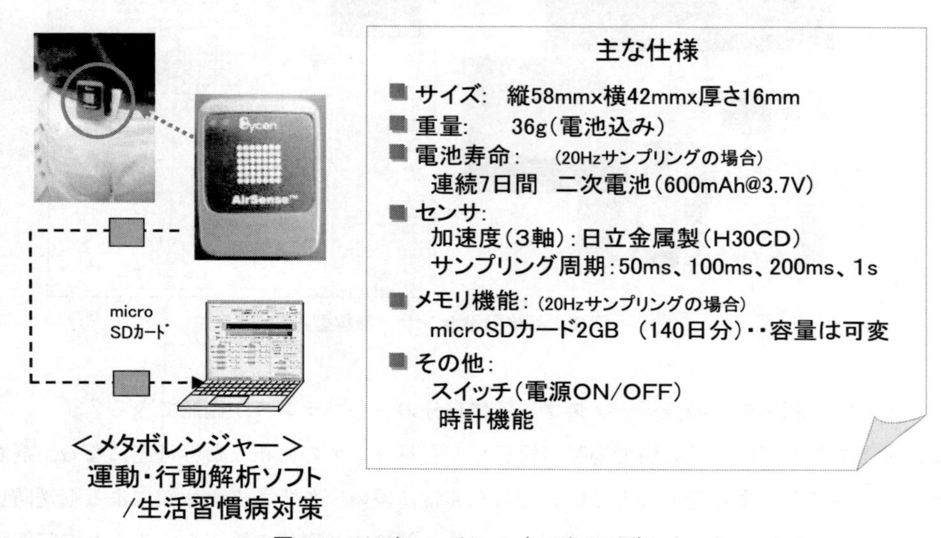

図9　メタボレンジャー（メディア型）

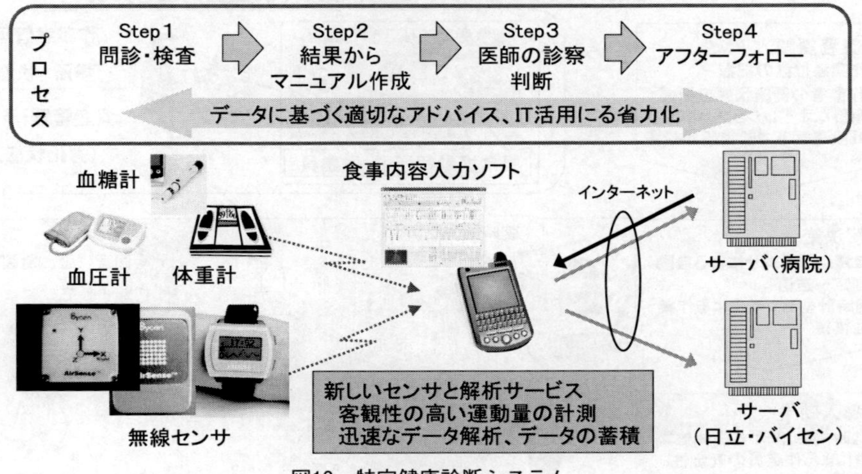

図10　特定健康診断システム

これらはいずれも腰という人間の皮膚近辺のセンシングであるため，やはり人体通信に変更することにより，よりフィット感のある小型ネットワークセンサ端末として機能させることができる。フィットネスセンタや，老人のリハビリ，ランニングでのフォーム解析も，身に付けているという違和感なく機能できるので使い勝手良く，更なる普及が期待できる。

5　将来期待できるアプリケーション

5.1　作業員の安全

図 11 に示す，作業作業員の見守りでは，転倒検知センサ付きのバッジや名札，携帯電話，タグやリストバンドを手持ちすることが多い。いずれも何らかの無線ネットワークで工場内の事務所などに事故や有事の情報を伝送するものであるが，やはり金属の多い工場などの環境で無線の性能が悪く伝送できないなどの不具合も出ている。

このような環境ではむしろ，人体通信の受信機を工場内に散りばめて配置し，実際に近くの受信機に触れることで確実に通知伝送することが有効と考えられる。

5.2　自動車居眠り運転

図 12 に示すように，自動車運転者の居眠りを検知する方法はいくつかあるが，脳波形センサ，脈拍，ハンドルを握る腕の動き，頭の動き（こっくり）などをセンシングしてカーナビに無線で伝送する機器が開発されている。また自動車自身に加速度センサをつけて自動車の蛇行運転を検知する方法も検討されている。これらも人体通信を活用すれば，各種バイタルセンサの情報を，握っているハンドルに内蔵された人体通信受信機に伝送して通知することにより，カーナビ

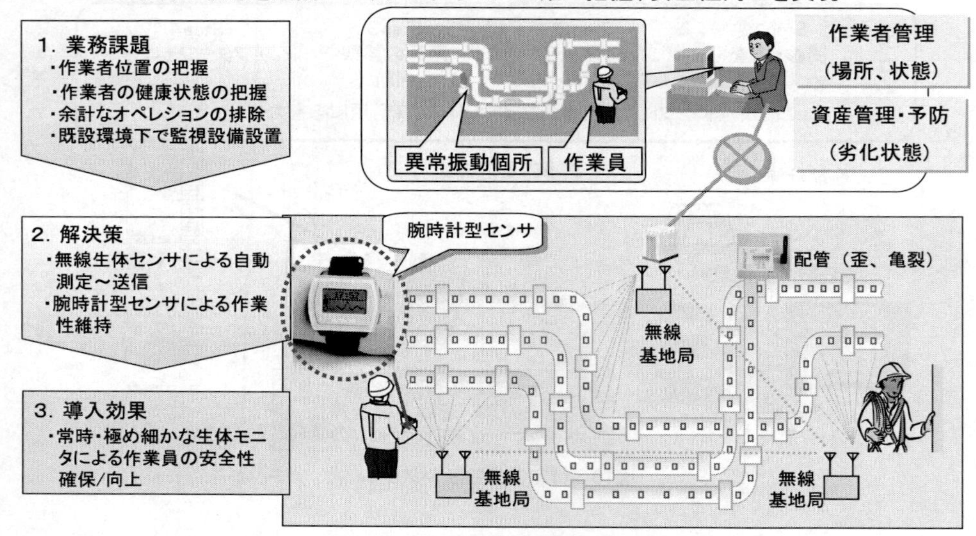

図11　作業員安全見守り

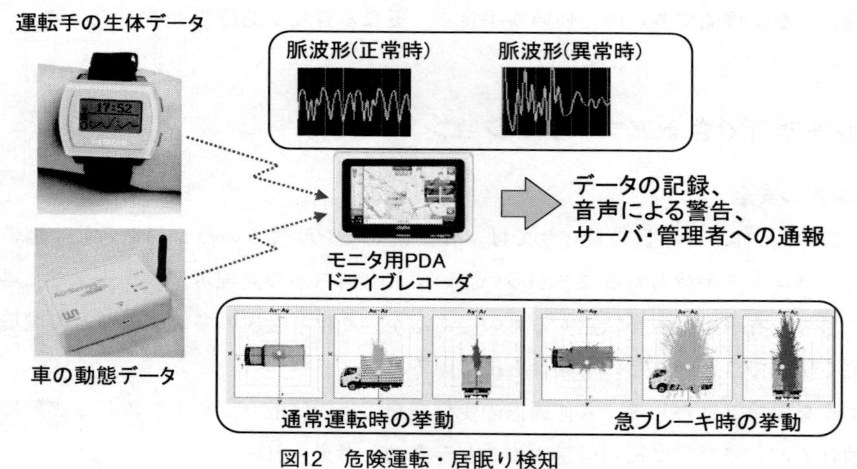

図12　危険運転・居眠り検知

と有線で確実に伝送することが可能となる。

5.3 電子トリアージ

図13に示すように，災害時や大量犯罪時には，多くの人が現場に倒れる事態が想定される。この場合に，緊急救助隊の仕事はどの人から順番に助けるかという，非常に厳しい判定をしなければいけない。現在は一人一人人間が判定しているが，少ない人数で多くの人に平等の順番で判

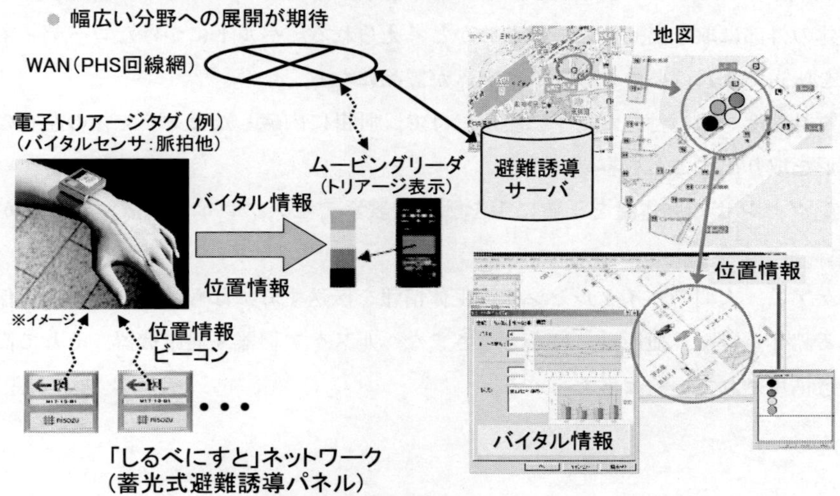

図13　電子トリアージシステム

定をすることは困難である。近年では電子トリアージ端末を先に人につけて血中酸素飽和度などのバイタルデータを先にセンシングしてから多くの人を一度に平等に判定しようという研究がある。この電子トリアージ端末に人体通信装置を内蔵しておけば，救助隊員が倒れた人の体に触れるだけでその人の被害状況や容態が分かるため，迅速な救助とトリアージングが可能となる。

5.4　カプセル内視鏡，心電計，イヤリングセンサ

図 14 に示すように，AN（Body Area Network）では，IEEE802.15.6 という標準の中で

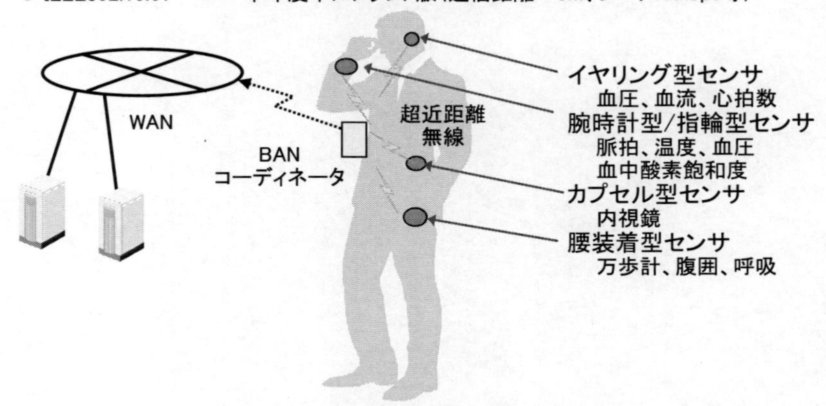

図14　BAN への展開

UWB 無線が活用されようとしている。しかし，本来は体の内部の情報やカメラ映像などは，人体通信で体の外部に取り出せるのではないかと考えられる。ベルトにつけたコーディネータに内部の映像を伝送できれば夢のようなシステムが製品になる。

また心電計もセンサの付いた椅子に座るだけで，肘掛に内蔵したセンサで体の左右の電位差から心電波形を取り出すことも容易になる。

イヤリングセンサでも体温を正確に手を触れた表示ディスプレイで確認することが可能となる。

ヘルスケアは，人間のバイタルセンサ，生体情報を伝送するにはもっとも効率的な伝送手段と考えられる。体重計や，血圧計，ほかさまざまなヘルスケア機器，健康機器，そして高度な医療機器に今後活用されていくと考えられる。

第14章　植物（農業）と人体通信

曽根廣尚*

1　植物（人体）通信の定義

本書で主題としてとりあげられている人体通信は，狭義には，“人体を伝送媒体として機器間で通信を行うもの”と定義されており，広義には“WBAN（Wireless Body Area Network）として，人が自分の体を中心に手を伸ばした範囲内の通信を想定するものである”と定義されている。マルコーニの無線通信の発見以来，様々な周波数の光電磁波の通信が実用化されるようになった。これまでの通信システムは媒体として導線，空間，光ファイバ等を利用しているが，人体通信では人体を伝送路として利用する点が新たに注目を浴びているところである。

植物や植物を利用する農林水産業分野において上記の狭義の意味での植物（人体）通信はほとんどその例がなく，また広義の意味でもその例はない。本章では，植物はどのような情報伝達を行っているのかを簡単に解説して，植物と環境の情報通信手段や植物を利用した情報交換の萌芽的研究を紹介し，将来の植物通信のアプリケーションについて検討してみたい。

地球的なレベルで環境問題や人口問題，食料問題，CO_2の急激な増加による地球温暖化問題，耕地の減少と砂漠化の急速な進展等多くの問題が発生している。これらの問題は個別に考えられるものではなく，グローバルな環境維持の問題であり，植物の生態系と深いかかわりがある。植物はCO_2を吸収し有機物として固定化し，人類の化石エネルギー消費が原因のCO_2増加による地球温暖化防止に非常に大きな役割を果たしている。植物は，太陽光と水分と二酸化炭素と土壌中のいくつかの無機養分があれば，デンプンやタンパク質，ビタミン，脂質等を合成しすべての生物にそれらを供給する地球上の生命体にとってかけがえのない生命システムである。植物は地球全体や地球に住む生命体にとって非常に重要な役割を担っている。その植物をさらに有効に活用するためにも，植物を利用した情報収集や植物から得られる情報の処理機構の解明が望まれるところである。

本章で紹介するアプリケーションは本書でとりあげられている人体通信とは直接の関係はないかもしれないが，生命体を媒体としてなんらかの情報通信や情報取得をするという観点での議論になっていることをご了解いただきたい。

---

* Hironao Sone　㈱オネスト　事業企画部　フェロー

2　植物の情報交換システム

人間を含む動物は，いわゆる五感を通して外界や他の生物と情報を交換して生命活動を営んでいる。20世紀になって電気信号を使った通信やコンピュータを利用した通信が発達して，情報の流通量が劇的に増加しているが，人間という生物にとって五感を介してそれらを利用していることに変わりはない。これまでの通信システムは，導線，空間，光ファイバ等を媒体としているが，人体通信では人体を伝送路として利用する点が新しい。

一方植物は，動かないゆえに環境変化を検出し，それに応答しながら生きている。植物が環境を検知して情報伝達する方法を簡単に見てみよう。植物は動かないといわれているが，茎は光の方向に向かって伸長する屈光性（光屈性）と呼ばれる性質をもち，根は先端が重力方向に向かって伸長していく屈地性（重力屈性）と呼ばれる性質をもっており，長い時間のなかではゆっくりと動いている[1)]。これらのことが起こる詳細な説明は専門書を参照いただくとして，簡単に言うと光をセンシングするセンサーや重力を検出するセンサーを植物はもっており，その情報と植物ホルモンを利用し茎や根の成長方向を決めている。

また植物は葉の裏に気孔と呼ばれる組織をもっている。気孔は光合成のもとになる二酸化炭素をとりこむと同時に，根から吸い上げられた水分を空気中に放散して温度を下げる役割をもっている[1)]。植物が水分を先端まで吸い上げられるのは，導管内の毛細管現象と水の凝集力と蒸散作用による陰圧のためであると理解されている。水分が根から葉まで運ばれることにより，植物は根から様々な無機栄養分を吸収して植物全体に運ぶことができる[2)]。つまり，動物の血管にあたる機能を導管がはたしており，血液を送る心臓の役割を葉（気孔）が行っている。

また植物は害虫に食害された場合や病気にかかった場合にも，それぞれ対処している。例えばキャベツはモンシロチョウの幼虫に食害された場合に，特別な香りをだすことがわかっている。この香りはモンシロチョウの幼虫に寄生する寄生バチを呼ぶことや，この香りを受信した周りのキャベツが，防衛遺伝子を活発化して食害されにくくなることが知られている[2)]。キリンはアカシアを食べるが，キリンに食害されるとアカシアは防衛遺伝子により周辺の葉のタンニンが多くなるので，キリンは警戒信号を感知していない木に移動していくことも同じメカニズムが働いていると理解されている[3)]。花の香りは昆虫を呼び寄せるためであるが，バラ等の香りは，人間の健康や病気の改善にも効果があることが知られている。以上は，植物が周りの環境と情報交換するために香りを利用している例である。

植物は香りのような化学成分を用いて情報通信するだけではなく，植物内で電気的な信号も利用した情報通信を行っている。例えばオジギソウの葉柄運動は，電気的な応答を利用した物理的に速い情報伝達機構と，維管束系を利用して情報物質を送る化学的な情報伝達機構の複数の伝達機構が使われていることが知られている[1)]。

以上の事以外にも，植物は菌根菌と呼ばれる土壌菌と共生してリン酸を効果的に集めたり，マメ科の植物が根粒菌と共生して，固定化された窒素を利用したりして，動けないなかで巧妙に周りの環境と情報交換，環境への対応を行っていると考えられる[1)]。

3　植物・樹木の生体電位計測による地震の観測

2011 年 3 月 11 日午後，東北関東大地震により，日本の観測史上最大の惨事が発生した。地震の予知に関しては様々な検討が行われているが，いまだに非常に予知が困難な問題とされている。地震の前兆と思われる多くの異常現象（宏観現象）が報告されている。それらは大地の変化，空と大気の異常，電磁波異常，動物の異常行動，植物の異常等であり，阪神・淡路大震災の場合で 1,519 件が挙げられている[4)]。

そのうち樹木や植物の生体電位を測定することにより予知に使えないかとの実験が試みられている。樹木生体電位の測定概念図を図 1 に，その測定結果の一例を図 2 に示す。

電気化学領域において，金属を電解液に浸すと金属表面と溶液の界面には電極反応と呼ばれ

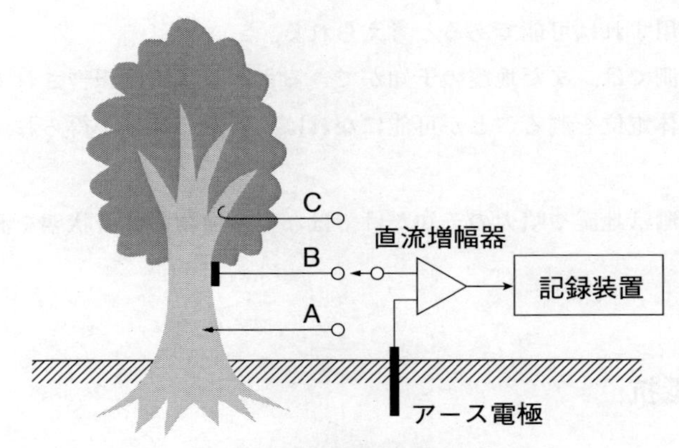

図 1　樹木生体電位計測[4)]

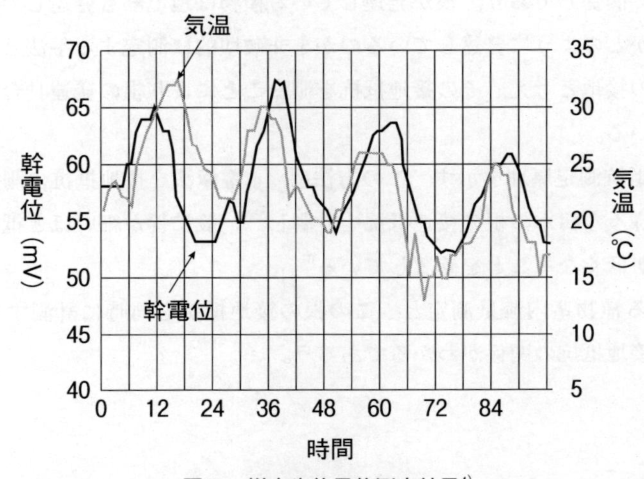

図 2　樹木生体電位測定結果[4)]

る電気化学現象が生じ，起電力が発生する。図1のような装置で測定される生体電位は実はこの起電力が主である。この起電力は電気化学の理論から$R \cdot T/F$に比例する。Rは気体定数，Tは絶対温度，Fはファラデー定数である。図2は1998年7月3日から6日までのクヌギの木を使った測定結果である[4)]。図2には，幹電位の変化と気温の変化がプロットしてあり，ピークが右にあるのが，気温のグラフである。この時期には，気温が上がる前に，幹電位がピークを迎えており，これは起電力が温度に比例することと一致しない。この実験の測定者は，光合成などによって起こるエネルギー収支から葉の温度が上昇し，これによって幹の温度が気温より早く上昇するのではないかと推定している[4)]。しかし，それだと日の出前から幹温度が上がることの説明ができない。筆者は，土壌の温度が気温より高いために，蒸散流により高温の土壌水分が幹に運ばれることで幹温度が気温より先に上昇しているのではないかと推測している。11月には，この幹温度と気温のずれは気温が先にピークを迎えるようになることも報告されている[4)]。11月には地温が上がらないし，葉を落として蒸散がないので，地中からの水分の移動がないために，幹の温度は，気温に追随するものと推定される。この検証には，第6節で紹介する蒸散による植物茎内流量測定を利用すれば可能であると考えられる。

樹木の生体電位計測では，まだ地震の予知ができるような事例は報告されていない。今後広域にわたって樹木の生体電位を測ることが可能になれば，新たな知見が得られる可能性もあると思われる。

植物の生体電位計測は地震や噴火の予知だけではなく，植物の健康状態を測る目的からも利用が検討されている。

4　根の接地抵抗

植物は根から水分と養分を吸収し，光合成を行ったり温度を冷やしたりしている。植物の成長は根の成長に大きく関係しており，根が発達している植物は地上部も発達している場合が多い。そこで，地下の根がどのように発達しているのかを非破壊的に測定する手法として，植物の根を電気工学的に一種の接地と考え，その接地抵抗を測ることにより根の発達具合を測定しようとする試みがなされている。

図3に根の接地抵抗測定原理を示す。この方法は，4電極法を接地抵抗の測定に応用したものである。山浦らは様々な樹木の根の接地抵抗を計測し，一般に幹が細いほど抵抗値は高く，幹が太いほど接地抵抗が低くなることを確認している[6)]。

第6節で紹介する植物茎内流量測定と，この根の接地抵抗を同時に計測することにより，根の生育状態と根の接地抵抗の関係がわかるであろう。

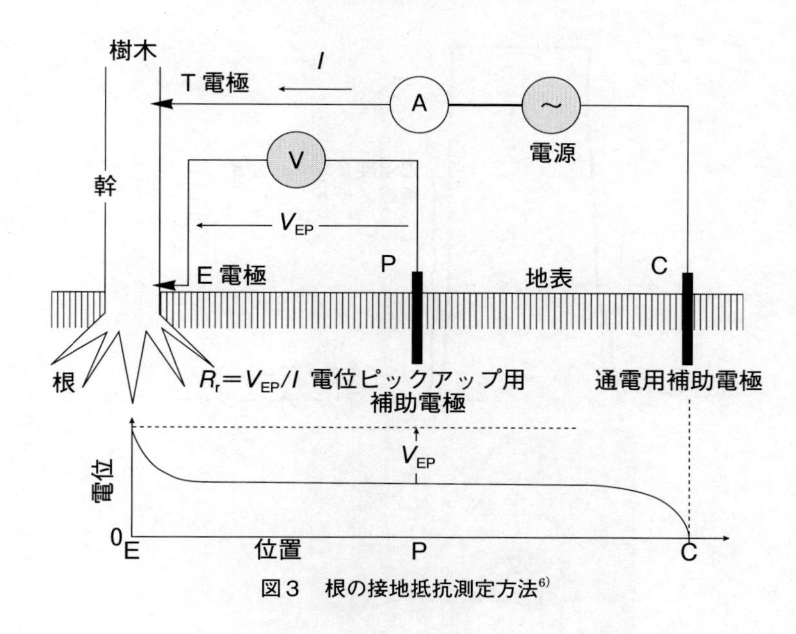

図３　根の接地抵抗測定方法[6)]

5　Voltree Power 社の樹木を利用したバイオエネルギー電池

樹木は電源として利用できる。2008 年に，米 MIT の研究グループは，樹木と土壌の pH（水素イオン濃度指数）に差があることを利用した「樹木発電」の理論を発表している。

しかし，この仕組みでは電圧が低すぎて既存の 2 次電池に充電することができないので昇圧回路と組合わせて，必要な電圧まで高めている。Voltree Power 社は，この技術を応用して，木からエネルギーを取得して動作する無電源の森林火災検知センサーネットワークを開発している。アメリカでは，森林が広大なので一旦山火事になると大きな被害が発生するため，それを検出するためのセンサーネットワークを導入しようとしているが，電池を交換するコストが大きな問題であった。Voltree Power 社は米国農務省森林局と契約し，このシステムの実験的配置を始めている。

Voltree Power 社では，このシステムのアプリケーションとして，森林火災の検出以外に，河川の汚染検出，農業用センサーネットワーク，干ばつの予測，病害虫の検出からホームセキュリティにまで使えるとしている。

このバイオエネルギー電池を利用したシステムは森林火災の検出以外にも様々なアプリケーションに使える可能性がある。森林火災の検出の例では，温度センサーを利用しているが，これを照度センサー，CO_2 センサー，フィトンチッドのガスセンサー，杉花粉センサーや樹木の樹幹センサー等に置き換えれば，森林の様々な状況を広域にモニターすることが可能になる。また街路樹の状況を計測して適切な管理を行ったり，広域にわたって樹木の生体電位を計測して，地震等の予知に使える可能性がある。樹木と土壌を利用して環境からエネルギーを収集するというエナジーハーベストの一種であるが，太陽電池などよりはるかに低価格でできそうで興味深い。

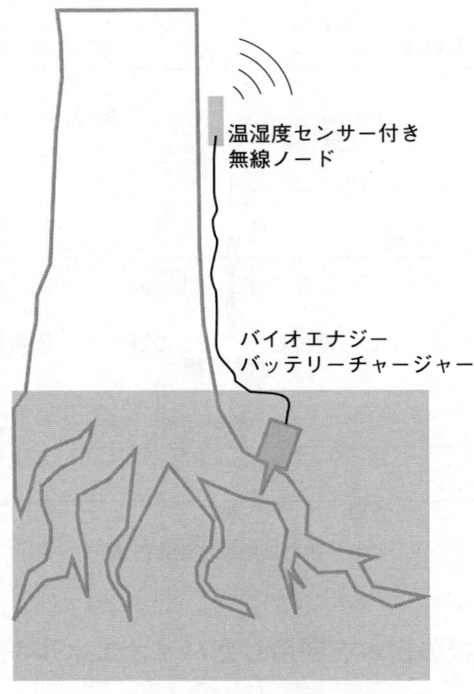

図4　Voltreeのバイオエネルギー電池

6　茎内流量測定による蒸散速度の計測

植物の成長速度や光合成速度を計測することは，農業関係者や植物研究者の長年の夢であった。植物の成長速度や光合成速度を計測できれば，どのような環境が植物の成長に良いか，どのような肥料や灌水をすればよいのか等が簡単にわかるからである。従来は植物の成長を計測する方法が無い，もしくは非常に大掛かりであるためにそれを計測することは困難で，温度，湿度，日射量，土壌水分，土壌電気伝導度といった計測可能な環境データを計測することにより間接的に成長速度や光合成速度を推定する手法が用いられてきた。

植物茎内の蒸散流は，光合成器官である葉部への水の供給や養分・代謝産物の輸送を担っている。蒸散流は様々な外的，内的要因によって影響を受け，蒸散流を計測することによって，蒸散量のみならず種々な生体情報を取得することが可能である。このため茎や根内の水の流れ（sap flow）の測定は古くからの研究され，いくつかの方法が提案されてきた。熱を利用した方法は1932年に開発されたHuberのヒートパルス法と20世紀後半に提案された熱収支法に大別される。熱収支法には太い樹木のための幹熱収支法と，櫻谷によって提案された細い茎に適用できる茎熱収支法（櫻谷哲夫，1981）がある[8)]。

図5に熱収支法による植物茎内流量測定方法の原理を示す。茎に面上のヒーターをまいて，一定の熱量を茎に与え，その熱が移動する様子を茎のヒーターの上下につけた熱電対により測定

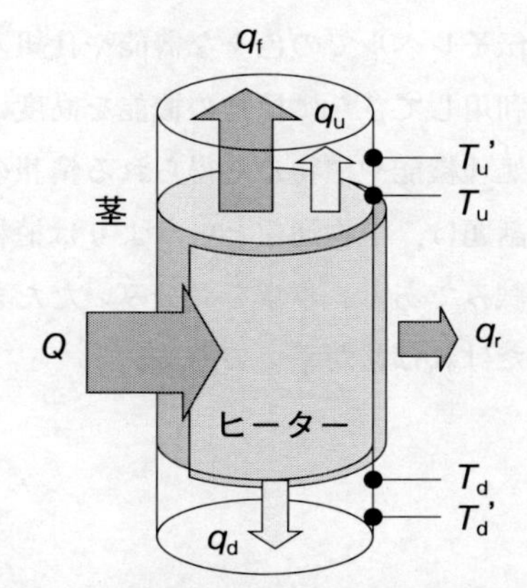

図 5　熱収支法による茎内流量測定法

して，温度差から流量を推定する方法である。キャリブレーションなしで流量が求まり，直径約 2〜150mm までの茎や幹に適用可能であることから様々な植物の茎内流量の測定に利用されている。

最近の日本の農業においては，施設栽培に利用される重油の価格が上がっていることから，ヒートポンプの普及が進められているが，ヒートポンプを使って蒸散流を保つ（気孔が空いている）ように植物を制御するためには，温度と湿度をある一定の範囲に制御することが重要であることがわかってきた。温度や湿度を制御すると同時に，茎内流量を測定できれば，さらにその効果がはっきりとわかると考えられる。

色々な植物において温度と湿度をどのような範囲に制御すればよいのかを知るために茎内流量の測定は非常に有効であろう。茎内流量測定による蒸散速度の計測は，動物でいうと血流を測定することに相当し，植物の生育管理に非常に重要なパラメータと考えられる。

7　未来の植物通信アプリケーション

以上いくつかの植物を使った情報通信や情報取得をする事例として，植物生体電位の計測，根の接地抵抗の計測，樹木発電を利用したバイオエネルギー電池，植物茎内流量計測等を紹介した。

将来の植物通信のアプリケーションとして以下のようなものが，考えられる。

- 森林や街の樹木から得られる情報を利用した地震や噴火の予知
- 森林の樹木から得られる情報を利用した森林管理・環境管理
- 街路樹や公園の植栽から得られる情報を活用した植物管理
- 農作物から得られる情報を利用した生育管理・肥料管理・灌水管理
- 農作物から得られる情報を利用した病害虫管理
- 植物から得られる情報処理による植物との会話[9]

ゲノムの解析が進むにつれ遺伝子レベルでの色々な機能や仕組みが解明されるようになってきた。これからは，遺伝子操作を利用してさらに植物の機能を高度に利用することが実現するであろう。その中に植物のもつ情報処理機能や植物から得られる情報の利用といった分野も検討されるであろう。本章で取り上げた話題は，植物通信というよりは植物を利用して様々な環境制御や植物の生育管理を行おうという試みである。本章をお読みいただき植物のもつ情報処理や情報通信の可能性に興味を持っていただければ甚だ幸いである。

文　献

1)　大森正之・渡辺雄一郎ほか，新しい植物生命科学，講談社サイエンティフィク（2001）
2)　瀧澤美奈子ほか，植物は感じて生きている，㈱化学同人（2008）
3)　日本植物生理学会編，これでナットク！植物の謎，講談社ブルーバックス（2007）
4)　山浦逸雄，SAWS 2000 Autumn 人と植物の新世紀【前編】
5)　山浦逸雄，SAWS 2001 Winter 人と植物の新世紀【中編】
6)　山浦逸雄，SAWS 2001 Spring 人と植物の新世紀【後編】
7)　Voltree Power 社，http://voltreepower.com
8)　櫻谷哲夫，http://www.h6.dion.ne.jp/~sapflow/SHBmeth.html，熱収支法による植物茎内の水流量（サップフロー）測定法
9)　大藪多可志・勝部昭明ほか，植物生体電位とコミュニケーション，海文堂（2009）

第15章　産学連携―人体通信の医療福祉分野からモノづくりへの応用

外村孝史*

1　人体通信を用いた高齢者向け健康支援システム

人体通信の応用分野は，鍵の施錠・開錠のセキュリティ分野からの実用化に始まり，医療，ヘルスケア，エンターテインメント，交通インフラ，そしてインターネットとの接続を意識したウエアラブル機器通信へと，広い範囲で期待されている。さらに最近では新たな応用としてモノづくり分野や日本の基幹産業としての次世代自動車，ロボット，航空機なども人体通信のメリットを活かすことができる応用分野である。一方，技術面においても，低コストでＭビット／秒クラスの高速伝送が可能になるなど進化を続けており，いよいよ実用化に向けた開発段階に入った。しかし，その技術や開発，応用を考えている企業の動向は，よく知られているとは言えず，さらに，人体通信を応用する時に検討しなければならない低消費電力化，通信速度の高速化，IC化，測定方法などの実用技術についても，まだ，課題を残しているものの，一部実用化されている。ここでは，実際某自治体に提案した事例をベースに，人体通信と高齢者とのコミュニケーションとしてのツールに音声認識／合成を組み合わせて高齢者向け健康支援システムの事例を紹介する。

1.1　高齢者向け健康支援システムの概要

“からだもこころも元気になるまち”というキャッチフレーズで某自治体と早稲田大学との健康都市に関する共同研究である。高齢化社会は，総人口に占めるおおむね65歳以上の老年人口が増大した社会のことで，2050年には日本人人口は9,000万人以下に減少し，高齢化率も40%になり，今後は，高齢（老年）人口の高齢化も進行し，認知症や要介護の高齢者が増加する。この高齢化は少子化と共に大きな問題として取り上げられ，海外からの移民やロボットによる解決方法などが議論され，いくつかは実行に移されているが，少子高齢化の速度に追いつかないのが現状である。高齢化の問題は，平均年齢と健康年齢の間には約7年の患いの期間が在り，これを短くすることが，医療費抑制や認知症や要介護の期間を短くすることにもつながる。ここでは，既に高齢化率が高くなった某自治体に提案した健康支援システムについて紹介する。

1.2　超高齢化社会と健康都市

超高齢化社会における医療福祉政策では，病気を治療するだけでなく「予防」が重要といわれ

---

* Koushi Tomura　早稲田大学　理工学術院　総合研究所　客員研究員

ている。自治体が健康について考え，市民に提示することは町としての魅力をあげることにもつながる。また，高齢化がすすめば，現在の社会システムのままでは医療・介護関連費用による財政の圧迫が必至で，住民の健康を考えた将来像を描き出すことは，将来の財政面を検討する上でも有効な手法となりうる。

健康都市という言葉からは，高齢者のために，というイメージが想起されやすいが，老若男女すべての人にとっての，それぞれの健康を考える必要がある。単に肉体的な病気がないということにとどまらず，精神的，社会的な側面で長く健康を維持するためには，それを支える社会システムと街づくりが重要となる。超高齢化社会に対応した医療分野の考え方も，治療だけにとどまらず，予防，ケア，リハビリテーションなどに広がっている。

これを実現する健康都市とは，個人の身体の健康だけでなく，施設や周辺環境から社会システム，それらを支える情報システムや整備のありかたを含めて検討が必要といえる。

日本でも，すでに多くの自治体が健康都市宣言をなされ，さまざまな取り組みが行われているが，規模や地域の特性に応じて考えなければならない。そこではじめに，自治体の立地，地域特性から住民の健康とライフスタイルに関する特徴を明らかにし，それをベースに自治体の地域特性を活かした健康都市づくりを考える。自動車道路，生活道路，川や水路などといった地理的な特性を活かし，住民の生活の舞台である町について，施設のみならず歩行路等の身体に関わる計画について細かく，また，それらを支える情報システムについても深く検討している。

1.3 人体通信と音声認識／合成技術で高齢者の認知症の発症を防ぐ

高齢者の健康管理は，もっとも気になるところで，どこでも居ながらにして健康状態を知ることができれば寿命年齢と健康年齢の間を縮めることができる。人体情報として高齢者の心電図，脳波計，脈動計が簡単に計測可能であれば，健康管理計測データとして遠隔地にあるセンターに伝送し医療専門家による診察が可能となる。また，高齢化で最も多い病が認知症，これは主にコミュニケーション不足で徐々にこの病になるケースが多い。高齢者向け健康支援システムでは，高齢者の人体情報のセンサーの部分に人体通信を応用し，認知症の発症を防ぐためのコミュニケーション機能として音声認識技術を応用し，平均年齢と健康年齢を縮めることを大きな目的にしている。これらの技術の組み合わせが，今までできなかった人体情報をいとも簡単に取得でき，それを解析することによって早期の病が見つかり，予防医療に繋がってゆく。

1.4 人体通信機能がセンサーとしての役割

高齢者の健康管理計測データの取得方法は，何も意識することなく採取しなければならない。例えば，階段の手すりに，いつも座る食事のときの椅子に，あるいは，いつも使う便器に人体通信のセンサーを据え付けておけば，いとも簡単にデータを取ることができる。

また，自宅でのデータ採取機能だけではなく，地域のコミュニティーにも同じ考えで仕組みを考えている。それはセンサーとしての人体通信を応用して人体情報を取得する。

1.5　高齢者向けコミュニケーションツールの開発

「高齢者向けコミュニケーションツール」は，音声認識を応用した高齢者向けの対話支援システムである。少子高齢化の時代に入り，高齢者の一人暮らしや，老々介護で，日々の生活の中に外部との接触が自然と減少，そしてコミュニケーションの機会が少なくなり，社会生活が満足にできないケースが多くなっている。特に高齢者は外部との会話がなくなると年齢からくる認知症へ進む場合が多い傾向にあると考えられる。このコミュニケーションツールは，高齢者と対話ロボットが簡単な会話することによって，認知症へ進まないようにする支援システムである。「音声認識による高齢者向けコミュニケーションツール」の中のコア機能である“音声会話シナリオ”について，その作成を支援する会話シナリオ作成プログラムである。音声会話はシナリオがあり，それを前提に対話ロボットと高齢者が会話を行う。会話はシーン（場面）が必ず設定されており，万能の会話はほとんどありえないが，個人別の会話シナリオは作成ができる。ただ，単純なシーンだけでは会話の発展性がないのでシーンを繋いでいく機能を付加することによってバリエーションは拡大される。

1.5.1　音声認識による高齢者向けコミュニケーションツールの目的及び特徴

・　高齢者向け対話ロボットは，パソコンに人形型ロボットを表示したもので，これに向かって簡単に対話することができる。あらかじめ準備されたシナリオに沿って，簡単な会話ができるものである。この発話の内容と，過去の記録を総合して，高齢者の健康状態がおおむね把握できる。

・シナリオは，一般的な会話シナリオに，個人別のものも準備可能で，なるべく会話が弾むようにシナリオの構成が可能である。

・　対話ロボットから主導的に高齢者に向け対話を持ちかけるような仕組みになっており，両者のコミュニケーションが途切れないようになっている。

・　シナリオのシーンは，あらゆる場面を作り出すシナリオ作成ツールが準備されている。なお，シナリオを簡単に作成できるように「音声認識による高齢者向けコミュニケーションツール向け会話シナリオ作成プログラム」が準備されている。

1.5.2　「音声認識による高齢者向けコミュニケーションツール」の仕組み

・　高齢者との対話においては，まず，高齢者が対話ロボットに対して音声で挨拶を問いかけすると，予め準備されたシナリオに該当する内容（テキスト）が対話ロボットから挨拶の応答がされる。発話のトリガーは，対話ロボットからでも可能である。

・　高齢者は，対話ロボットの応答により，シナリオの次のステップに進む。対話が途切れそうになると発話を促す言葉が対話ロボットから発声される。上記の繰り返しにより高齢者との対話をスムーズに行うことが可能となる。

・コミュニケーションの手順としては，高齢者または対話ロボットから音声発声し，対話ロボットまたは高齢者から発話内容によって音声応答する。会話シナリオに沿って，該当する会話シナリオを選択しながら会話シーンを決めて対話を進めてゆく。

一つのシーンが終われば，次の会話シナリオに移る。ただ，この方法は複雑な対話は難しいが，慣れるとシナリオの作り方によって，より内容の濃い会話をすることができる。

1.5.3 技術的課題とコア技術

・ デクテーション型音声エンジンをベースにしたハイブリッド型音声エンジンが，該当する会話シナリオを正確にとらえシナリオプログラムに連動する。ハイブリッド型音声エンジン，会話シナリオ，相異度法で実現。

・ シナリオを簡単に作成できるように「会話シナリオ作成ツールのプログラム」を装備，標準のシナリオも内蔵して一般的なシーンの会話は可能である（コミュニケーションツール向け会話シナリオ作成プログラム）。

・ シナリオの個別対応が可能。高齢者の話題は一昔前のシーン（思い出）は鮮明に覚えているので，個人のシナリオを編集することで会話が弾む。コミュニケーションツール向け会話シナリオ作成プログラムの個別シナリオ作成機能で可能。

1.5.4 音声会話の主な機能

・ 音声認識のサービス機能として，高齢者の発話を正しく認識する，一字一句間違いないテキスト化は，ハイブリッド音声エンジンのキーワードスポッティング機能で可能。

・ 発話を一字一句テキストに変換する方法としては「相異度法」の応用により可能。

・ 会話が途切れそうになった時の補助機能として，不明ユーザ発話の聞き返し（音声合成，システム回答の一種），挨拶などのオウム返し（音声合成，システム回答の一種）また，催促言葉（音声合成，システム回答の一種だが，ユーザ発話の対応がないもの）などを備えている。

2 人体通信のモノづくりへの応用

人体通信の応用分野は，医療分野への応用が先行しており，次世代自動車，ロボット，航空機など日本の基幹産業であるモノづくり分野ではその応用が遅れている。これから，これらの産業に人体通信のメリットを活かすことができる応用分野を開拓する必要がある。ここでは，ロボットと航空機における人体通信の応用について言及する。

2.1 ロボットでの人体通信の応用

2.1.1 ロボット産業の現状

ロボット産業は，自動車業界，電気・電子業界の二つの分野での需要に牽引される形で成長を遂げてきた。世界の出荷ベースで見ると，我が国のロボットメーカーが7割以上のシェアを維持しており，金額ベースでは7,000億円規模にまで成長してきた。しかしながら，一般産業分野やサービス分野の開拓が進んでおらず，依然成長途上にある。内訳はほとんどが産業用ロボットでサービスロボットの比率は極端に低い。人体通信は主にサービスロボットでの応用が有効である。

2.1.2　サービスロボットにおける課題と今後の方向性

少子高齢化による労働力人口の減少や，作業負荷増大への対応の必要性，製品・サービスの質や生産性のさらなる向上の必要性等により，次世代のロボット技術による安全・安心の確保などQOL（Quality of Life）の向上，生産性の向上に対する期待が一層高まっている。これらの分野におけるロボットの普及拡大には，利便性，安全性の向上と低コスト化が課題となっている。こうした課題が解決されれば，ロボット産業は 2020 年には 2.9 兆円，2035 年には 9.7 兆円の産業へ成長すると見込まれる。

2.1.3　生活支援ロボット

生活・福祉分野において，介護ロボット等の生活支援ロボットを活用していくには，対人安全性の確立が求められるが，安全の技術や基準・ルールが未整備であることから，平成 21 年度から「生活支援ロボット実用化プロジェクト」を開始した。同プロジェクトにおいて，生活支援ロボットの「対人安全技術」を開発し，安全に関するデータを収集・分析しながら「安全性検証手法」の確立を目指すとともに，海外市場開拓に向けた「国際標準化」を図っていく。また，安全性が確保された機器の導入を進めるためには，有用性等に関する適切な検証環境を整備し，使い勝手等の実用性向上のための実利用環境下での開発，実用試験，評価等のプロセスを迅速に進めていく必要がある。加えて，製品開発がなされても，高額な機器では普及しないことから，ロボットの製造コストを抑えるためのモジュール化の開発支援，導入に際しての公的支援の検討が必要である。

2.1.4　ロボットでの具体的な人体通信の応用

ヒューマノイド型のロボットでの人体通信の応用部分は手足の関節の部分が考えられる。人型ロボットでは動きの激しい部分は関節であり，銅線などによる配線は摩耗し，またどうしても容量（接続のため，膨らんでしまう）がかさむ。この部分を人体通信の多重通信でカバーすれば，この問題は解決される。また，保守においてもメンテナンスが容易になる。

2.2　航空機での人体通信の応用

2.2.1　航空機の現状と課題

航空機産業は，広い裾野，他産業への技術波及，防衛産業基盤等が特徴である。航空機産業の中でも，防衛機部門は国防予算を投入した超最先端技術の実証の場としての側面を有するほか，また民間機部門では，旅客機が中長期的な成長分野（2008～2028 年で累計 26,000 機，300 兆円の新規需要）と見込まれている。このため，主要国は航空機産業を戦略産業として積極的に育成している。近年では，開発コストが膨大で，投資回収期間が超長期に及ぶことによる投資・生産上のリスクを最小化するため，米・欧主導の国際共同開発がビジネスモデルの趨勢となっている。このため，コアの技術は押さえつつ，モジュール単位で外注する国際分業の中，内外の優れた技術や生産基盤を自陣営に取り込む競争が激化している。特に，今後の機体，エンジン，装備品開発では，安全性と共に，環境適合性や燃費向上が技術課題の焦点となっており，主要国は，複合材等の最先端の技術に関し，産学官の連携を含めた戦略的な研究開発を加速させつつある。

2.2.2 航空機での具体的な人体通信の応用

航空機での人体通信の応用部分は，膨大な量の機体配線の継ぎ手の部分が考えられる。超大型旅客機の配線は500kmにも及ぶともいわれており，時々，開発遅延が発生するケースの場合は，この配線が大きな要因になっている場合がある。航空機は約300万点の部品から構成され，部品同士を組み合わせその数を減らして信頼性を高めてゆくか，また，ここの部品の重量をいかに軽くするかが重要なテーマである。

文　献

1) 近畿経済産業局通商部国際事業課，「地域中小企業の航空機市場参入等に関する調査～航空機産業参入事例集～」，平成22年2月
2) 早稲田大学・明和町共同研究報告書「からだもこころも元気になるまち明和町」(Healthy City Project Meiwa Town)，群馬県邑楽郡明和町・早稲田大学渡辺仁史研究室

第16章　人体通信の産学連携における私的考察

上原康滋*

1　横須賀市産学官連携推進事業について

㈶横須賀市産業振興財団では，平成19年度から市制100周年記念事業の一環として横須賀市産学官連携推進事業を展開している。これは，市内産業界の活性化に加え，近年これらものづくり企業が沈滞していく中で，横須賀ならではの産業界活性化策を求めて標榜しているものである。

これら市内産業界の活性化策の一つとして，ミニ産業クラスター構築を進めており，このテーマとしては，“医療・福祉”そして“IT／エレクトロニクス技術”を取り上げている。この“医療・福祉”の課題は，どこの自治体でも共通のものだが，“健康・福祉”および“介護・在宅医療”などの直近の課題も含めて幅広く，そして中長期的に取り組まなければならないものである。これらの課題を解決する技術分野の一つとして，“IT／エレクトロニクス技術”がある。

このIT／エレクトロニクス分野では，我々は“医療・福祉”および“環境”へのエコシステムの適用を検討している中で，これの適用技術として“人体通信技術”および“生体情報センシング技術”に注目している。“人体通信技術”と“生体情報センシング技術”の融合により“医療・福祉”の課題に応えていくことで，新ビジネス市場が創出され，そして，それによって横須賀に多くの関係企業が集積し，当地産業界の活性化に繋がることを期待している。

2011年1月1日の日本経済新聞のIT・デジタル特集では，以下のような記事が取り上げられている。

『人間とIT（情報技術）との距離が縮む。IT機器はお年寄りや子供でも使いやすい姿に変化が進んでいる。家庭用ロボット研究などの次世代技術研究も「使いやすさ」が重要なテーマとなっている。人間の脳と直接つないで操作する技術の研究も進んでいる。どこからでもアクセスできる“ユビキタス社会”を実現した今，その恩恵をあらゆる人々が享受できる環境整備が進みそうだ。』

平成20年度に発足した「医療・福祉産業クラスター検討会」は，横須賀に多数立地する医療・福祉関連の事業所や大学，医療・福祉に関する新事業開拓に取り組んでいる中小企業やNPO，異業種交流団体などが出会い，産業集積が促進されるような場として活用されることを主旨として継続している。平成21年度開催のフォーラムについては，表1および図1にまとめた。

＊ Yasushige Uehara　㈶横須賀市産業振興財団　横須賀市産学官コーディネーター

表1　医療・福祉産業クラスターの構築について

目的と目標（ミッション）	横須賀市における新産業創出による地域経済の活性化
本テーマ設定の背景	横須賀市には医療・福祉系の大学，病院や介護施設の厚い集積
本産業クラスター構想	ミニ産業クラスターを集積する形で包括的な横須賀版産業クラスター構築
当面の具体的な推進活動	①横須賀市産学官連携推進フォーラムの開催 ②関連情報収集およびネットワーク構築の推進

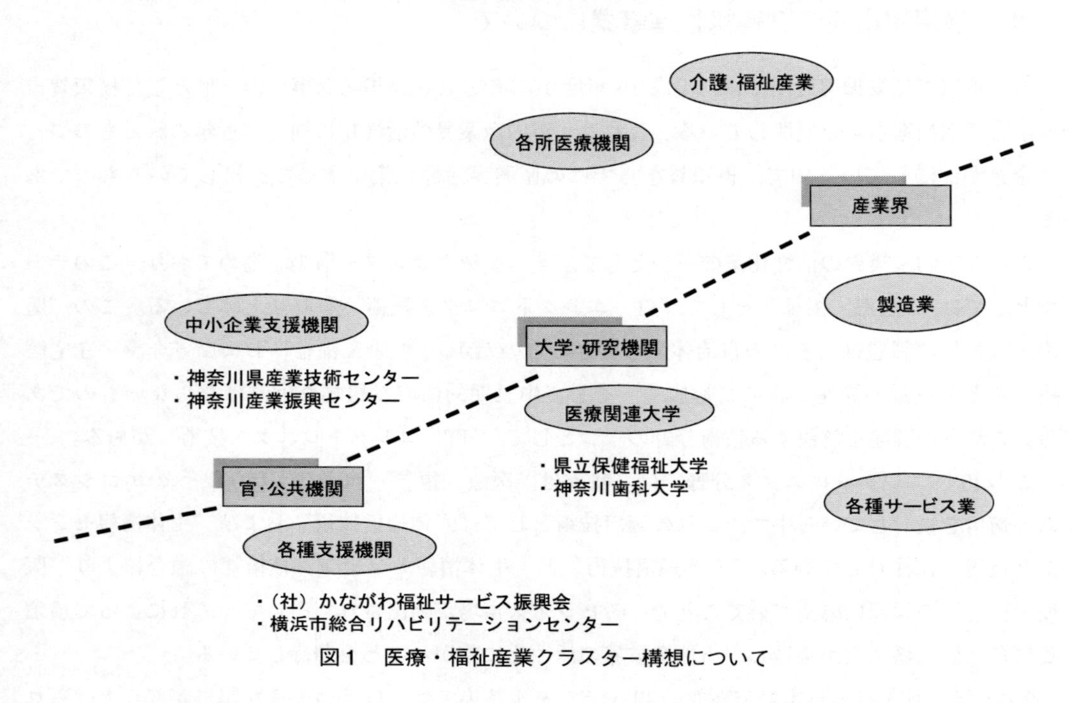

図1　医療・福祉産業クラスター構想について

平成22年度から並行して発足している「IT産業クラスター検討会」では，平成20年1月に開催した「企業と大学の交流広場 in YRP」を契機に，横須賀リサーチパーク（YRP）に多数立地している企業や研究期間・大学のほか，地域の中小製造業やITベンチャーの研究者が自由に情報交換を行い，相互の連携によって情報通信技術（ICT）を基にした新産業を横須賀市内に構築することを目的としている。図2に連携のイメージを示す。

同事業でも毎年度フォーラムを開催し，啓発・啓蒙活動に努めており，平成22年度フォーラムの「IT＆医療・福祉産業クラスター検討会の集い」では，㈱アンプレットの代表取締役・根日屋英之氏に「人体通信の最新動向」と題する基調講演を，また，それに先立つ平成21年度フォーラムの「IT産業クラスター検討会」では，東京電機大学未来科学部教授・安田浩氏から「横須賀におけるIT産業クラスターの構成について」と題する基調講演をお願いした。根日屋氏，安田氏によると，ICTの中小企業への利活用については，地場産業クラウド（見える化，聞ける化，触れる化）を立ち上げることが重要であり，地場産業クラウド活用の課題（ICT使用における中小企業の課題）は，人手・知識が足りずに使えないことである。そして，これらの

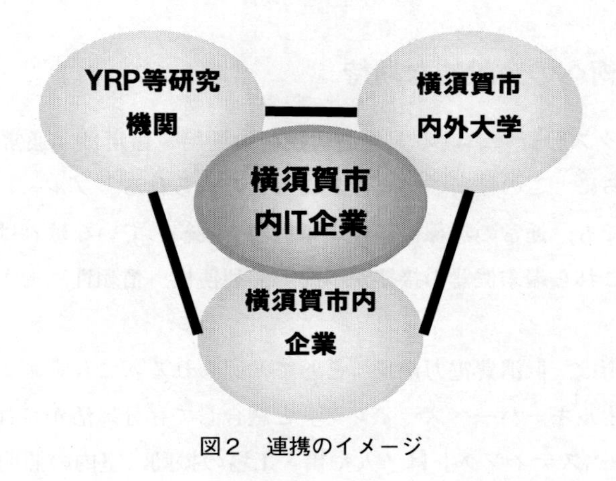

図2　連携のイメージ

解決策として，地場産業クラウド，ICT 全てをブラックボックスとして使用簡易化により知識を，産学連携の創出により人手不足を補うことが提案された。

横須賀は，40 万人の市民を抱える地方都市としての次のような特異性を挙げることができる。

① 企業数および人口は減少傾向にあり，着実に少子高齢社会への道を歩んでおり，市内のものづくり産業も衰退している。

② 最近の産業界の話題として，日産自動車が市内追浜工場で電気自動車「リーフ」の生産を開始したこと，そして神奈川県を挙げてこの電気自動車の普及に取り組んでいることが挙げられる。また，照明分野で省エネ・エコ対応として注目されている LED 照明器具を製造している東芝ライテックが本社機能も横須賀事業所に集約している。

③ 市内には情報通信の研究集積拠点「横須賀リサーチパーク（YRP）」などに多数の研究機関が存在している。最近，YRP もグローバル競争での生き残りを賭けて，携帯電話の開発支援体制「テストベッド」を強化している。しかし，これら市内のものづくり中小・中堅企業に直接協業連携できるものではないので，前記の活性化策の中から具体的な新産業が創出されることが期待される。

④ 横須賀市は昔から軍港としての歴史的遺産を多々所有しており，現在も米軍基地があることから国際海洋都市構想を提唱しており，これらの展開に期待がもたれる。産業活性化策として観光産業の推進が挙げられる。

一方，市民生活の目線で見た場合，以下の課題が挙げられる。

① 少子高齢社会への対応。特に介護福祉分野での種々問題を解決していくことが求められている。

② 大規模災害への対応。大規模災害としては，地震，長雨，津波，竜巻などの自然災害が考えられる。特に横須賀は，三浦半島に活断層があることにより，大地震がいつ来てもおかしくないといわれている。また，半島で谷戸が多い地形であることから，長雨による崖崩れの災害も頻発すること予測される。

2　人体通信技術への全般的な期待

IT／エレクトロニクス分野における人体通信技術の活用・適用は，通常の無線機器の欠点および弱点を補うところに，この技術の必要性があると考えられる。ブルーレイ，インターネットなどの無線インフラでも，通常の無線機器は端末機器を接続していなければ使用できない。しかし，人体通信技術はこれら端末機器の接続が不要で，利便性，信頼性，セキュリティーの面からも大いに期待できる。
そして，人体通信技術は，低消費電力が長所として挙げられる。これらエコ対応技術として優位であり，今後は「エネルギーハーベスティング」と融合して存分に活かされていくものと思われる。「エネルギーハーベスティング」は，人や橋・工場の振動，室内の照明，車・工場の廃熱，放送用の電波など身の回りのエネルギーから小さな電力にして活用する技術で，普段は捨てられてしまうような，ごく僅かなエネルギーを有効活用しようというコンセプトに，最近，大きな注目が集まっている。

これら次世代技術が活用・適用されるには，コスト低減を進める必要があるが，市場が広がれば量産効果である程度は吸収していくことも可能と思われるため，市場創出が大きな課題ということができる。

人体通信技術の具体的な活用・適用の場として，見守り介護および在宅医療への活用，遠隔医療及びヘルスケア，リハビリテーションおよび福祉分野への適用など幅広い展開が期待されている。また，視覚障害者の生活を支援するユビキタス社会の実現に向けての展開も期待される。㈱アンプレット代表取締役の根日屋英之氏によると，特に医療応用としては，人体通信技術の以下の長所が有効である。

① 情報通信の高い信頼性
② 遠隔地からの検診，治療などを行うための手段
③ 他のシステムとの干渉が少ないこと
④ 小型，低消費電力
⑤ 多元接続技術（1台の機器に多くの生体センサをワイヤレスでつなぎ，治療時に人が動ける環境を提供する）
⑥ 医療ICTの分野では，UWB，ZigBee，Bluetoothなどの仕様を少し変更して使うことも検討されている。

3　人体通信技術への横須賀市からの期待

横須賀市では，中長期的な課題として，少子高齢社会への対応，大規模災害への対応が挙げられ，当面の課題として，産業界活性化が挙げられる。

少子高齢社会への対応については，特に医療・福祉分野での種々課題を解決していくことが求

められている。“医療・福祉”の課題は，どこの自治体でも共通のものであり，“健康・介護”及び“在宅医療”などの直近の課題も含めて幅広く，中長期的に取り組まなければならない。

こうした課題に対し，人体通信技術の具体的適用が想定できるものとしては，“常時見守りシステム”と“救急医療対応システム”が考えられる。この場合，介護者と被介護者とのコミュニケーションを図るツールとしての適用が考えられる。被介護者が小児もしくは高齢者であれば，直接会話が難しい局面が多々予測されるため，まさに人体通信技術の出番である。また，会話だけではなく，被介護者の生体情報を逐次収集し，的確に介護対応者に伝達する手段としても，この技術の活用が考えられる。

大規模災害への対応については，“緊急医療対応システム”の構築が必要であると考えられる。このシステムは，前記の小児・高齢者向け救急医療だけではなく，地震，長雨などの大規模災害対応の緊急医療にも適用できるものである。

緊急医療対応では，自治体間の壁を取り除いた当該地域への緊急体制が敷かれなければならないため，さらに関係者間の情報伝達ツールとしての人体通信技術の必要性が高まってくると思われる。高度情報通信社会に向かう今日，それらの効率や迅速性を確保する上での機器開発や利用方法の標準化・法制化が必要である。

産業活性化策については，たとえば観光産業が考えられる。横須賀市が国際海洋都市構想を提唱していることから同分野での展開には期待が持たれる。

人体通信技術の活用／適用を視野に入れた観光ビジネス展開としては，中国の富裕層向けの“観光医療”が考えられる。この場合には，通訳の必要性が増大することから，コミュニケーションのツールとしての人体通信技術の活用・適用が考えられる。言葉の壁を乗り越えるためのコミュニケーション・ツールへの応用は，米軍基地の市内在住者との種々コンタクトする場面でも活用・適用が考えられる。

第17章　電界通信『タッチタグ®』システム

畠山信一*

1　はじめに

カードをかざさずに通れる自動改札，ノブを握るだけで鍵の開くドア，イスに座るだけで快適な温度に空調を調整してくれるオフィス…，そんな世界を想像したことはないだろうか？　電界通信『タッチタグ®』はこれらを現実のものとして実現可能なソリューションである。

近年，高セキュリティが求められる環境が急増しており様々なタイプのセキュリティシステムが利用されている。しかし，手袋をしたままでは認証できない指紋認証，どんなに荷物を持っていてもカードをかざす必要のあるパッシブタグ，開ける必要のないドアの鍵にまで反応してしまうアクティブタグなど，利便性と高セキュリティを兼ね備えたセキュリティシステムは意外と少ない。そのような中でユーザの利便性と高セキュリティを実現しているのが，電界通信『タッチタグ®』である。

『タッチタグ®』は人体周辺の微弱電界の変化を使い通信するため，カードをかざさなくても，手袋をしていても認証でき，なおかつ認証したい時だけ認証できる。また，生体認証のように事前にユーザの個人情報を登録・管理する必要もない。ICカードのような運用面での手軽さと生体認証のようなユーザビリティを兼ね備えつつ，「いつ」，「どこで」，「何をしたか」を管理できる新しいタイプのハンズフリーな「ID認証ソリューション」なのである。

2　電界通信『タッチタグ®』とは？

タッチタグとは，人体や物の表面に発生する微弱電界を利用して情報を伝達する「人体通信技術」を応用した製品である。その通信エリアは極めて狭く，高セキュリティが求められるアプリケーションに広く使われようとしている。

例えば，タッチタグを身に着けていれば，ドアノブを「触る」という行為のみで認証が可能となり，シームレスに入退出管理が行える。また，「踏む」という行為で認証を行うことで，荷物で両手がふさがっている状態でも高セキュリティを保ちつつ，自動ドアを開けることができる。タッチタグを用いれば，「触る」，「踏む」，「座る」など，利用者の自然な日常の行動がそのまま認証動作となるため，高セキュリティと利便性を両立させたアプリケーションが可能となる。

タッチタグが採用している電界方式は，人体が電極（タッチタグ送受信部）に直接触れなくて

---

*　Shinichi Hatakeyama　アドソル日進㈱　エンベデッド・ソリューション事業部

もよく，例えば，防塵服を着たまま，手袋をしたまま，靴を履いたままで触れればよい。人体近傍にタッチタグが存在することで通信が可能となる。

3 『タッチタグ®』の特長

タッチタグ送受信機（リーダライタ）は低消費電力を実現しており，電池駆動可能な認証システムを提供できる。また，タッチタグ側もコイン電池などの容量が小さい電池を採用しており，小型化・軽量化を実現している。

タッチタグは，人が電極部に触れた時のみ動作する「セミアクティブ方式」を採用している。これにより，常時電源を消費する「アクティブ方式」と比べて電池寿命を大幅に延ばすことに成功している。さらに，タッチタグは，「ID認証ソリューション」に特化した最適ビットレートでの製品化（具体例は後述の第4節（タッチタグ導入事例）参照）を実現している。

また，タッチタグの利用する電界は微弱無線設備の範囲に収まる，非常に微小な信号であるため，導入時に周囲の機器に影響を及ぼす心配はない。

次に，タッチタグシステムの提供する電極の種類と，実現するアプリケーション例について解説する。

3.1 タッチパネル型電極

図1は，タッチタグの応用アプリケーションであり，提供する電極は，壁パネル型，床マット型，ドアノブ型，椅子型が基本形となる。

まず，タッチパネル型電極であるが，ドアが設置されている入退場口などの壁に設置するタイ

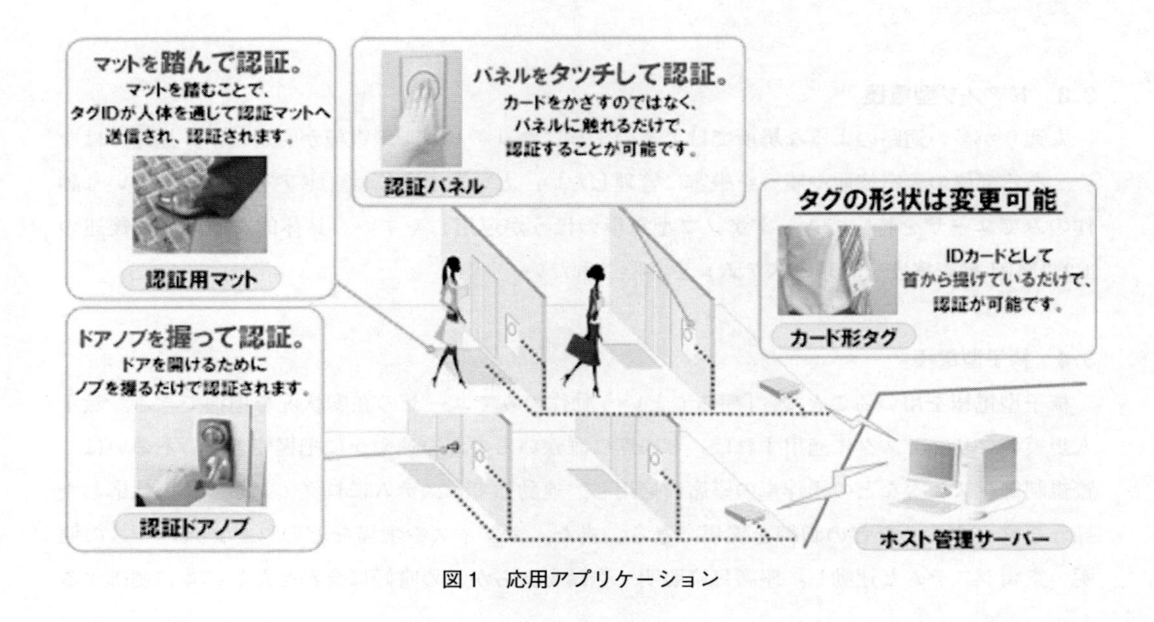

図1　応用アプリケーション

プである。最近はISO/IEC 2700Xなどにより，オフィスにおいてもセキュリティが求められており，実際にFelicaやMyfareのようなパッシブ型RFカードによるセキュリティドアを導入している企業も多い。タッチパネル型電極は，パッシブ型RFカードリーダ部をタッチタグ用の電極に置き換えたものと捉えていただくのがイメージしやすいかもしれない。後述の3.3ドアノブ型電極でも実現は可能であるが，朝の出社時，昼休み時のオフィスの出入り口の状況を思い浮かべて頂きたい。

頻繁に人がドアを行き交う場合，前に人が通った後，ドアが閉められることはまずなく，連続して人が出入りする。このように，人が頻繁に行き交うようなドアの場合は，ドアノブ型よりもタッチパネル型電極の方が利便性は高い。パッシブ型RFカードのようにかざす必要もなく，また，必ずしも手で触れる必要はなく，肩や肘などの体の一部が触れさえすれば認証することが可能であるので，荷物を持っている時などに特に利用者にとって利便性が向上する。具体的な適用例は後述の4.1（人体通信エントランスシステム／TH）を参照されたい。

3.2　床マット型電極

ドアのある入退場口の床に「マット型電極」を敷設することで，先に述べてきた「触れる」という動作ではなく，「通過」するのみでユーザを認証することが可能となる。

また，電子錠を施解錠するようなセキュリティ用途ではなく，オープンスペースやある部屋の一角に床電極を複数敷設することにより，人の所在確認や通過確認にも応用できる。

現在，オフィスなどのフリーアクセスフロアに適用しやすいよう，大きさ500mm × 500mmの床マット電極を開発中である。この「マット型電極」はフロアカーペットのように敷き詰めることが可能であり，通路の幅や管理したいエリアの大きさに合わせて自由に配置できるよう設計されている。

3.3　ドアノブ型電極

人通りが多い通路のような場所では上述のようにタッチパネル型電極が有用だが，通路ではなく，ある部屋の入室権限や履歴を厳密に管理したい，というときには「ドアを開ける」という動作のみでユーザを特定できるドアノブ型電極のほうが運用しやすい。具体的な適用例は後述の4.3（MRI検査室安全管理システム）を参照されたい。

3.4　椅子型電極

椅子型電極を用いることで，「座る」という動作のみでユーザの在席状況を把握できる。数十人規模のフリーデスクに適用すれば，どの席に誰がいるのかを速やかに把握できる。あるいは，監視制御システムなどの操作卓の座席に適用し，連動してシステムにログインし，権限に応じた操作を許可する，などの制御を実現できる。また，オフィスや工場などのワークスペースの照明・空調システムと連動し，座席毎に照明・空調をあらかじめ嗜好に合わせたレベルに制御することでエコと作業効率を両立するシステムを構築できる。エコオフィスへの具体的な適用事例は後述の 4.2（エコオフィスへの適用事例）を参照されたい。この事例では，タッチタグシステムを適用した椅子は一般的にオフィスで利用されているキャスター付きの椅子であり，自由に移動できるタイプであった。椅子のワイヤレス化のため，リーダ・ライタは電池駆動し，タッチタグから読み取った ID 情報は 2.4GHz 帯の無線である ZigBee を利用してホスト管理サーバに送信している。

4　タッチタグ®導入事例

本節では，タッチタグの導入事例として，入退室管理システム「人体通信エントランスシステム／TH」，「エコオフィスへの適用事例」，「MRI 検査室安全管理システム」，「動物管理棟入退管理システム」を紹介する。

4.1　人体通信エントランスシステム／TH

現在，多くのオフィスで利用されている入退室管理システムにタッチタグを適用したものが「人体通信エントランスシステム／TH」である。

このシステムは㈱イトーキと共同で開発した製品であり，既存の RFID カード，静脈認証，指紋認証などを使ったシステムとは異なり，タグを身につけて電極に触れるだけで認証を行うシステムである。タッチタグを利用しているので，タグをポケットや名札・社員証ホルダに入れたまま使用することができるので，スムーズに入退室を行うことができる。

図 2 は「人体通信エントランスシステム／TH」（及びタグ）の写真である。左の写真は設置例であり，中央の写真はユーザが触れる電極である。この電極に，右の写真に示すタグを所持したユーザが触れると，認証が行われる。

図2　人体通信エントランスシステム／TH

この「人体通信エントランスシステム／TH」は，2010年1月から㈱イトーキより発売されている。

4.2 エコオフィスへの適用事例

オフィス内のユーザの在・不在を自動で検知し，照明の光度や空調の温度・風量などを変更することで，オフィスの省エネを実現するシステムが2010年4月に竣工したオフィスビルで運用されている。その中のユーザの検知にタッチタグが採用されている。

このエコオフィスシステムでは，ユーザの在席管理を行い，どの席（イス）に誰が座っているのかを管理することで，前述の照明・空調システムと連携した省エネシステムが実現される。

図3はこのシステムのイメージ図である。誰もイスに座っていない状態では，照明・空調はOFF状態となっており，無駄なエネルギーを使用しない（図の左のイラストを参照）。しかし，タグを所持したユーザがイスに座ると，誰が座ったのかを認証し，その人にあった設定で照明・空調が動作し始める。

タッチタグを利用しているので，ユーザは離着席の度に照明・空調の電源をON／OFFする必要なく，一般のオフィスと同じ感覚で過ごしながら，省エネを実現することができる。

4.3 MRI検査室安全管理システム

MRI検査室の普及に伴い，その安全な運用が意識され始めている中で，中京圏の大学病院と共同で開発したシステムが「MRI検査室安全管理システム」（図4）である。

このシステムにタッチタグが採用されたのには，以下のような理由がある。

MRI検査室に管理者以外の人物が自由に出入りできる状態で磁性体の持ち込みなどがあると，

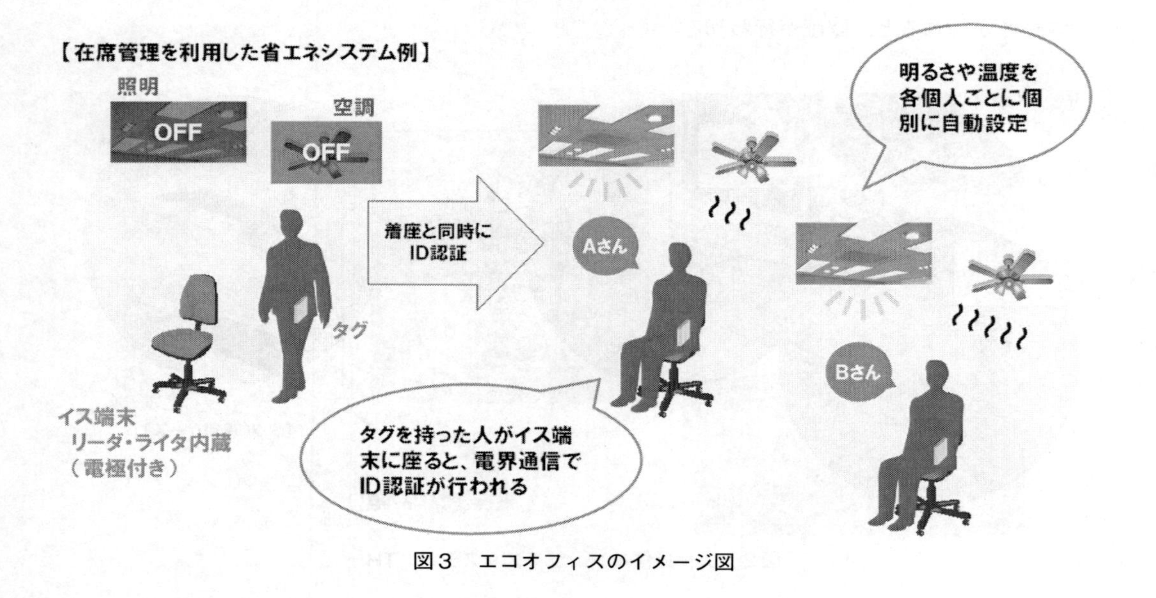

図3　エコオフィスのイメージ図

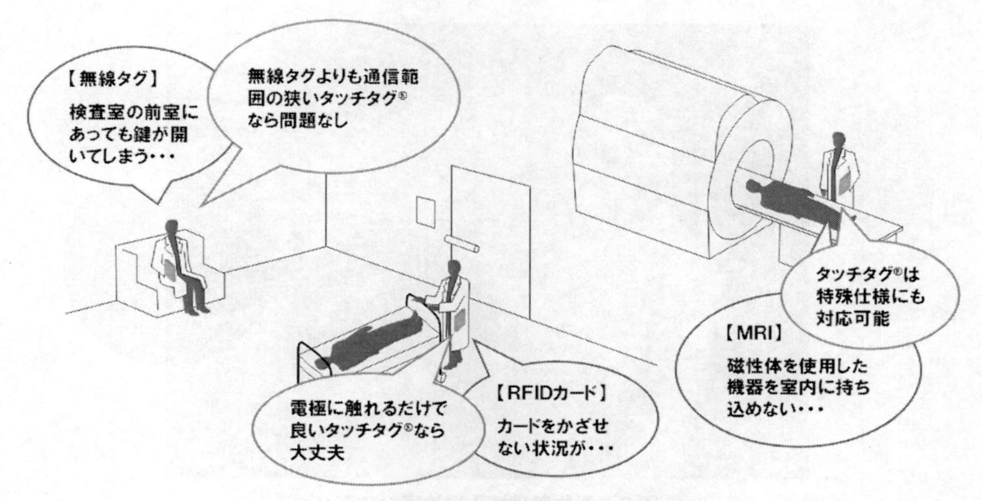

図4　MRI検査室安全管理システムの特長

重大な事故につながってしまう。そこで，管理者のみが入室できる管理システムが必要となるわけだが，医療機関内の入退であるため，患者などを伴った移動が予想される。そのため，既存のRFIDのように，タグ（カード）をID読み取り部にかざすという動作は，運用上，大きな負担となってしまう。また，アクティブタグを利用した場合，MRI検査室の前室・控え室にタグがある状態でも，ID認証が行われ，MRI検査室のロックが外されてしまうことがある。そこで，タグをかざす必要がなく，アクティブタグよりも通信範囲の狭いタッチタグが採用された。また，タッチタグは特殊仕様にも対応可能であり，今回のような磁性体を持ち込めないケースにも対応している。

4.4　動物管理棟入退管理システム

某国立大学法人の研究所内にある動物管理棟の入退出管理システムに導入頂いている事例を紹介する。図5は，動物管理区域から退出する時の写真であり，扉の左側にあるタッチタグリーダ部の電極に研究員の体の一部（手，肩，頭など）が触れることで電気錠が開錠される。図5のように手袋，帽子，マスク，専用作業服，長靴を着用した作業環境下でもストレスのないシームレスな運用を実現している。

また，入退管理を行う扉が1mにも満たない間隔で隣接する場合があり，アクティブタグでは，隣接する両方の扉が開錠されてしまう可能性がある。この点においても人体近傍で通信するタッチタグならではの特長を活かした高いセキュリティ性を有した入退管理システムを実現している。

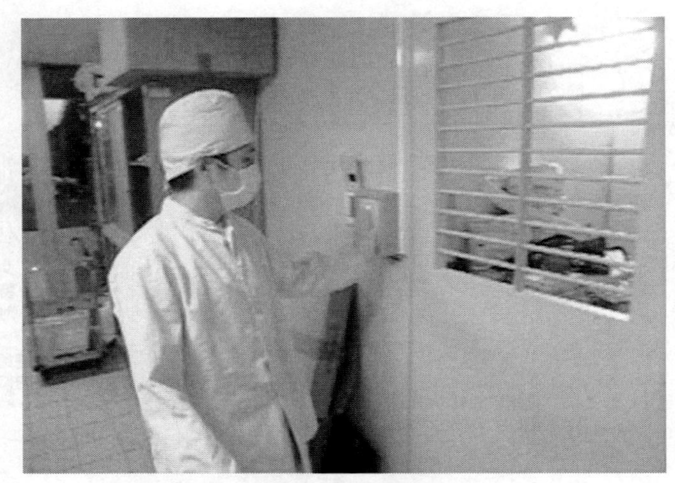

図５　動物管理棟入退管理システム

5　おわりに

これまで述べてきたように電界通信『タッチタグ®』は，利便性と高セキュリティを兼ね備えた新しいタイプの「ID 認証ソリューション」である。弊社ではこの『タッチタグ®』を核にして，エンドユーザのニーズに則した「ハンズフリー認証製品」の販売を行ってきた。今後，製品ラインナップの拡充をはかり，より便利で快適な製品を提供していく。

第18章　カスタムメイド人体通信

安田昭一*

弊社は設立40年を迎える半導体輸入商社で，これまで主に北米の半導体ベンダー製品を扱ってきている。設立当初はAMD社の国内総代理店としてプロセッサーを始め通信・アナログICなど多岐にわたる種類を販売し，その後現在に至るまで一貫して特徴あるユニークな製品を主軸に日本のお客様へソリューションを提供してきた。これは日本発の技術や製品を特徴付けるための強い要素の一つであり得ればと願う所以からだ。近年ではCD/DVDドライブの光ピックアップ駆動用ICやLCD-TVに代表されるHDMIインターフェイスICもその一つで，日本における足掛りを創ってきた。

ここ数年間，日本が得意としてきたこうしたセグメントの一部などが成熟分野へと移行し国内での物づくりの機会が急速に狭められつつあると思われる。弊社はこれまで同様最先端製品をお客様へご紹介することと併せて既存デバイスを応用した新たなセグメント開拓への足掛りも付けてゆこうと考えている。それには“リーズナブル”な部品単価で“開発期間”も短縮させることを基本コンセプトとして捕らえ，ユニークな“テクノロジー”で包括された商品であることが条件だと考えている。半導体輸入商社というメリットを生かし，必要な部品の調達が可能というアドバンテージも最大限に活用される。

では具体的にどの市場セグメントに向かうのか，が社内でも大変多くの議論がなされたところだった。

私達の身近な分野で何ができるかを考えた場合，まず思い浮かべることのできるものの一つは急速に迫り来る高齢化社会という現実だ。そこでは必ず医師による医療行為が必要とされている。またこれは今後画期的な新薬あるいは治療方法などが見出せない限り確実に増え続けてゆく分野だとも言われている。

さらに今後は薬の利用も相対的に増えると思われる。症状によっては複数の薬が窓口で渡されたりもする。

私達はこうした分野に着目した。日常生活を過ごす中で身体の状態を手軽に把握できるようなコンセプトを作れないか，間違った薬を飲まないような仕掛けが作れないか，と考えた。

身体の状態（以下，生体情報）の把握は医療分野だけではなく，一人暮らし高齢者の見守りやヘルスケア分野でも今後大きな潜在的ニーズがある。

医療分野ではベッドサイドモニタリングによる看護師負担軽減が挙げられる。遠隔地からリ

* Shoichi Yasuda　マイクロテック㈱　開発部　部長

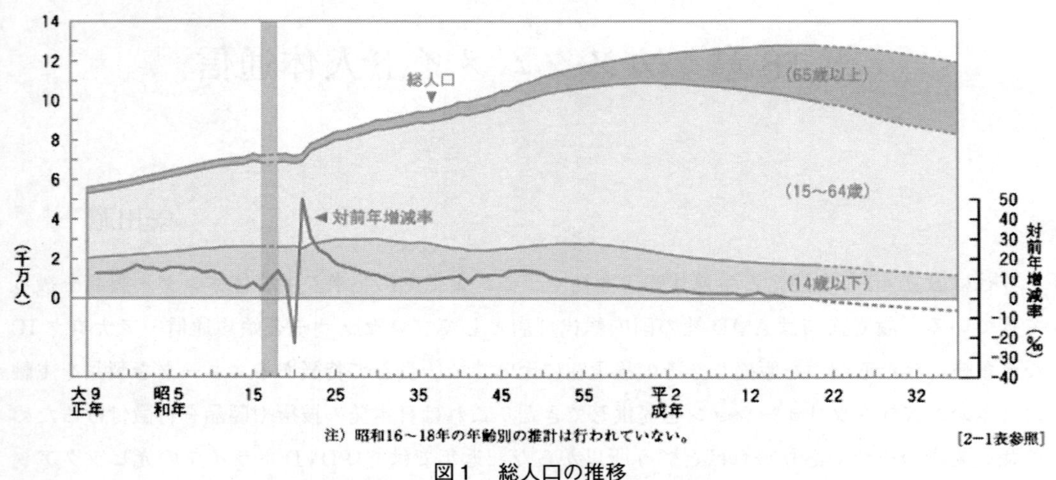

図1　総人口の推移
（総務省統計局ホームページ“日本の統計”第二章より引用）

モートで高齢者を見守ることが可能ともなり，日常の運動による健康自己管理にも応用が期待される。

薬の取り扱いについても，一部新聞報道では誤飲事例もあったりするとのことで家庭でも何らかの管理が必要なケースも想定される。

こうしたところへ生体情報を活用できないか，そのためには「生体情報を簡単に拾うことができるシステム」を作ることができないか，が検討のスタートポイントとなった。

これを開発コンセプトとして考えてゆく過程で，人とのインターフェイスをどうするかが非常に重要な技術テーマの一つだった。例えば，従来医療現場で見ることのできる機器は直接人体とワイヤなどで繋がれるものであったり，あるいは超音波診断装置のように接触子（センサー）がある，あるいはMRIのような非接触ではあるが大掛かりなシステムであったりする。またその領域は薬事法の対象となるところで，弊社としては未知の分野である。ただしそうした機器は病院で受診することが前提であり，高齢者が日常生活をおくる中でユーザーフレンドリーに（簡単に）というものとは異なる。また家庭での薬の管理などは複雑な機器であってはならないと考え，そこでまずはインターフェイスをいかにシンプルなものとするかを考慮した。近年，近距離無線システム分野では無線LAN，Bluetooth，RFID，など私たちの身近なところでそうした機器をたくさん目にする。しかし医療に近い分野での応用を一つの例として考えると，使える方式の選択肢が必ずしも的確なものではない。

また生体情報の何を捉えるか，正しい薬を識別するためには，を考え合わせると要求仕様の一つである通信スピードでは高速伝送は必要とせず，低速であっても消費電力の低いシステムが望まれると考えた。

こうした検討の中，電界方式による人体通信（HBC），医療ICTに関する諸々の記事を参考とし弊社として実現可能なシステム構成を描いた。

次の四つが我々が考えたシステムの要となる：

- ・人体近傍の電界変化を利用した通信を考える
- ・汎用部品によるソリューション
- ・電源はバッテリーとするが動作時間は長い
- ・非接触方式を採用する

人体通信の方式としては幾つかあるが，その中でも代表的なものが二通り挙げられる。一つは電流方式，もう一つが電界方式だ。前者は身体に極微弱な交流電流を流すもので，通信の際に人が直接電極に触れることで通信装置と身体とがGND（地面）を通してクローズループが形成される。

後者は，身体表面に存在する電界の変化を読み取り通信を行う。したがってこの方式では人が直接電極に触れる必要はなく，手を近付けることで通信が可能となる。

直接電極に“触れる”という積極的動作を伴う方式が必要との考え方も社内ではあったが，電流が流れるということで不安を感じるユーザがいることもあり，また身体の不自由な方の場合，電極設置位置によっては通信できないという不都合が起こりうるかもしれない可能性を考慮した。そうした際は衣類を通して通信できる環境が必要となり，また使い勝手として手袋などを通しての通信も期待できることから応用範囲も広がるのではないかと弊社では考えた。

次に電流方式，電界方式いずれも通信時の搬送波周波数は大体数MHz以下であることから，弊社で取り扱いのある部品や流通市場での安価な汎用部品でハードウエア構成ができるところに着目した。システム価格は試作時も通して部品単価が抑えられ，将来的な量産時に幅広い用途で受け入れやすい価格帯でなければならないと思われる。

またこの半導体業界では常に部品納期（入手性）の波が過去から繰り返し発生しており汎用部品（最先端ではない）であれば，こうした入手リスクを少しでも回避することが期待できる。最先端の部品あるいは機能特価した専用ICには魅力ある機能が詰まっているものも多数あるが，一方では部品の世代交代の期間も汎用品と比べて早く，そのたびごとに部品見直し～再評価という時間と工数が発生し，それが製品価格に跳ね返ってくるという恐れがある。汎用品であれば仮に世代交代があった際も，代替品入手が比較的容易に行われると思われる。

＋体温
＋心電
＋脈拍
＋血圧など

図2

さらに回路実現においては普通のマイコンや，集積化に伴う際のFPGA選択時にも一般的なベースバンドICが使えるというメリットがもたらされると期待される。

開発時における計測機器も先に挙げた例のような方式では比較的高価なものが必要となるが，今回紹介させていただくケースでは必ずしも高機能なものが必要ということはなく，こうしたことでも製品価格のトータルコストを抑えることができると思われる。

弊社は半導体輸入商社という立場で，極力自社取り扱い製品群からの部品選択を行う。しかし必ずしも選択肢から入手できない場合は，それを扱う同業他社やメーカー各社ホームページを通しての入手が可能だ。またその際，納期や市場流通具合などといった情報も入手し最適な部品選択を行える。

部品選択の際もう一つ重要な要件があり，それは消費電力である。選択する部品によりそれの動作電源は単一～複数であり，回路構成も複雑化してゆく。複数個ICを用いれば電源の引き回し～それに応じた電源回路設計を施す必要が生じ，システム全体としてそれなりの消費電力となることが想定される。

よって容易に持ち運べ，手軽に扱えるために電源はバッテリー動作とした。なお二次電池を使った場合，外付けACアダプタが必要であったり充電回路など複雑になりコストとの兼ね合いも生じることから，今回は乾電池で動くもの，とした。

通信の際の電極も電界方式を採用することで，特殊な素材を用いることなく形成できる。

このようにして，システムとして汎用ベースバンドICのみで通信に必要な回路を実現することができることが今回の重要な項目だった。

写真1に弊社の試作した人体通信送信機の一例を示す。

これは，小さなマイコンへ送信したい情報を書き込み，その送信信号に搬送クロックを乗算することでASK変調信号を生成する。マイコンをベース回路として採用しているメリットはソフトウエアを書き換えることで色々な機能を実現できる点にある。

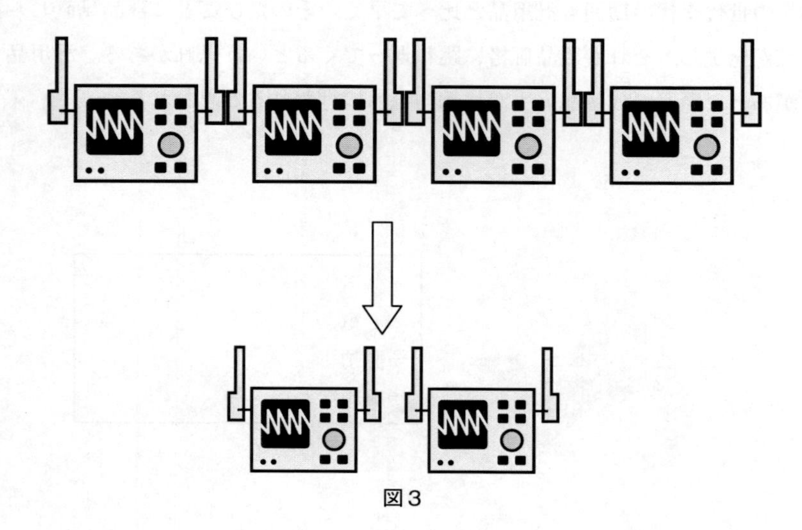

図3

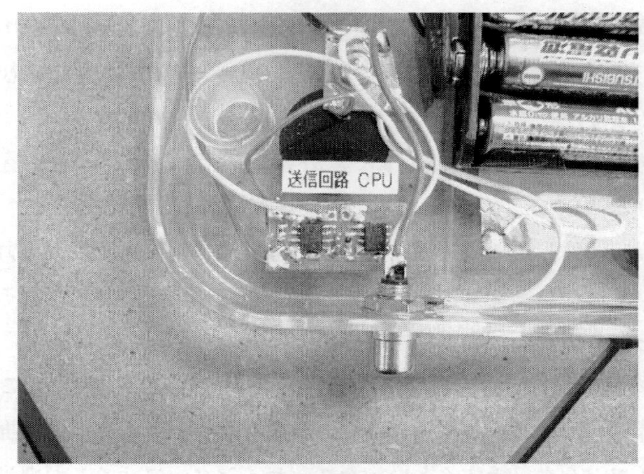

写真1

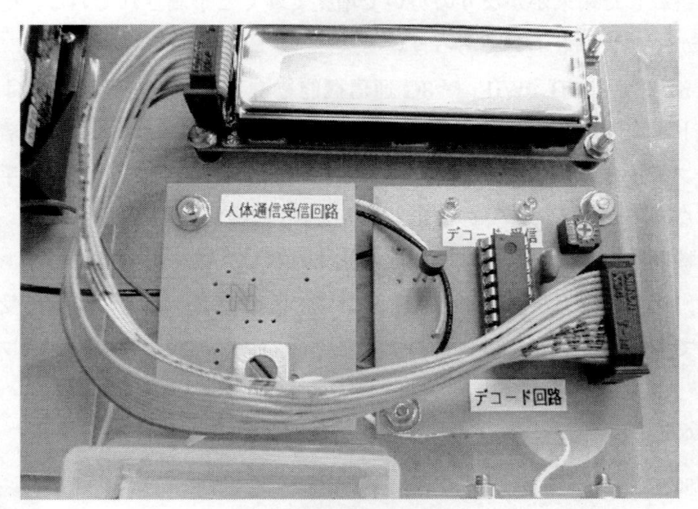

写真2

写真2に弊社の試作した人体通信受信機の一例を示す。

受信回路は，受信性能の向上のためBPF（バンドパスフィルター）と小型の広帯域アンプで構成され，その他はマイコンによる復調回路を用いて，送信機から送られた情報を再生する。この写真はデモンストレーション用の試作機で，送信機から送られた情報をディスプレイに表示させるという簡単な機能確認基板であるが，写真に示すように大変シンプルなものとなっている。

このように，送信側，受信側いずれも基板の物理的形状も非常に小さく，かつ，シンプルに構成されており，機器の小型化が可能となり，またインテグレーション化が図られれば弊社が想定した以上の製品応用化に期待できると思われる。

使われ方として，単純なスイッチや用途に応じたプロキシミティーセンサー（近接センサー）のような例が考えられる。またこうしたものの応用アプリケーションは大変幅広いと思われる。

低消費電力化に向け，Bluetooth や ZigBee などの無線通信規格はそれぞれの業界団体の中で LowPower 化に向けた通信方式の策定に向け動いており，一部では既に対応したチップなども リリースされているようだ。

人体通信も，その特徴の一つはこのように人が手を近付けた時だけ送受信を行うというもので，現代社会における“ECO”（エコ）にも沿った技術であると考えている。

今後の課題は，今回試作した機能確認回路を元に電極形状，伝送距離（出力強度）や，なるべく実用に即したアプリケーション例に近い物での様々な特性確認が必要だ。その中およびその延長線上で生体情報を扱うような技術要件を見極めてゆきたいと思っている。

弊社は輸入半導体商社として物流のハブ（HUB）という役割と同時に，これからはお客様のご要望を受けて人体通信モジュール開発分野へも展開したいと考えている。携帯端末機器では数年前から画面のアイコンをタッチするといったユーザインターフェイスが脚光を浴び，今後ますますこの機能を搭載した端末がかなりの勢いで増えてゆくと予測されている。そのうち注目度の高いものの一つが，スマートホンであろう。

またそうした端末は RFID，WiFi や 3G 通信機能を有している。例えば今は，駅の改札通過時，端末やカードを取り出しゲート分にタッチしているが，今後は端末を身に着けていればその本人がインターフェイスの役割を果たし，その都度端末を取り出すことなく相手側と非接触で通信を行えるような環境ができてゆくのではないかと期待されている。

また人体通信機能が今後こうした機器に取り込まれれば，自分の生体情報をあえて意識せずに端末へ取り込み，必要に応じて自宅の LAN 経由等で医療機関へ転送し問診を受けるといったようなサービスもでてくると思われる。このように生活の一部に複雑なインターフェイスを介する

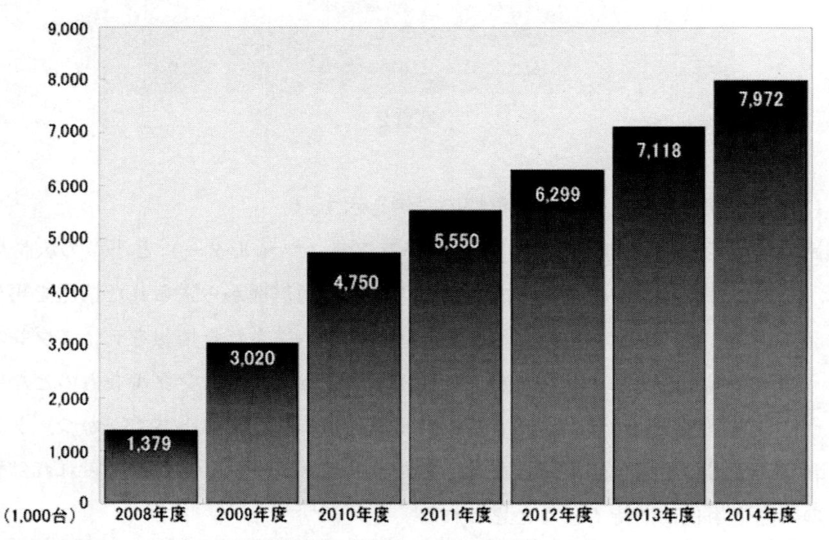

図４　日本国内スマートホン販売台数2014年度までの中期予測（PHS ベースのスマートホン含む）
（出典：日経 BP 社 IT Pro web page 掲載，2010年4月23日付，山崎貴司＝ミック経済研究所，記載記事の中から抜粋）

ことなく溶け込める手段が，我々にとって活用頻度の極めて高い重要な技術となるよう，弊社もお手伝いをしてゆきたい。

人体通信の最新動向と応用展開 《普及版》 (B1217)

2011年 6月10日 初 版 第1刷発行
2017年 9月 8日 普及版 第1刷発行

監 修 根日屋英之 Printed in Japan
発行者 辻 賢司
発行所 株式会社シーエムシー出版
東京都千代田区神田錦町 1-17-1
電話03 (3293) 7066
大阪市中央区内平野町 1-3-12
電話06 (4794) 8234
http://www.cmcbooks.co.jp/

〔印刷 株式会社遊文舎〕

ISBN978-4-7813-1210-1 C3055 ¥4400E